科学出版社"十四五"普通高等教育本科规划教材

生物化学实验

武金霞　主编

科 学 出 版 社
北　京

内 容 简 介

本书包括实验要求、生物化学实验技术原理和实验项目三篇。第一篇介绍了生物化学实验室安全防护知识及常用试剂、器皿和仪器的使用规范。第二篇介绍了生物大分子制备技术、层析技术、离心技术、分光光度技术、电泳技术和蛋白质印迹技术。第三篇既包括基础实验项目，又包括蛋白质、酶、多糖、核酸等生物大分子的提取、纯化、定量、活性测定等综合性实验项目，每一个综合性实验涵盖了多种生物化学实验技术，旨在培养学生对所学知识的综合运用能力和创新实践能力。本书还附有重要的实验技术视频和教学课件。

本书可作为综合性院校、医学院校、农业院校、师范院校的生物科学、生物技术等专业本科生的实验教材，也可作为从事生命科学教学与研究人员的参考书。

图书在版编目（CIP）数据

生物化学实验/武金霞主编. --北京：科学出版社，2024.6. --（科学出版社"十四五"普通高等教育本科规划教材）. --ISBN 978-7-03-078816-0

Ⅰ．Q5-33

中国国家版本馆 CIP 数据核字第 20242GS530 号

责任编辑：刘　丹/ 责任校对：严　娜
责任印制：赵　博/ 封面设计：马晓敏

科 学 出 版 社 出版
北京东黄城根北街 16 号
邮政编码：100717
http://www.sciencep.com
三河市骏杰印刷有限公司印刷
科学出版社发行　各地新华书店经销

*

2024 年 6 月第　一　版　开本：787×1092　1/16
2024 年 10 月第　二　次印刷　印张：16
字数：380 000
定价：59.80 元
（如有印装质量问题，我社负责调换）

编 委 会

前　　言

　　党的二十大报告指出，教育、科技、人才是全面建设社会主义现代化国家的基础性、战略性支撑。我们要加快推动战略性新兴产业融合集群发展，其中生物技术是重要的新兴产业。生物化学理论与实验技术是生物技术在医药、食品、农业、环境等领域广泛应用的基础。生物化学实验技术是生命科学领域各分支学科研究必不可少的方法与手段，也是诸多生物相关产业必需的实验技术。夯实学生的生物化学基础对于培养高质量优秀人才至关重要。

　　本书主编从事生物化学教学和科研工作三十余年，总结整理多年的教学实践经验，曾于 2005 年出版《生物化学实验原理与技术》。后联合河北师范大学、保定学院、广西大学和山西农业大学长期工作在生物化学教学和科研一线的教师，于 2012 年出版了《生物化学实验教程》。随着生命科学的不断发展，新技术不断涌现并广泛应用于实践。在该书经多所学校不同专业学生使用的过程中，我们广泛收集师生的意见和建议，补充更新了不断发展的实验教学新内容，吸取同时期其他版本实验教材的优点，结合生命科学发展前沿，综合了不同类型学校生命科学相关专业的特点和需求，联合河北医科大学、河北农业大学、衡水学院、廊坊师范学院的一线教师，编写了这本《生物化学实验》。本书适合作为综合性院校、医学院校、农业院校、师范院校的生物科学、生物技术、生物工程、生物制药、食品科学与工程等相关专业本科生的实验教材，也适合生物类硕士研究生使用。

　　本书的主要特色如下。

　　（1）本书较为详细地介绍了生物化学实验的安全规范，包括常用试剂、器皿和仪器的使用规范，列出了生化实验常用有毒试剂的安全信息数据，有助于在教学过程中避免安全事故的发生。

　　（2）本书详细介绍了重要的生物化学实验技术，包括生物大分子制备技术、层析技术、离心技术、分光光度技术、电泳技术和蛋白质印迹技术。

　　（3）为适应加快建设中国特色、世界一流的大学和优势学科，本书依据教育部发布的普通高等学校本科专业类教学质量国家标准（生物科学、生物技术、生物信息专业）要求，在第三篇列出了 26 个基础实验项目和 13 个综合性实验项目，涵盖了标准要求的所有实验技术，特别增加了高效液相色谱技术、超临界萃取技术、荧光光度技术等。每一个基础实验项目含有一项实验技术，适合本科二年级的基础实验课开设。综合性实验项目涉及蛋白质、酶、多糖、核酸等生物大分子的提取、纯化、定量、活性测定等内容，涵盖多项实验技术，完成实验需要时间较长，能培养学生对所学知识的综合运用能力和创新实践能力，适合高年级的专业实验课开设。

　　（4）为响应推进教育数字化，本书录制了常用的生物化学实验技术操作视频，大大方便了学生预习和复习，制作了大部分实验项目的 PPT，方便教师教学，有利于提高教学效果。

　　（5）本书强化了实验结果与分析部分，明确了标准曲线绘制、公式计算、图谱扫描、表格汇总、实验成败分析等要求，实验结果的表述方式与当前期刊科研论文接轨，方便学生书写及规范实验报告。

　　本书中所列绝大多数实验项目经过多所院校本科生实验课的长期检验，实验参数和条件得到了完善，做到了教师易教、学生易学。

　　感谢老师和同学们对完善实验项目作出的贡献。感谢河北大学生命科学学院、河北大学教务处和科学出版社的大力支持。

　　本书是编者多年实验教学经验的结晶，尽管付出了极大的精力与心血，但由于编者自身水平的限制，还恳请同行对书中的不妥之处提出宝贵意见和建议。

编　者

2024 年 6 月

目　　录

《生物化学实验》教学课件申请单

凡使用本书作为所授课程配套教材的高校主讲教师，可通过以下两种方式之一获赠教学课件一份。

1. 关注微信公众号"科学 EDU"申请教学课件

扫上方二维码关注公众号→"教学服务"→"课件申请"

2. 填写以下表格后扫描或拍照发送至联系人邮箱

姓名：		职称：		职务：	
手机：		邮箱：		学校及院系：	
本门课程名称：			本门课程选课人数：		
开课时间： □春季　　□秋季　　□春秋两季			选课学生专业：		
您对本书的评价及修改建议：					

联系人：刘丹 编辑　　　电话：010-64004576　　　邮箱：liudan@mail.sciencep.com

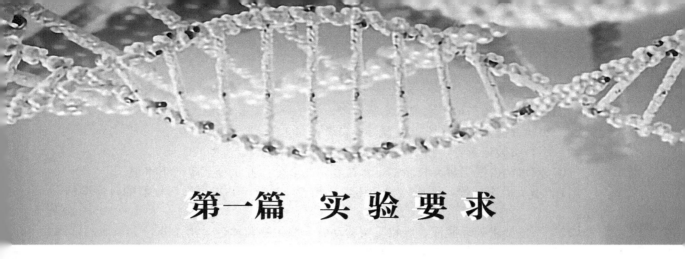

第一篇 实 验 要 求

第一章 生物化学实验基本要求

生物化学实验课属于专业基础课，多数学校安排在本科二年级第一学期开课。生物化学实验室设备多、线路多、化学试剂多，稍有不慎，水、电、火、毒、伤等事故均有可能发生，危及人体健康乃至生命，甚至给国家财产造成重大损失。学生初次进入实验室，教师及实验室管理人员应首先对学生进行实验室安全观念的教育，要求学生重视实验中的安全工作，防患于未然。学生应该熟悉实验室安全防护知识。一旦发生事故，应及时采取适当的急救措施。

第一节 生物化学实验室学生实验守则

一、掌握 3 点救命常识

（1）进楼环视找到防火通道、楼梯口、消防栓、灭火器等位置，一旦发生紧急情况知道如何处理、如何逃生。

（2）进入实验室首先了解门是向里开还是向外开，水、电开关的位置，消防设施的位置及安全防护设施配备，以便紧急情况时采取相应措施。

（3）做实验前认真预习，了解实验过程有哪些潜在危险和注意事项，做好相应的防范措施及应急预案后，再动手实验。

二、实验习惯计分规定

实验习惯计 10 分，占本门实验课程总成绩的 10%，以扣分形式计分，扣满 10 分该门实验课成绩不及格。

（1）不参加实验室安全防护培训及实验习惯教育课者，禁止上实验课。

（2）实验课迟到、早退者，扣 1～2 分。

（3）无故缺席实验课者，扣 3 分。

（4）未经老师允许私自串组者，扣 1 分。

（5）穿拖鞋、短裤进入实验室者，扣 1 分。

（6）不穿实验服，披散头发进入实验室者，扣 1 分。

（7）私自将食物和饮用水带入实验室者，扣 1 分。

（8）实验课前未预习，没上交预习报告者，扣 1 分。

（9）不写实验记录者，扣 1 分。

（10）向水池内乱扔废弃物堵塞下水道者，扣 2 分，并责令其疏通下水道。

（11）违反操作规程，造成仪器损坏者，扣 2～5 分，并根据损坏仪器的价格酌情赔偿。

（12）不按要求处理废液、废物、实验动物、微生物菌体者，扣 3 分。

（13）有毒有害试剂（或含有毒有害成分的物品）乱抓乱放者，扣 3 分。

（14）使用仪器后，不按老师要求清洁、养护仪器者，扣 1 分。

（15）实验结束后，玻璃器皿没按要求洗涤干净者，扣 1 分。

（16）实验结束后，不按要求将所用物品归位者，扣 1 分。

（17）不参加值日生工作者，扣 2 分。

（18）值日生工作不认真者，扣 1 分。

（19）造成公用试剂污染者，扣 5 分，并赔偿相应试剂费用。

（20）找人顶替，代做实验者，扣 3 分。

（21）篡改实验数据，抄袭他人实验报告者，扣 1～5 分，并取消该次实验成绩。

（22）实验课堂中接听手机，或手机铃声发生响动者，扣 1 分。

（23）其他违反实验室相关规定者，根据实际情况做出相应的处理。

第二节　生物化学实验室安全管理

生物化学实验主要包括酶的提取、分离纯化、性质鉴定及反应动力学实验，动植物蛋白质的提取与含量测定，DNA、RNA 分离及含量测定，维生素、糖的提取测定等内容，涉及实验试剂、仪器设备、实验操作、废弃物处理等的安全，可能存在一定的风险及隐患，必须提前做出相应的防范措施与应急处理预案。

一、风险类别

（一）危险化学试剂

生物化学实验过程可能涉及很多危险化学品，有腐蚀品、易燃易爆品、毒害品等，有些试剂兼有上述多种性质。按照化学品的危险类别、危险特性、禁忌物、接触后表现总结了生物化学实验经常涉及相关试剂的安全周知信息如下。

1. 氢氧化钠

（1）危险类别：腐蚀品。

（2）危险特性：与酸发生中和反应并放热。遇潮时对铝、锌和锡有腐蚀性，并放出易燃易爆的氢气。本品不会燃烧，遇水和水蒸气大量放热，形成腐蚀性溶液，具有强腐蚀性。

（3）禁忌物：强酸、易燃或可燃物、二氧化碳、过氧化物、水。

（4）接触后表现：本品有强烈刺激和腐蚀性。粉尘或烟雾会刺激眼和呼吸道，腐蚀鼻中隔，皮肤和眼与氢氧化钠直接接触会引起灼伤，误服可造成消化道灼伤，黏膜糜烂、出血和休克。

2．冰醋酸

（1）危险类别：腐蚀品、易燃品。

（2）危险特性：其蒸气与空气形成爆炸性混合物，遇明火、高热能引起燃烧爆炸。与强氧化剂可发生反应。

（3）禁忌物：碱类、强氧化剂。

（4）接触后表现：吸入对鼻、喉和呼吸道有刺激性。对眼睛、皮肤也有强烈刺激作用，轻者出现红斑，重者引起化学灼伤。如果误服，口腔和消化道可产生糜烂，重者可因休克而致死。慢性影响：眼睑水肿、结膜充血、慢性咽炎和支气管炎。长期反复接触，可致皮肤干燥、脱脂和皮炎。

3．三氯乙酸

（1）危险类别：强腐蚀品、剧毒品。

（2）危险特性：三氯乙酸被列为剧毒品，使用时务必充分注意。摄入和吸入均会中毒，对皮肤和组织有强刺激性，腐蚀性极强。不燃。

（3）禁忌物：强氧化剂、强碱。

（4）接触后表现：本品粉尘对呼吸道有刺激作用，可引起咳嗽、胸痛和中枢神经系统抑制。眼睛接触可造成严重损害，重者可导致失明。皮肤接触可致严重的化学性灼伤。误服会导致灼伤口腔和消化道，出现剧烈腹痛、呕吐和虚脱。

4．盐酸

（1）危险类别：强腐蚀品。

（2）危险特性：能与一些活性金属粉末发生反应，放出氢气。遇氰化物能产生剧毒的氰化氢气体。与碱发生中和反应，并放出大量的热。具有较强的腐蚀性。

（3）禁忌物：碱类、胺类、碱金属、易燃或可燃物。

（4）接触后表现：盐酸（发烟盐酸）会挥发出酸雾。盐酸本身和酸雾都会腐蚀人体组织，可能会不可逆地损伤呼吸器官、眼部、皮肤和胃肠。吸入盐酸气雾对呼吸道产生刺激作用，可引起急性肺水肿。误服引起消化道灼伤、溃疡形成，可导致胃穿孔、腹膜炎等。眼和皮肤接触引起灼伤。长期接触可引起慢性鼻炎、慢性支气管炎、牙齿酸蚀症及皮肤损害。

5．硫酸

（1）危险类别：强腐蚀品。

（2）危险特性：遇水大量放热，可发生沸溅。与易燃物（如苯）和可燃物（如糖、纤维素等）接触会发生剧烈反应，甚至引起燃烧。遇电石、高氯酸盐、雷酸盐、硝酸盐、苦味酸盐、金属粉末等猛烈反应，发生爆炸或燃烧。有强烈的腐蚀性和吸水性。

（3）禁忌物：碱类、碱金属、水、强还原剂、易燃或可燃物。

（4）接触后表现：对皮肤、黏膜等组织有强烈的刺激和腐蚀作用。口服后引起消化道灼伤、溃疡形成；严重者可能导致胃穿孔、腹膜炎、肾损害、休克等。皮肤灼伤轻者出现红斑，重者形成溃疡，愈合瘢痕收缩影响其功能。溅入眼内可造成灼伤，甚至角膜穿孔、全眼炎症以至失明。慢性影响：牙齿酸蚀症、慢性支气管炎、肺气肿和肺硬化。

6. 高氯酸

（1）危险类别：强腐蚀品。

（2）危险特性：强氧化剂。与还原性有机物、还原剂、易燃物如硫、磷等接触或混合时有引起燃烧爆炸的危险。在室温下分解，加热则爆炸（但市售恒沸高氯酸不混入可燃物则一般不会爆炸）。无水物与水起猛烈作用而放热。氧化性极强，具有强腐蚀性。

（3）禁忌物：酸类、碱类、胺类。

（4）接触后表现：本品有强烈腐蚀性，皮肤黏膜接触、误服或吸入后，引起强烈刺激症状。

7. 苯酚

（1）危险类别：强腐蚀品、高毒品、可燃品。

（2）危险特性：遇明火、高热可燃，高毒，具强腐蚀性，可致人体灼伤。对环境有严重危害，对水体和大气可造成污染。

（3）禁忌物：强氧化剂、强酸、强碱。

（4）接触后表现：对皮肤、黏膜有强烈的腐蚀作用，可抑制中枢神经或损害肝、肾功能。急性中毒：吸入高浓度蒸气可致头痛、头晕、乏力、视物模糊、肺水肿等。误服引起消化道灼伤，出现烧灼痛。眼接触可致灼伤。

8. 氨水

（1）危险类别：腐蚀品。

（2）危险特性：易分解放出氨气，温度越高，分解速度越快，可形成爆炸性气体。

（3）禁忌物：酸类、铝、铜。

（4）接触后表现：吸入后对鼻、喉和肺有刺激性，引起咳嗽、气短和哮喘等；重者发生喉头水肿、肺水肿及心、肝、肾损害。溅入眼内、皮肤上可造成灼伤。口服灼伤消化道。慢性影响：反复低浓度接触，可引起支气管炎；可致皮炎。

9. 磷酸

（1）危险类别：腐蚀品。

（2）危险特性：遇金属反应放出氢气，能与空气形成爆炸性混合物。受热分解产生剧毒的氧化磷烟气。具有腐蚀性。

（3）禁忌物：强碱、活性金属粉末、易燃或可燃物。

（4）接触后表现：蒸气或雾对眼、鼻、喉有刺激性。口服液体可引起恶心、呕吐、腹痛、血便和休克。皮肤或眼接触可致灼伤。慢性影响：鼻黏膜萎缩、鼻中隔穿孔。长期反复皮肤接触，可引起皮肤刺激。

10. 硝酸

（1）危险类别：氧化剂、腐蚀品、易制爆。

（2）危险特性：硝酸溶液及硝酸蒸气对皮肤和黏膜有强刺激和腐蚀作用。助燃，与可燃物混合会发生爆炸。

（3）禁忌物：还原剂、碱类、醇类、碱金属、铜、胺类。

（4）接触后表现：吸入硝酸烟雾可引起急性中毒。口服硝酸可引起腐蚀性口腔炎和胃肠炎，可出现休克或肾功能衰竭。吸入硝酸气雾对呼吸道产生刺激作用，可引起急性肺水肿。口服引起腹部剧痛，严重者可致胃穿孔、腹膜炎、喉痉挛、肾损害、休克以及窒息，眼和皮肤接触引起灼伤。慢性影响：长期接触可引起牙齿酸蚀症。

11．硝酸银

（1）危险类别：强氧化剂、腐蚀品。

（2）危险特性：硝酸银属于强氧化剂、腐蚀品、环境污染物。与部分有机物或硫、磷混合研磨、撞击可燃烧或爆炸；遇可燃物着火时，能助长火势。受高热分解，产生有毒的氮氧化物。

（3）禁忌物：易（可）燃物、还原剂、碱类、醇类。

（4）接触后表现：误服硝酸银可引起剧烈腹痛、呕吐、血便，甚至发生胃肠道穿孔。可造成皮肤和眼灼伤。长期接触本品的工人会出现全身性银沉着症。表现包括：全身皮肤广泛的色素沉着，呈灰蓝黑色或浅石板色；眼部银沉着造成眼损害；呼吸道银沉着造成慢性支气管炎等。

12．苦味酸

（1）危险类别：易燃品、有毒品。

（2）危险特性：本品属爆炸品，易燃，具刺激性。受热、接触明火，或受到摩擦、震动、撞击时可发生爆炸。与强氧化剂接触可发生化学反应。能与重金属粉末发生化学反应生成金属盐，增加敏感度。环境危害：对水体可造成污染。

（3）禁忌物：强氧化剂、强碱、重金属粉末。

（4）接触后表现：使皮肤黄染，对皮肤的刺激很强，引起接触性皮炎。亦能引起结膜炎和支气管炎。长期接触可引起头痛、头晕、恶心、呕吐、食欲减退、腹泻和发热等症状。有时可引起末梢神经炎、膀胱刺激症状，以及肝、肾损害。人口服 $1\sim2g$，即可引起严重中毒。

13．叠氮化钠

（1）危险类别：剧毒品、爆炸品、刺激品。

（2）危险特性：本品不燃，具爆炸性，高毒，具刺激性。与酸类剧烈反应产生爆炸性叠氮酸。与重金属及其盐类形成十分敏感的化合物。接触明火或受到撞击、振动、摩擦会发生爆炸。

（3）禁忌物：酸类、重金属及其盐类。

（4）接触后表现：本品与氰化物相似，对细胞色素氧化酶和其他酶有抑制作用，并能使体内氧合血红蛋白形成受阻，对眼睛和皮肤有刺激性。如吸入、口服或经皮肤吸收可引起中毒死亡。高血压患者口服本品有显著降压作用。本品在有机合成中可有叠氮酸气体逸出，吸入中毒出现眩晕、虚弱无力、视觉模糊、呼吸困难、昏厥感、血压降低、心动过缓等。

14．丙烯酰胺

（1）危险类别：神经毒剂。

（2）危险特性：可燃，有毒，为可疑致癌物。本品是一种蓄积的神经毒物，主要损害神经系统。轻度中毒以周围神经损害为主，重度可引起小脑病变，中度中毒为慢性神经过敏，初起神经衰弱综合征，继而发生周围神经病变。遇明火、高热可燃。若遇高热可发生聚合反应，放出大量热量而引起容器破裂和爆炸事故。受高热分解产生有毒的腐蚀性烟气。

（3）禁忌物：强氧化剂、酸类、碱类。

（4）接触后表现：出现四肢麻木、感觉异常、腱反射减弱或消失、抽搐、瘫痪等。重度中毒出现以小脑病变为主的中毒性脑病，出现震颤、步态紊乱、共济失调，甚至大小便失禁或小便潴留。皮肤接触本品，可发生粗糙、角化、脱屑。本品中毒主要因皮肤吸收引起。

15．N,N'-亚甲基双丙烯酰胺

（1）危险类别：神经毒剂。

（2）危险特性：本品是一种蓄积的神经毒物，主要损害神经系统。轻度中毒以周围神经损害为主，重度可引起小脑病变，中度中毒为慢性神经过敏，初起神经衰弱综合征，继之发生周围神经病变。遇明火、高热可燃。若遇高热可发生聚合反应，放出大量热量而引起容器破裂和爆炸事故。受高热分解产生有毒的腐蚀性烟气。

（3）接触后表现：出现四肢麻木，感觉异常，腱反射减弱或消失，抽搐、瘫痪等。重度中毒出现以小脑病变为主的中毒性脑病。出现震颤、步态紊乱、共济失调，甚至大小便失禁或小便潴留。皮肤接触本品，可发生粗糙、角化、脱屑。

16．β-巯基乙醇

（1）危险类别：高毒品。

（2）危险特性：高毒，对环境有污染。遇高热、明火或与氧化剂接触，有引起燃烧的危险。受高热分解放出有毒的气体。

（3）禁忌物：氧化剂。

（4）接触后表现：吸入、摄入或经皮肤吸收后会中毒。中毒表现有发绀、呕吐、震颤、头痛、惊厥、昏迷，甚至死亡。对眼、皮肤有强烈刺激性，可引起角膜混浊。

17．甲醇

（1）危险类别：低毒品、易燃品。

（2）危险特性：易燃，其蒸气与空气可形成爆炸性混合物。遇明火、高热能引起燃烧爆炸。与氧化剂接触发生化学反应或引起燃烧。在火场中，受热的容器有爆炸危险。其蒸气比空气重，能在较低处扩散到相当远的地方，遇明火会引着回燃。

（3）禁忌物：酸类、酸酐、强氧化剂、碱金属。

（4）接触后表现：初期中毒症状包括心跳加速、腹痛、上吐（呕）、下泻、无胃口、头痛、晕、全身无力。严重者会神志不清、呼吸急速至衰竭。失明是最典型的症状。甲醇进入血液后，会使组织酸性变强产生酸中毒，导致肾衰竭。最严重者是死亡。

18．过氧化氢（俗称"双氧水"）

（1）危险类别：易燃易爆品、腐蚀品。

（2）危险特性：爆炸性强氧化剂。过氧化氢本身不燃，但能与可燃物反应放出大量热量和氧气而引起着火爆炸。

（3）禁忌物：易燃或可燃物、强还原剂、铜、铁、铁盐、锌、活性金属粉末。

（4）接触后表现：侵入途径为吸入、食入。吸入本品蒸气或雾对呼吸道有强烈刺激性。眼直接接触液体可致不可逆损伤甚至失明。口服中毒出现腹痛、胸口痛、呼吸困难、呕吐，一时性运动和感觉障碍、体温升高、结膜和皮肤出血。个别病例出现视力障碍、癫痫样痉挛、轻瘫，长期接触本品可致接触性皮炎。

19．三氯甲烷

（1）危险类别：剧毒品、腐蚀品。

（2）危险特性：与明火或灼热的物体接触时能产生剧毒的光气。在空气、水分和光的作用下，酸度增加，因而对金属有强烈的腐蚀性。

（3）禁忌物：碱类、铝。

（4）接触后表现：主要作用于中枢神经系统，具有麻醉作用，对心、肝、肾有损害。急性中毒：吸入或经皮肤吸收引起急性中毒。初期有头痛、头晕、恶心、呕吐、兴奋、皮肤湿热和黏膜刺激症状。以后呈现精神紊乱、呼吸表浅、反射消失、昏迷等，重者发生呼吸麻痹、心室纤维性颤动，同时可伴有肝、肾损害。误服中毒时，胃有烧灼感，伴恶心、呕吐、腹痛、腹泻。以后出现麻醉症状。液态可致皮炎、湿疹，甚至皮肤灼伤。慢性影响：主要引起肝损害，并有消化不良、乏力、头痛、失眠等症状。

20．乙醚

（1）危险类别：易制毒、易燃品。

（2）危险特性：其蒸气与空气可形成爆炸性混合物。遇明火、高热极易燃烧爆炸。与氧化剂能发生强烈反应。在空气中久置后能生成具有爆炸性的过氧化物。在火场中，受热的容器有爆炸危险。其蒸气比空气重，能在较低处扩散到相当远的地方，遇明火会引着回燃。

（3）禁忌物：强氧化剂、氧、氯、过氯酸。

（4）接触后表现：本品的主要作用为全身麻醉。急性大量接触，早期出现兴奋，继而嗜睡、呕吐、面色苍白、脉缓、体温下降和呼吸不规则，有生命危险。急性接触后期暂时会有头痛、易激动或抑郁、流涎、呕吐、食欲下降和多汗等症状。液体或高浓度蒸气对眼有刺激性。长期低浓度吸入，有头痛、头晕、疲倦、嗜睡、蛋白尿、红细胞增多症。长期皮肤接触，可发生皮肤干燥、皲裂。

21．甲醛

（1）危险类别：一类致癌物。

（2）危险特性：其蒸气与空气可形成爆炸性混合物。遇明火、高热能引起燃烧爆炸。与氧化剂接触会猛烈反应。

（3）禁忌物：强氧化剂、强酸、强碱。

（4）接触后表现：可通过吸入、食入，或经皮肤吸收。本品对黏膜、上呼吸道、眼睛和皮肤有强烈刺激性。接触其蒸气，引起结膜炎、角膜炎、鼻炎、支气管炎。重者发生喉痉挛、声门水肿和肺炎等。肺水肿较少见。对皮肤有原发性刺激和致敏作用，可致皮炎；浓溶液可引起皮肤凝固性坏死。口服灼伤口腔和消化道，可发生胃肠道穿孔、休克、肾和肝损害。长期接触低浓度甲醛可有轻度眼、鼻、咽喉刺激症状，皮肤干燥、皲裂、甲软化等。

22．重铬酸钾

（1）危险类别：强氧化剂、致癌物。

（2）危险特性：遇强酸或高温时能释放出氧气，从而促使有机物燃烧。与硝酸盐、氯酸盐接触剧烈反应。有水时与硫化钠混合能引起自燃。与有机物、还原剂、易燃物如硫、磷等接触或混合时有引起燃烧爆炸的危险。具有较强的腐蚀性。

（3）禁忌物：强还原剂、醇类、水、活性金属粉末、硫、磷、强酸。

（4）接触后表现：侵入途径为吸入、食入，或经皮吸收。急性中毒：吸入后可引起急性呼吸道刺激症状、鼻出血、声音嘶哑、鼻黏膜萎缩，有时出现哮喘和发绀。重者可发生化学性肺炎。口服可刺激和腐蚀消化道，引起恶心、呕吐、腹痛、血便等；重者出现呼吸困难、发绀、休克、肝损害及急性肾功能衰竭等。慢性影响：有接触性皮炎、铬溃疡、鼻炎、鼻中隔穿孔及呼吸道炎症等。

23．硝酸铵

（1）危险类别：易爆品。

（2）危险特性：在高温、高压和有可被氧化的物质（还原剂）存在及电火花下会发生爆炸。

（3）禁忌物：强还原剂、强酸、易燃或可燃物、活性金属粉末。

（4）接触后表现：本品粉尘对上呼吸道有刺激性，引起咳嗽和气短。刺激眼睛和皮肤，引起红肿和疼痛，大量口服出现腹痛、腹泻、呕吐、发绀、血压下降、眩晕、惊厥和虚脱。

24．丙酮

（1）危险类别：易燃品。

（2）危险特性：其蒸气与空气可形成爆炸性混合物。遇明火、高热极易燃烧爆炸。与氧化剂能发生强烈反应。其蒸气比空气重，能在较低处扩散到相当远的地方，遇明火会引着回燃。若遇高热，容器内压增大，有开裂和爆炸的危险。

（3）禁忌物：强氧化剂、强酸、卤素。

（4）接触后表现：重者发生呕吐、气急、痉挛，甚至昏迷。对眼、鼻、喉有刺激性。口服后，先是口唇、咽喉有烧灼感，后出现口干、呕吐、昏迷、酸中毒和酮症。长期接触本品可出现眩晕、灼烧感、咽炎、支气管炎、乏力、易激动等。皮肤长期反复接触可致皮炎。

25．正丁醇

（1）危险类别：易燃品。

（2）危险特性：易燃，其蒸气与空气可形成爆炸性混合物。遇明火、高热能引起燃烧爆炸。与氧化剂会发生猛烈反应。在火场中，受热的容器有爆炸危险。

（3）禁忌物：强酸、酰基氯、酸酐、强氧化剂。

（4）接触后表现：本品具有刺激和麻醉作用。主要刺激眼、鼻、喉部，在角膜浅层形成半透明的空泡，头痛、头晕和嗜睡，手部可发生接触性皮炎。

26．甲酸

（1）危险类别：可燃品、腐蚀品。

（2）危险特性：可燃，其蒸气与空气可形成爆炸性混合物。遇明火、高热能引起燃烧爆炸。

（3）禁忌物：强氧化剂。

（4）接触后表现：主要引起皮肤、黏膜的刺激症状。接触后可引起结膜炎、眼睑水肿、鼻炎、支气管炎，重者可引起急性化学性肺炎。浓甲酸口服后可腐蚀口腔及消化道黏膜，引起呕吐、腹泻及胃肠道出血，甚至因急性肾功能衰竭或呼吸功能衰竭而致死。

皮肤接触可引起炎症和溃疡。偶尔有过敏反应。

27．高锰酸钾

（1）危险类别：易燃易爆品。

（2）危险特性：强氧化剂。遇硫酸、铵盐或过氧化氢能发生爆炸。遇甘油、乙醇能引起自燃。与有机物、还原剂、易燃物如硫、磷等接触或混合时有引起燃烧爆炸的危险。

（3）禁忌物：强还原剂、铝、锌及其合金、易燃或可燃物。

（4）接触后表现：吸入后可引起呼吸道损害。溅落眼睛内，刺激结膜，重者致灼伤。刺激皮肤，浓溶液或结晶对皮肤有腐蚀性。口服腐蚀口腔和消化道，出现口内烧灼感、上腹痛、恶心、呕吐、口咽肿胀等。口服剂量大者，口腔黏膜呈棕黑色、肿胀糜烂，剧烈腹痛，呕吐，血便，休克，最后死于循环衰竭。

28．二硝基苯肼

（1）危险类别：易燃易爆品。

（2）危险特性：遇明火极易燃烧爆炸。干燥时经震动、撞击会引起爆炸。燃烧时放出有毒的刺激性烟雾。与氧化剂混合能形成爆炸性混合物。

（3）禁忌物：强氧化剂。

（4）接触后表现：侵入途径为吸入、食入，或经皮吸收。对眼和皮肤有刺激性。对皮肤有致敏性。本品吸收进入体内后，可引起高铁血红蛋白血症，出现发绀。

29．过硫酸铵

（1）危险类别：腐蚀品、氧化剂。

（2）危险特性：本品为无机氧化剂，助燃，具腐蚀性、刺激性，可致人体灼伤。受高热或撞击时即爆炸。与还原剂、有机物、易燃物，如硫、磷或金属粉末等混合可形成爆炸性混合物。

（3）禁忌物：强还原剂、活性金属粉末、水、硫、磷。

（4）接触后表现：对皮肤黏膜有刺激性和腐蚀性。吸入后引起鼻炎、喉炎、气短和咳嗽等。眼、皮肤接触可引起强烈刺激、疼痛甚至灼伤。口服引起腹痛、恶心和呕吐。长期皮肤接触可以引起变应性皮炎。

30．N,N,N',N'-四甲基乙二胺

（1）危险类别：易燃品、有毒品、腐蚀品。

（2）危险特性：遇高热、明火或与氧化剂接触，有引起燃烧的危险。若遇高热，容器内压增大，有开裂和爆炸的危险。

（3）禁忌物：强氧化剂、强酸。

（4）接触后表现：眼睛接触，引起严重刺激，出现疼痛、流泪、红肿和视力损伤。皮肤接触引起刺激，长期反复接触引起皮肤干燥、龟裂、疼痛、瘙痒、水肿和水泡。吸入可引起呼吸道刺激，出现咳嗽、呼吸困难，吸入高浓度蒸气对中枢神经系统有麻醉作用，引起头痛、头昏、恶心、呕吐、虚弱、共济失调、视物模糊、嗜睡、意识混乱。极度接触可致呼吸抑制、震颤、抽搐、失去知觉、昏迷和死亡。食入有害，液体进入肺部可引起严重肺损伤。

31．活性炭

（1）危险类别：自燃品。

（2）危险特性：属自燃物品，着火后不会发生有焰燃烧，只是阴燃，燃烧时如果通风不足，会生成有毒的一氧化碳气体。

（3）禁忌物：氧化剂。

（4）接触后表现：活性炭在长期吸附有毒气体时要经常拿出室外释放，因活性炭本身不分解有毒气体。如长时间吸附会把吸附的有毒气体释放出来，应储存于阴凉干燥处，不可与氧化剂混放，防止受潮和吸附空气中的其他物质，严禁与有毒有害气体或易挥发物质混放，存放要远离污染源，禁止明火、火花和吸烟。

（二）实验设备风险

生物化学实验可能用到很多实验设备，使用、维护不当，会存在一定的风险。

1. 加热设备　　电磁炉、电陶炉、微波炉、水浴锅、烘箱等设备因控制系统失灵、导线或插线板老化等易引起火灾事故或烫伤事故。

2. 高速旋转（剪切）设备　　离心机、组织捣碎机等设备使用不当容易发生人员伤亡或设备损坏。

3. 存储设备　　普通冰箱、防爆冰箱、药品柜等设备使用不当容易使存储物质失效或发生事故。

4. 通风设备　　实验课常用的通风设备主要有通风橱、排风扇等。这类设备主要在操作有异味、挥发性强的物质时使用。

5. 玻璃器皿　　实验课用到的玻璃器皿有容量瓶、烧杯、试管、移液管等。玻璃器皿因操作失误可能会引发划伤、试剂溅伤等不可估计事故。

（三）废弃物风险

1. 废液、废渣　　实验产生的废液、废渣随意排放容易造成污染或危害健康。例如，随意丢弃电泳凝胶、酵母残渣，会污染环境并危害健康。

2. 挥发气体　　使用苯酚、氯仿等易挥发试剂，容易造成环境污染或中毒等事故。

3. 其他废弃物　　实验用的移液器吸头、一次性手套、口罩等废弃物易造成污染。

二、防范措施

1. 化学试剂危险应急处理　　使用危险化学品前为学生讲解实验注意事项，实验过程中佩戴口罩、帽子、手套等防护品，将头发包埋在帽子里。根据用量分装为小瓶并在授课教师监督指导下使用。使用后及时回收剩余量，并将试剂瓶封紧，保存于防腐药品柜中。使用氯仿、苯酚需要在通风橱内进行，保持室内通风良好。易燃易爆品使用过程要远离明火，实验室内应备有灭火毯、灭火器和灭火砂等消防器材，并要求学生佩戴防护镜。一旦出现危险，应视具体情况加以正确处理。

（1）皮肤接触：立即脱去污染的衣着，用大量流动清水冲洗至少 15min，针对酸性物质可用弱碱性物质（如碱水、肥皂水等）冲洗；对碱性物质可用弱酸性物质（如 5%～10%硫酸镁或 3%硼酸）冲洗；针对腐蚀性物质，用甘油、聚乙烯乙二醇或聚乙烯乙二醇和乙醇混合液（7：3）抹洗，然后用大量流动清水冲洗至少 15min。必要时就医。

（2）眼睛接触：立即提起眼睑，用大量生理盐水彻底冲洗至少 15min。必要时就医。

（3）吸入蒸气：人员迅速离开现场，至空气新鲜处，保持呼吸通畅。吸入酸性气体时，用 5%碳酸氢钠溶液雾化吸入，如呼吸困难，供氧；如呼吸停止，立即进行人工呼吸。及时就医。

（4）误食：先用大量水漱口。误食碱性物质，立即用食醋、3%～5%乙酸、大量橘汁或柠檬汁等酸性物质中和；误食酸性物质，应立即口服 1%氢氧化铝凝胶 60mL、7.5%氢氧化镁混悬液 60mL 中和，再吞服大量牛奶、豆浆、鸡蛋清、植物油等保护消化道。及时就医。

（5）泄漏：先切断泄漏源，隔离泄漏污染区，周围设警告标志。应急处理人员戴好防毒面具，穿化学防护服，用清洁的铲子将泄漏物收集于干燥洁净有盖的容器中，也可以用大量水冲洗，经稀释的洗水放入废水系统。如大量泄漏，收集回收或处理无害后废弃。酸性物质泄漏可用碱性物质如碳酸氢钠、碳酸钠、氢氧化钙等中和，用抗溶性泡沫覆盖，减少蒸发。其他腐蚀性物质洒漏可以用沙土覆盖后回收或用大量水冲洗。

（6）火灾：立即拿开着火区域内的一切可燃物品，关闭通风设备，切断电源，防止扩大燃烧。根据火情可以选择灭火毯、沙土、水或不同类型的灭火器对起火点进行覆盖或者喷射，直至火情得到控制或彻底消灭。如果火情难以控制要立即逃生并拨打火警电话 119 报警。

2. 实验设备风险应急处理　　要定期检查设备是否运行正常、导线和插线板是否老化、各种阀门是否正常，发现问题及时维修。使用前培训使用方法及注意事项，并逐一考核。严格按照操作规程操作，并由授课老师现场指导，遇到异常情况及时断电，仪器附近放置标准操作规程（SOP），实验室应配备急救药品箱。

仪器设备引起的人员损伤，应视伤情进行相应处理。

（1）小伤口：用生理盐水以伤口为中心进行冲洗，或者用棉签蘸取少量 2%碘酊或75%乙醇进行初步消毒处理，然后再用干净纱布包扎，或贴创可贴，必要时就医。

（2）严重伤：压迫止血法，用纱布等按住伤口再包扎伤口，缓解出血；止血点指压法，将出血伤口附近靠近心脏的动脉点按住，减少出血量；止血带止血，用布条在止血点扎紧，每 15min 略松开避免组织坏死，尽快就医。

3. 废弃物风险应急处理　　实验过程中产生的三废（废液、废气、固体废物）应该统一回收，贴好标签，送至废弃物回收中转站，并做好记录。

第三节　生物化学实验报告格式要求

一、生物化学实验记录

实验前必须认真预习，弄清实验目的、原理和操作步骤，写出扼要的预习报告，操作时作为提示和参考。准备好便于保存的记录本。记录实验条件，如材料的名称和来源，仪器的名称、生产厂家、规格、型号，化学试剂的规格、浓度、pH 等，并如实记录实验中观察到的现象、测试的数据等。如果怀疑测定结果不正确或数据记录不完整，有条件时须重做实验。

二、数据处理

（一）表格

以图表的形式记录实验数据或概括实验结果。表格设计要求紧凑、简明，一般用三线表，要有编号和标题，见表 1-1。

表 1-1 考马斯亮蓝法测定蛋白质浓度标准曲线加样表

试剂	管号					
	1	2	3	4	5	6
标准蛋白质/mL	0	0.2	0.4	0.6	0.8	1.0
去离子水/mL	1.0	0.8	0.6	0.4	0.2	0
蛋白质浓度/（μg/mL）	0	20.0	40.0	60.0	80.0	100.0
考马斯亮蓝 G-250/mL	5.0	5.0	5.0	5.0	5.0	5.0
A_{595}	0					

（二）绘图

许多实验需要测量一个量对另一量的影响。已知量叫作自变量，未知量或待测量叫作因变量。绘图时，习惯把自变量画在横轴（x 轴）上，而把因变量画在纵轴（y 轴）上。可以使用 office 中 Excel 软件绘图。例如，将表 1-1 数据绘图，结果如图 1-1 所示。

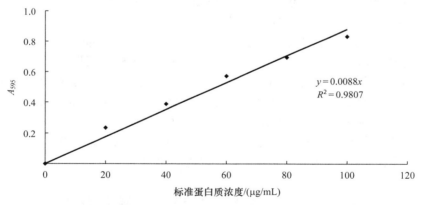

图 1-1 蛋白质含量测定标准曲线

（三）图谱

在实验报告中，层析或电泳的结果经常以图谱表示（图 1-2、图 1-3）。绘制层析、电泳图谱时，图片大小可酌情缩放，但层析斑点、电泳区带形状、位置、颜色及其深度、背景颜色等应力求与原物一致。最好对图谱进行照相或扫描。对图谱中条带或斑点要有注解，一般在图谱下方以图注的形式列出。

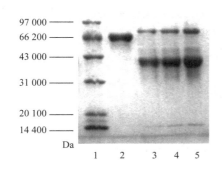

图 1-2　蛋白质电泳图谱

点样顺序：1. 低相对分子质量标准；
2. 牛血清白蛋白；3～5. 稀释 200 倍的蛋清溶液
5μL、10μL 和 15μL

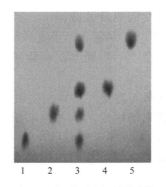

图 1-3　氨基酸纸层析图谱

点样顺序：1. 赖氨酸；2. 天冬氨酸；
3. 待测样品；4. 丙氨酸；5. 苯丙氨酸

三、基础生物化学实验报告

学生在实验结束后要及时整理实验数据，总结实验结果，并对结果进行分析，写出实验报告。生物化学实验报告书写格式如下。

实验编号及名称

实验者姓名：　　　　　班次：　　　　　实验日期：

一、实验目的与要求

二、实验原理

三、仪器、试剂和材料

四、操作步骤

五、实验结果

六、结果讨论

七、思考题

四、综合性生物化学实验报告

一个综合性实验相当于一个微型毕业实践题目，基础生物化学实验报告的格式已经不适合综合性实验。我们要求学生按照国家公开发表的核心期刊研究论文格式书写，以提高学生写作水平，为将来完成毕业论文打好基础。

综合性生物化学实验报告包括以下部分：题目、作者及单位、中文摘要及关键词、英文摘要及关键词、前言、材料与方法、结果与讨论、参考文献。每一部分的要求如下。

1. 题目　每一次实验的题目。

2. 作者　一个综合性实验的合作者（两位同学）。

3. 单位　××大学××学院，城市，邮编

4. 中文摘要及关键词　中文摘要总结本次实验的主要内容，采用什么技术，取得了什么结果，得出什么结论。关键词为本次实验涉及的最核心的专业词语。

5．英文摘要及关键词　　英文摘要为以英文书写本次实验的摘要，与中文部分内容对应，切忌逐字翻译。英文关键词与中文关键词相对应。

6．前言　　写明本次实验研究对象有什么性质、用途、研究意义，以及目前的研究现状等。

7．材料与方法　　详细写明所用材料及实际采用的方法。分条目写。

8．结果与讨论　　与方法相对应，写明采用每一种方法得到了什么结果，可以表格、绘图、图片等形式表示。对得到的结果进行分析和评价。

9．参考文献　　写明完成本次实验阅读了哪些文献，包括图书、期刊、专利、论文集等。

第二章　生物化学实验操作规范

生物化学实验用到的器材众多，有各种玻璃器皿、仪器设备等，使用前须了解其使用方法，操作规范，才能精确量取试剂，准确测定数据，并避免各种事故的发生。对于精密仪器或贵重仪器，应制定操作规程及注意事项，采取必要的防护措施。

第一节　生物化学实验常用器皿使用规范

一、酒精灯的使用注意事项

酒精灯一般由灯体、灯芯、灯帽和酒精四大部分组成。酒精灯的火焰分为外焰、内焰、焰心三部分，其中外焰温度最高，所以常使用外焰加热物体。正常使用的酒精灯要求灯体无破损，酒精灯内酒精量不少于四分之一且不高于三分之二，灯芯应浸润酒精且不宜太短，一般高出灯体 0.3～0.5cm。若灯芯顶端不平或烧焦则用剪刀剪平。使用火柴或打火机点燃灯芯，绝对禁止用另一个燃着的酒精灯去引燃。用试管加热固体物质时应注意预热，防止试管受热不均而炸裂。预热方法是将试管在灯焰上缓慢来回移动，使试管受热均匀。酒精灯使用完后用灯帽盖住熄灭，禁止用嘴去吹灭。熄灭酒精灯后应再提一下灯帽，方便下次使用时打开。

二、移液管的使用方法及注意事项

1. 移液管的种类及选择

（1）移液管指的是定量移取溶液的玻璃器。一般有 0.1mL、0.2mL、0.5mL、1mL、2mL、5mL、10mL 的规格，在每个刻度管的上面都有一个标线，液体到这个标线就是需要的液体体积。

（2）一定要选择适合的移液管。例如，需要移取 2.5mL 液体，就需要选择 5mL 的移液管。在使用移液管时要检查移液管前端的尖头是否完好无损。

2. 移液管的使用

（1）移液管插到液面以下，整个吸取的过程都应该保持移液管在液面之下，用左手捏瘪洗耳球，用球嘴堵住管口，轻轻松开洗耳球吸得液体高于刻度线。

（2）用右手拇指和中指竖起移液管，食指肚同时堵住管口，轻轻松开一点点食指，让液体流下，直到液面到刻度线为止。

（3）右手食指肚用力盖住移液管的上端，移动移液管到另一容器，松开食指，放出液体。

3. 移液管的清洗及保存

（1）用过的移液管应该浸泡、清洗。一般浸泡在稀盐酸中 24h，戴着手套取出移液管，用蒸馏水冲洗干净移液管上残留的稀酸。

（2）冲洗后的移液管，放在移液管架上，让移液管自然晾干。注意要放在移液管架上。

三、微量进样器的使用方法及注意事项

（1）在吸取样品溶液前先将针尖浸在去离子水中吸取去离子水至最大刻度，拇指与中指捏住进样器套管，食指稍用力推动套管芯柄，将去离子水推出，同时排出针尖内的气泡，重复操作几次至芯与玻璃套管之间抽拉润滑，尽量排空气泡及残余水分。

（2）将针尖浸入样品溶液，缓慢吸取溶液至所需刻度，排液时针尖要贴近容器内壁，推出液体的速度适当，不要飞溅出容器。

（3）切忌用重碱性溶液洗涤，以免腐蚀金属质地的针尖。

（4）进样器针尖为固定式，不得拆下。针尖内孔极为微小，因此不宜吸取有较粗悬浮物质的溶液。

（5）使用后应立即清洁处理，防止针尖堵塞。若遇针尖堵塞，宜用 $\Phi 0.1mm$ 不锈钢丝耐心疏通。

（6）不得在进样器的芯、套之间湿度不足时将芯子多次来回拉动，以免发生卡住和磨损而造成损坏。

（7）如发现进样器内有不锈钢氧化物（发黑现象）影响正常使用时，可在不锈钢芯子上蘸少量肥皂水塞入进样器内，来回转动几次，就可去掉，再洗清干净即可使用。

四、微量移液枪的使用方法及注意事项

（1）旋转移液枪顶部旋钮，调整至所需取溶液量，将枪头紧套在枪杆上。

（2）先将移液枪按钮缓慢按到一挡，并用大拇指保持适当力度按压使之停止在这一挡位置。然后保持移液枪垂直，慢慢将枪头尖端浸入液体 3～4mm。缓慢松开拇指，让按钮缓慢恢复至原始状态，将移液枪移开液体，并将枪头插入要加入的容器中。

（3）将按钮按到一挡，稍停片刻（1s 左右），继续将按钮一按到底（二挡），排出液体。

（4）选择所取溶液体积时，调节移液枪旋钮不要过快；吸入液体过程中，松开拇指不要过快，否则容易吸入气泡。排出液体时按钮一定要按到底。

五、酸式微量滴定管的使用方法及注意事项

1. 酸式微量滴定管的安装

（1）把滴定管平放在实验台上，先取下旋塞上的小橡皮圈，再取下旋塞，用滤纸将旋塞擦干净再将旋塞槽的内壁擦干净。

（2）取少量凡士林分别擦在旋塞粗头和滴定管磨砂内壁的细头，各涂一薄层，涂完后，将旋塞插入槽中然后向同一方向转动，直到从外面观察时，全部均匀透明为止。

（3）将滴定管垂直固定在底座上，不要晃动。

2. 酸式微量滴定管的使用

（1）润洗：打开进液活塞，关闭出液活塞，让溶液充满刻度管，片刻后，打开出液活塞，关闭进液活塞，将溶液放掉。重复两次。

（2）装液：往滴定管小漏斗倾倒溶液时，使溶液沿内壁慢慢流下，不要让液体充满滴定管内壁，不要速度过快，否则滴定管下端的气泡会封住液体。溶液流过进液活塞后，向上进入刻度滴管，直到液面在"0"刻度之上，停止加液。

（3）调整液面：关闭进液活塞，小心开启出液活塞，刻度管的液面开始缓慢下降，直到流至"0"刻度位置，关闭出液活塞。

（4）滴定：左手握住出液活塞，右手握住盛有接收液的三角瓶，将出液管口放至三角瓶口以下，缓慢旋开出液活塞，使液体一滴一滴流出，每流出一滴液体，迅速摇动三角瓶使之混合均匀，直至达到滴定终点。

（5）注意事项：注入溶液或放出溶液后，需30s后才能读数。初读与终读应选用统一标准。常量滴定必须读到0.01mL，微量滴定必须读到0.001mL。滴定多个样品时，应该每次都从"0"刻度开始，固定在某一段体积范围内滴定，减少系统误差。

第二节　生物化学实验常用仪器使用规范

一、总则

（1）使用设备前，须了解其操作规程，采取必要的防护措施。

（2）严格按照设备的使用规范进行操作。

（3）对于精密仪器或贵重仪器，学院应配备稳压电源、不间断电源（UPS），必要时可采取双路供电。

（4）设备使用完毕须及时清理，做好使用记录和维护工作。设备如出现故障应暂停使用，并及时报告、维修。

二、仪器使用规范

（一）冰箱（冰柜）

（1）冰箱应放置在通风良好处，周围不得有热源，易燃易爆品、气瓶等，且保证一定的散热空间。

（2）存放危险化学药品的防爆冰箱应粘贴警示标识，冰箱内各药品须粘贴标签，并定期清理，存放易挥发有机试剂的容器必须加盖密封，避免试剂挥发。

（3）存放强酸、强碱及其他腐蚀性的物品，必须选择耐腐蚀性容器，并存放于托盘内。

（4）存放在冰箱内的试剂瓶、烧瓶等重心较高的容器应加以固定，防止因开关冰箱门，造成倒伏或破裂。

（5）食品、饮料严禁存放在实验室冰箱内。

（二）旋转蒸发仪

旋转蒸发仪是实验室中常用的仪器，使用时应注意下列事项。

（1）旋转蒸发仪适用的压力一般为1333.22～3999.66Pa。

（2）旋转蒸发仪各个连接部分都应用专用夹子固定。

（3）旋转蒸发仪烧瓶中的溶剂容量不得超过烧瓶体积的一半。

（4）旋转蒸发仪必须以适当的速度旋转。

（三）真空泵

真空泵是用于过滤、蒸馏和真空干燥的设备。实验室常用循环水泵和油泵，使用时应注意下列事项。

（1）油泵前边必须接冷阱。

（2）循环水真空泵中的水必须经常更换，以免残留的溶剂被马达火花引爆。

（3）蒸馏工作结束之前先将蒸馏液降温，再缓慢放气，达到平衡后再关闭真空泵。

（4）油泵必须定期换油，油的液面不得低于油位线。

（5）油泵上的排气孔上要接橡皮管并通到通风橱内。

（四）离心机

（1）离心机必须安放在平稳、坚固的台面或地面上。

（2）检查离心机的转速旋钮或控制面板，确保其正常工作。

（3）在使用离心机时，离心管必须两两配平，并对称放入转子管套中。若样品量只够装入一支离心管，需用另一支离心管装入等重量的水与之配平。

（4）离心机启动之前要扣紧离心机盖子。必须等到离心机转头转速降至 0 以后，才能打开离心机盖子。绝对不能在离心机未完全停止运转前打开盖子或用手触摸离心机的转动部分。

（5）离心对玻璃离心管质量要求较高，塑料离心管中不能放入热溶液或有机溶剂，以免在离心时变形。

（6）离心的溶液量一般控制在离心管体积的一半左右，切记不能放入过多的液体，以免离心时液体洒逸。

（五）加热设备

实验室常用的加热设备包括：马弗炉、明火电炉、电磁炉、电陶炉、消解炉、恒温箱、干燥箱、水浴锅、电吹风等。使用时注意下列事项。

（1）使用加热设备，必须采取必要的防护措施，严格按照操作规程进行操作。使用时人员不得离岗，使用完毕应立即切断电源。

（2）加热、产热仪器设备需放置在阻燃的、稳固的实验台或地面上，不得在其周围堆放易燃易爆物品或杂物。

（3）禁止用电热设备烘烤溶剂、油品、塑料筐等易燃、可燃、挥发物。若加热时会产生有毒有害气体，应放在通风橱中进行。

（4）应在断电的情况下，采取安全方式取放被加热物品。

（5）实验室不允许使用明火电炉，如有特殊情况需要使用的，须向学校实验室管理处申请“明火电炉使用许可证”。

（6）使用恒温水浴锅时应避免干烧，注意不要把水溅到电器盒里。

（7）使用电吹风后，需进行自然冷却，不得阻塞或覆盖其出风口和进风口。

（六）通风橱

（1）通风橱内及其下方的柜子不能存放化学品。

（2）使用前，检查通风橱的抽风系统和其他功能是否运转正常。

（3）切勿储存会伸出橱外或妨碍玻璃视窗开合或会阻挡导流板下方开口处的物品和设备。

（4）切勿用物件阻挡通风橱口和橱内后方的排气槽，确需在橱内储放必需物品时，应将其垫高，置于左右侧边上，与通风橱台面隔空，以使气流能从其下方通过，且远离污染产生源。

（5）应在距离通风橱至少 15cm 的地方进行操作，实验人员头部以及上半身绝不可以伸进通风橱内，操作人员应将玻璃视窗调节至手肘处，使胸部以上受玻璃视窗所保护。应尽量减少在通风橱内及调节门前进行大幅度动作，减少实验室内人员移动。

（6）使用通风橱时，应确保玻璃视窗处于关闭状态。

（7）若进行实验时发生故障，应立即关闭橱门，联系维修人员检修。定期检测通风橱的抽风能力，保持其通风效果。

（8）实验完毕，不应立即关闭风机，须等待 3～5min 后再关闭。使用完毕后必须彻底清理工作台面。

（9）如果通风橱被污染，应挂上明显的警示牌，并告知其他人员，以免造成不必要的伤害。

（七）核酸蛋白检测仪

（1）仪器预热：接通电源，按下电源开关，电源指示灯亮。观察光源指示灯亮，调节波长旋钮到所需波长（254nm 或 280nm），大约预热 20min。待基线平直后方可加样测试。

（2）调节基线：将蠕动泵的吸液管与缓冲液连接，蠕动泵出液管与层析柱上端连接好，层析柱的下端与核酸蛋白检测仪的进样口相连，出样口处放废液杯收集废液。开启蠕动泵，缓冲液流过层析柱和检测仪。首先将旋钮拨到"T100%"（透光率），调"光量"到显示 100，再将旋钮拨到"A"（吸光度）（"A"有不同灵敏度，一般选择"0.5A"），调节"调零"到显示 0。反复调节几次，使"A"保持指示为 0，在后续实验中，切记不要再调节"调零"旋钮。

（3）记录数据：按照设计的实验步骤，更换不同的洗脱液分离样品。当洗脱液携带样品流过检测仪时，吸光度显示大于零的数值，吸光度数值大小随样品浓度而变化，可手动记录吸光度值或连接电脑绘出洗脱曲线。

（4）测试完毕后关闭电源开关，用蒸馏水清洗样品池，以免残留的缓冲液盐干燥结晶造成石英比色池的划伤。

（八）紫外-可见分光光度计

（1）接通电源，打开仪器电源开关，预热 30min。

（2）光源管理：在主界面，按选择键，选择"系统设置"，选择光源管理，波长大于

400nm 时，关掉氘灯，用玻璃比色皿；波长小于 400nm 时，关掉钨灯，用石英比色皿。

（3）选择测量方式：根据需要可选择光度测量、光谱测量、定量测定、动力学模式等。

（4）设置测试波长：按"GOTO λ"键，再按数字键输入波长值。按"ENTER"键，确认。

（5）校准 100%T/0Abs：将对照杯置于光路，按"100%T/0Abs"校准。

（6）测量样品：将样品分别装入比色皿，置于光路中，拉动样品室拉杆，测量，读数。

（7）取拿比色皿时，手指只能捏住比色皿的毛玻璃面，而不能触碰比色皿的光学表面。比色皿外壁附着的水或溶液应用擦镜纸吸干，不要擦拭，以免损伤其光学表面。

（8）注意不要有任何液体滴落在仪器内。一旦有这种现象发生，要在第一时间内使用专用的清洁工具进行擦拭。

（9）使用结束后，比色皿不能用碱溶液或氧化性强的洗涤液洗涤，也不能用毛刷清洗。要用专用的清洗液擦拭干净，晾干后放入比色皿盒内。

（九）高效液相色谱仪

1. 准备

（1）流动相配制：通常管路 A 为水相，管路 B 为有机相。

（2）流动相处理：配制好的流动相（有机溶剂用有机膜过滤，含水超过 90% 的流动相用水膜过滤）滤膜孔径为 0.22μm。

（3）流动相过滤装置的清洗：过滤有机溶剂后，自然风干即可。

2. 开机

（1）液相开机：从上到下按下 3 个模块（检测器、泵 A、泵 B）的电源开关，检测器的指示灯呈橙色，为检测器自检，自检完成后指示灯变绿。泵 A、泵 B 的指示灯呈绿色。

（2）管路排气泡：流动相置于试剂瓶内，将 A、B 管路的滤头插入相应试剂瓶中；仪器的废液出口处放置废液收集桶。将上下两泵面板上的排气阀打开（逆时针旋转约180°），按"PURGE"键，开始进行管路气泡排出。此时泵指示灯由绿色变为橙色，手动操作面板上显示"管路正在清洗"。系统默认排气时间为 3～5min，届时指示灯变绿。排气泡完成后，将排气阀关闭（顺时针旋转约 180°，注意不可拧得过紧，切忌大力扭动排气阀）。

（3）电脑开机。

（4）新建检测方法：双击打开液相色谱工作站，点击"确定"跳过。双击仪器图标，进入操作界面，点击"文件"，选择"新建方法"，进入"高级"菜单。泵：选择"二元高压梯度"，最大压力通常为 30MPa；流速设置通常为 1.2mL/min。时间程序：直接输入洗脱时间，单元模块选择"控制器"，处理命令选择"Stop"。检测器 A：选择实验要求的检测波长。

以上参数设置完成之后，点击"文件"，选择"方法文件另存为"，自定义一个文件名称。

（5）调用已有方法：双击仪器图标，进入操作界面，点击"文件"，打开已有方法，点击"下载"，再点击"仪器启动激活"，仪器开始平衡。一般 15min。

3. 分析

（1）样品必须经 0.22μm 滤膜过滤。

（2）在主项目的"数据采集"下选"单次分析"，即进入数据采集，即可手动进样。

（3）手动进样：吸取 10μL 样品，将进样阀搬动至"Load"位置，将装有样品的进样针平稳插入进样孔中，迅速将样品推入进样孔内，再快速将阀扳回"Inject"位置。工作站界面自动开始记录数据。

（4）洗脱时间结束后，数据自动保存在电脑的文件夹内，可拷贝。如分析第二个样品，重复 2（4）到 3（4）步骤即可。

（5）分析实验结束后，用 100%甲醇平衡色谱柱。

4. 关机　　退出工作站，关闭电脑，关闭检测器和泵，在记录本上记录使用情况。

5. 仪器维护　　一个月开机一次排气，连工作站维护。

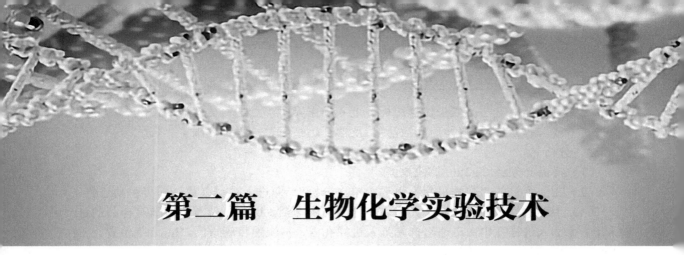

第二篇　生物化学实验技术

第三章　生物大分子制备技术

生物大分子（biomacromolecule）是组成生物体细胞的蛋白质（酶和多肽）、核酸（DNA 和 RNA）、多糖、脂类等分子及其复合物的统称，是构成生命的基础物质。生物大分子作为细胞的重要组成部分，在生命活动中行使着重要的功能，如进行新陈代谢供给维持生命需要的能量与物质、传递遗传信息、控制胚胎分化、促进生长发育、产生免疫功能等。一般而言，生物大分子的分子质量从几万到几百万以上道尔顿不等，且结构复杂，易受温度、酸、碱等条件的影响而发生结构变化最终导致失活变性。

对蛋白质和核酸等生物大分子的结构与功能的研究是探索生命奥秘的中心课题，而研究生物大分子的结构与功能的前提是生物大分子的制备。随着生命科学的发展和生物技术产业化的不断推进，生物大分子制备技术已成为生命科学研究中的关键技术之一。目前，各学科之间的交叉渗透为生物大分子分离技术的发展提供了更多的契机。

生物大分子的制备方法很多，选择生物大分子制备方法的依据是目的生物大分子的理化性质。实验中常利用目的分子与细胞中其他分子理化特性的差异，如分子大小、形状、极性、等电点、带电荷情况、溶解性、与其他分子的亲和性等进行分离纯化。理化性质不同的生物大分子，所选用的分离制备方法也不相同。一般情况下，生物大分子的制备过程包括选材、细胞破碎和细胞器分离、生物大分子提取纯化、样品浓缩干燥和储存等。因为制备生物大分子的目的往往是获得具有活性的生物大分子纯品，所以制备纯度较高的蛋白质（酶）或核酸，需要较长的实验流程，并且需要严格控制实验条件。

与小分子的制备不同，生物大分子的制备具有如下主要特点：①生物材料的组成极其复杂；②许多生物大分子在生物材料中的含量很低，目的分子的分离纯化所需的步骤繁多，流程长；③许多生物大分子一旦离开了生物体内的环境极易失活，因此分离过程中防止生物大分子失活，是生物大分子提取制备的重点；④生物大分子的制备几乎都是在溶液中进行的，温度、pH、离子强度等各种参数对溶液中各种组分的综合影响，很难准确估计和判断。总之，生物大分子的分离制备技术必须依据生物大分子的具体特点，优化分离程序，采用适当的分离手段，以获得符合要求的具有生物学活性的生物大分子样品。在生物大分子制备前，应事先掌握生物大分子的理化性质，明确制备生物大分子的目的和具体过程，建立可靠的分析测定方法并设计好生物大分子纯品的保存条件。

第一节　蛋白质的制备

蛋白质分离纯化的方法很多，主要原理涉及：根据蛋白质溶解度不同分离蛋白质，根据蛋白质分子大小差别分离蛋白质，根据蛋白质带电性质差异分离蛋白质，以及根据蛋白质配体的特异性差异分离蛋白质等。

一、根据蛋白质溶解度不同分离蛋白质的方法

1. 蛋白质的盐析　　一般情况下，蛋白质和酶因分子内存在的－COOH、－NH₂和－OH 是亲水基团，均易溶于水。这些基团与极性水分子相互作用形成水化层，包围于蛋白质分子周围形成颗粒直径 1～100nm 的亲水胶体，从而削弱了蛋白质分子之间的作用力。蛋白质分子表面极性基团越多，水化层越厚，蛋白质分子与溶剂分子之间的亲和力越大，因而溶解度也越大。亲水胶体在水中的稳定因素有两个：电荷和水化膜。

中性盐对蛋白质的溶解度有显著的影响。一般在低盐浓度下随着盐浓度的升高，蛋白质溶解度增加，称为盐溶。当盐浓度继续增大时，由于中性盐的亲水性大于蛋白质和酶分子的亲水性，加入大量中性盐后，盐夺走了水分子，破坏了蛋白质水化膜，蛋白质疏水区暴露。同时，盐离子又中和了电荷，破坏了亲水胶体结构，蛋白质溶解度下降并析出形成沉淀。

这种在溶液中加入大量中性盐使生物大分子沉淀析出的过程，称为盐析。盐析法在蛋白质领域应用很广，多用于各种蛋白质和酶的分离纯化。此外，多肽、多糖和核酸等也可以用盐析法进行沉淀分离。该方法的优点是成本低，不需要特别昂贵的设备；操作简单、安全；对许多生物活性物质具有稳定作用。

影响盐析的因素如下。

（1）温度：除对温度较敏感的蛋白质须在低温下（4℃）操作外，一般实验可在室温下进行。

（2）pH：大多数蛋白质在其等电点 pH 的高浓度盐溶液中溶解度最低。

（3）蛋白质浓度：蛋白质溶液的适宜浓度为 25～30g/L。

蛋白质盐析常用的中性盐有硫酸铵、硫酸镁、硫酸钠、氯化钠、磷酸钠等，其中应用最广的是硫酸铵。它具有溶解度温度系数小（25℃，4.1mol/L；0℃，3.9mol/L）且溶解度大的优点。

蛋白质分子的大小不同、亲水程度不同，故盐析所需的盐浓度也不同。通过调节蛋白质溶液的中性盐浓度，使不同蛋白质分别沉淀析出的过程称为分级盐析。

盐析沉淀后的蛋白质溶液因盐浓度较高，常须通过透析或葡聚糖凝胶过滤层析除去体系中大量的盐分子。

2. 等电点沉淀法　　蛋白质在净电荷为 0 时，分子间静电斥力最小，溶解度最小，蛋白质分子聚集形成沉淀。由于不同蛋白质的等电点不同，实验中可通过调节溶液的 pH 达到某一蛋白质的等电点使之沉淀的策略对目的蛋白进行分离。等电点沉淀法用于氨基酸、蛋白质及其他两性物质的分离、纯化，但此法单独应用较少，多与盐析法联合使用。

3. 低温有机溶剂沉淀法　　与水相溶的有机溶剂（甲醇、乙醇和丙酮等）可使多

数蛋白质溶解度降低并析出。此法分离效率比盐析法高，但因蛋白质容易发生变性，要求操作必须在低温下进行，且用于沉淀蛋白质的有机溶剂也应事先进行低温预冷。低温有机溶剂沉淀法还可用于多糖、核酸及生物小分子的分离纯化。

二、根据蛋白质分子大小差别分离蛋白质的方法

1. 透析与超滤　　　透析法是利用半透膜将大小不同的蛋白质分子分开。超滤法则是利用高压或离心力，使水和其他小的溶质分子通过半透膜而将蛋白质留在膜上。不同孔径的滤膜截留不同分子量的蛋白质。

2. 凝胶过滤法　　　凝胶过滤层析又称分子筛过滤、分子排阻层析等，是按照物质分子量大小进行分离的技术。不同类型凝胶的筛孔大小不同。如果将凝胶装入一个足够长的柱子中制成凝胶柱，当分子量不同的蛋白质样品加到凝胶柱上时，比凝胶珠平均孔径小的蛋白质会连续不断地穿过凝胶珠的内部，这些分子运动路程长，而且受到来自凝胶珠内部的阻力也很大；而分子量大的蛋白质无法进入凝胶珠内部孔隙，而直接通过凝胶珠之间的缝隙，它们流出柱子的运动路程较短。所以，分子量大的蛋白质首先被洗脱下来，而分子量小的蛋白质从柱子上洗脱下来所花费的时间长。

凝胶过滤使用的填充材料主要是葡聚糖凝胶和琼脂糖凝胶。凝胶过滤所用的凝胶孔径大小的选择主要取决于目的蛋白的分子量。

凝胶过滤层析的优点是所用的凝胶属于惰性载体，不带电荷，吸附力弱，操作条件比较温和，可在相当广的温度范围下进行实验操作，不需要有机溶剂，实验过程中能保持待分离成分的生物活性，还可以用来测定生物大分子的分子量。

三、根据蛋白质带电性质差异分离蛋白质的方法

1. 电泳法　　　不同蛋白质在特定 pH 条件下，因其分子量、电荷数量和分子形状不同而在电场中的迁移率不同。实验室中常使用聚丙烯酰胺凝胶电泳（polyacrylamide gel electrophoresis，PAGE）分离蛋白质混合样品。

聚丙烯酰胺凝胶由丙烯酰胺单体和交联剂 N,N'-亚甲基双丙烯酰胺聚合而成，聚合过程由氧自由基催化完成。聚丙烯酰胺凝胶为网状结构，具有分子筛效应。PAGE 有两种形式：非变性聚丙烯酰胺凝胶电泳（native-PAGE）和变性聚丙烯酰胺凝胶电泳。

在非变性聚丙烯酰胺凝胶电泳中，蛋白质能够保持原本的分子状态，并依据蛋白质的分子量大小、形状及其所附带的电荷量呈梯度分开。变性聚丙烯酰胺凝胶电泳也称为SDS-聚丙烯酰胺凝胶电泳（SDS-PAGE），由于电泳系统中加入了变性剂十二烷基硫酸钠（SDS）和还原剂 β-巯基乙醇，寡聚蛋白质解聚成为亚基，亚基的相对迁移率主要取决于亚基分子量的大小。

等电聚焦电泳（isoelectric focusing electrophoresis，IFE）也常被用来分离蛋白质。蛋白质分子具有两性解离及等电点的特征。IFE 的原理是在制胶时加入两性电解质，电泳时两性电解质在凝胶中形成一个 pH 梯度，蛋白质泳动到其等电点 pH 处会停止（净电荷为零），聚焦形成一个很窄的区带，不同蛋白质的等电点不同，所以就会聚焦在凝胶的不同位置，从而实现蛋白质的分离。

IFE 的优点较多，包括：分辨率高，可将等电点相差 0.01～0.02pH 单位的蛋白质分

开；灵敏度高，可以分离浓度很低的样品，且重复性好；随电泳时间的延长，区带越来越窄；样品混合液可以加在电泳系统的任何部位，通过等电聚焦作用，各组分均能聚焦到各自等电点 pH 的位置；可以准确测定多肽、蛋白质等两性电解质的等电点。但是该技术对某些在等电点时溶解度低或可能变性的蛋白质组分不适用；由于电泳过程要求使用无盐溶液，而有些酶和蛋白质在无盐溶液中溶解度较低，可能会产生沉淀。

双向电泳是第一向利用可区分组分间等电点差异的等电聚焦电泳实现蛋白质的第一次分离，接着再利用 SDS-PAGE 根据蛋白质的分子量大小不同对样品进行第二次分离。双向电泳具有极高的分辨率。

2. 离子交换层析法　　离子交换层析（ion exchange chromatography，IEC）在生物大分子提纯中应用十分广泛。离子交换层析分离蛋白质是根据在一定 pH 条件下，蛋白质所带电荷不同而进行的分离方法。特定 pH 条件下，被分离的蛋白质带上了不等的电荷，当其流经离子交换层析柱时，带有与离子交换剂相反电荷的蛋白质被吸附在离子交换剂上，且吸附力强弱与带电荷多少相关，之后采用改变 pH 或离子强度的方法将吸附在离子交换剂上的蛋白质依次从层析介质上洗脱下来。

常用于蛋白质分离的离子交换剂有弱酸型阳离子交换剂羧甲基纤维素（CM-纤维素）和弱碱型阴离子交换剂二乙氨乙基纤维素（DEAE-纤维素）。

四、根据蛋白质配体特异性差异分离蛋白质的方法——亲和层析法

亲和层析是利用生物大分子与配体特异性结合的原理进行蛋白质分离的，如酶-辅酶、抗原-抗体、激素-受体等。与蛋白质特异结合的分子称为配体或配基。配体通过共价键牢固结合于琼脂糖一类的多糖表面的功能基团上，可制成亲和载体。当混合蛋白质流经层析柱时，待提纯的蛋白质与特异的配体结合而吸附在层析柱的亲和载体上，其他杂蛋白流出层析柱，再改变洗脱液将与配体结合的特异蛋白洗脱下来。

亲和层析法是分离蛋白质非常有效的方法。它通常只需要一步处理即可将目的蛋白从很复杂的蛋白质混合物中分离出来，而且纯度很高。

蛋白质在组织和细胞中以复杂的混合形式存在，因此蛋白质的分离、提纯和鉴定是生物化学中的重要部分。至今还没有一种单独或一套现成方法可把任何一种蛋白质从复杂的混合蛋白质中提取出来，往往需要几种方法联合使用。

影响蛋白质提取的因素很多，主要有：目的产物在提取溶剂中溶解度的大小；由固相扩散到液相的难易程度；溶剂的 pH 和提取温度等。一种蛋白质在某一溶剂中溶解度的大小与该蛋白质的分子结构及所用溶剂的理化性质有关。提取时所选择的条件应有利于目的产物溶解度的增加和保持其生物活性。

一般而言，稀盐缓冲液对蛋白质的稳固性好、溶解度大，是提取蛋白质和酶最常用的溶剂。一些与脂类结合比较牢固或分子中非极性氨基酸残基比例较大的蛋白质和酶难溶于水、稀盐、稀酸或稀碱，常用一定配比的有机溶剂进行提取。常用于蛋白质提取的有机溶剂有乙醇、丙酮、异丙醇、正丁酮等，这些溶剂能够与水互溶或部分互溶。例如，植物种子中的玉蜀黍蛋白、麸蛋白，常用 70%～80%乙醇提取，动物组织中一些线粒体及微粒上的酶常用丁醇提取。

第二节　酶 的 制 备

　　酶是生物体内具有催化作用的蛋白质。生物体内的生化反应，一般都是在酶的催化作用下进行的，没有酶的催化反应，生命也就随之停止了。因此，酶的研究是阐明生命现象本质中十分重要的部分。酶的种类繁多，来源、用途各不相同，根据不同的研究目的，对酶产品纯度的要求也不同。一般工业生产上所用的酶多为酶的粗品，一般无须高度纯化，如洗涤剂用的蛋白酶，经过简单的提取分离即可。食品工业用酶，则需经过适当的分离纯化，以确保安全卫生。医药用酶，特别是注射用酶及分析测试用酶，需要较高的纯度。在酶的提取和纯化过程中，始终需要最大限度地保留酶的活性。

　　酶分离、纯化的方法是根据酶的蛋白质特性建立的。酶的制备一般包括三个基本步骤，即提取、纯化和浓缩（或制剂）。首先通过粗提将需要的酶分子从原料释放到溶液中。由于细胞中蛋白质种类和数量很多，并且分子性质相似，提取中不可避免地会包含一些杂蛋白，后续操作需将酶从溶液中选择性地纯化出来。由于细胞中酶的含量较少，提取过程中还需要对酶进行浓缩，最终制成纯净的酶制剂。

一、酶的来源

　　酶的制备是指从动植物组织、微生物发酵液或细胞培养液中得到高纯度、高质量酶产品的过程。酶的制备按照原料来源可分为直接提取法和微生物发酵生产法。早期酶制剂是从动植物原料中直接提取获得的。由于动植物生长周期长，受地理、气候和季节等因素的影响，原料的来源受到限制，不适于大规模的工业生产。目前，人们正越来越多地转向以微生物作为酶制备的主要来源。酶的微生物发酵生产方式有两种，一种是固体发酵法，另一种是液体发酵法。固体发酵法是利用麸皮和米糠为主要原料，添加谷糠、豆饼等，加水搅拌成半固体状态，供微生物生长和产酶，主要用于真菌来源的商业酶的生产。其中用米曲霉生产淀粉酶，以及用曲霉和毛霉生产蛋白酶在中国和日本已有悠久的历史。固体发酵法操作简单，但条件不容易控制。液体发酵法又可分为液体表面发酵法和液体深层发酵法两种。其中液体深层发酵法是现在普遍采用的方法。我国酶制剂、抗生素、氨基酸、有机酸和维生素等发酵产品均采用此种方法。

二、酶的粗提取

　　许多酶位于细胞内。为了提取胞内酶，首先选择目的酶分子含量较高，且容易获得的组织或细胞作为实验材料，然后对细胞进行破碎处理使细胞中的酶释放。细胞破碎的方法很多，主要包括机械破碎法、物理破碎法、化学破碎法和酶学破碎法等。

　　酶容易变性失活，因此，多数酶的提取需要在冰浴下进行，以防止酶的活性丧失。但有的酶在较高温度下提取更好，如胃蛋白酶在45℃提取的收率较高。酶的提取过程中，搅拌可加速提取，但转速不宜太快，否则会产生泡沫而导致酶变性。

　　酶提取溶剂的作用是将目的酶分子尽量多地溶解在溶剂中。常用的酶提取溶剂有水，以及一定浓度的乙醇、乙二醇、丁醇和稀盐缓冲液等，也可以是稀碱或稀酸溶液，如使用稀硫酸提取胰蛋白酶，使用稀盐酸提取胃蛋白酶。提取溶剂的pH应选择在酶的稳定pH范围内，并应远离其等电点 pH，如蛋白酶选用 pH2.5～3.0，胰蛋白酶和 α-糜蛋白酶则用 0.25mol/L 硫酸提取。在中性或碱性条件下提取时，最常用的是 0.15mol/L 氯化钠、0.02～0.05mol/L 磷酸缓冲液、0.02～0.05mol/L 焦磷酸缓冲液。

酶的粗提液中除含有所需要的酶外，还含有其他蛋白质，以及其他大分子和小分子化合物杂质，可用如下方法去除杂质。

（1）调 pH 和加热法：利用蛋白质对酸、碱和温度敏感性方面的差异，可去除杂蛋白。例如，超氧化物歧化酶对温度和 pH 相对稳定，牛血来源的超氧化物歧化酶在 75℃ 下加热数分钟很少失活，而其他蛋白质则在 60℃ 以上容易变性沉淀。此外，该酶对酸、碱也较稳定，在 pH5.3～10.5 范围均具有催化活性。利用超氧化物歧化酶对温度和 pH 稳定的特征，可通过调整 pH 和加热去除牛血中的其他蛋白质。

（2）选择性变性法：各种蛋白质对变性剂的稳定性不同，可以用选择性变性剂去除杂蛋白。例如，鸡卵类黏蛋白在中性或酸性溶液中对热和高浓度的尿素很稳定，在 50% 丙酮或 5%～10% 三氯乙酸盐的水溶液中，仍有较好的溶解度。所以，选择合适的丙酮浓度和三氯乙酸盐浓度，可以从蛋清中除去杂蛋白。

（3）蛋白质表面变性法：蛋白质表面变性后其性质有所不同，借此也可以去除杂蛋白。例如，制备过氧化氢酶时，加入氯仿和乙醇进行振荡可以将杂蛋白变性从而去除。

（4）蛋白质沉淀剂法：利用乙酸铝、离子型表面活性剂等蛋白质沉淀剂可以去除杂蛋白及黏多糖类杂质。因蛋白质沉淀剂常可引起酶变性失活，因此采用此类试剂去杂时应低温快速操作。

（5）加保护剂热变性法：酶与底物或竞争性抑制剂结合后，其稳定性常显著增加。因此常以它们为保护剂，再用一些剧烈手段破坏杂蛋白，如以 D-甲基苯甲酸作为 D-氨基酸氧化酶的保护剂，可通过加热除去杂蛋白使该酶得到很好的提纯。

（6）核酸沉淀剂法：酶液中的核酸类杂质可以通过氯化锰、鱼精蛋白、硫酸盐等沉淀剂使其沉淀而除去，也可用核糖核酸酶将核酸降解后除去。

三、酶的纯化

酶的本质是蛋白质，因此蛋白质的纯化手段均适用于酶的纯化，如盐析法、聚乙二醇沉淀法、有机溶剂分级沉淀法、等电点法、选择性沉淀法、各种柱层析方法（吸附层析、离子交换层析、亲和层析等）和电泳法等。不同之处是酶的纯化过程还需要选用迅速简便的酶活力测定方法，以追踪酶的去向。在选择酶的活力测定方法时，分析方法所需的操作时间要比其精确度更为重要，应首选酶活力测定迅速、操作步骤少的方法。建立酶活力测定法之后，再按照纯化步骤和活力测定情况进行实验过程中酶活力的分析，包括提取组织或细胞的重量，提取液总体积、蛋白质浓度（mg/mL），酶的总活力、比活（即纯度、酶活力单位/毫克蛋白质）、酶浓度（每毫升酶活力）、产率（每步总活力除以第一步的总活力，%）和纯化倍数等。

一个典型的酶纯化方案通常包括多个操作步骤，各操作之间顺序如何，需靠实践摸索。设计实验的总原则是选用尽量少的步骤，取得尽量好的纯化效果，因为增加操作步骤势必增加酶的丢失。通常情况下，对于盐浓度高的粗提液多用盐析法；对于离子强度低的酶溶液则可用吸附法或离子交换法。此外，交替使用不同分级沉淀法常比单独重复同一类型方法更能奏效。所以，实验室中常将吸附法、盐析法和有机溶剂分级沉淀法串联起来进行酶的纯化。当这些方法仍达不到特定纯度要求时，还可以采用包括电泳法、层析法在内的其他类型纯化方法。

　　结晶也是纯化酶的有效手段之一。当酶达到一定纯度时便可以进行结晶。在较纯的酶液中添加硫酸铵、氯化钠等盐，并逐渐提高盐浓度，达到一定饱和度酶会慢慢结晶出来。结晶过程必须控制温度和 pH。有些酶还可在低温下，用丙酮、乙醇等有机溶剂进行结晶。近年来一些实验室还采用平衡透析法进行酶的结晶，即将酶液装入透析袋中，置于一定饱和度的盐溶液中进行透析从而获得大量酶的晶体。

四、酶的浓缩

　　为提高目的酶的浓度，酶的提取液通常需进行浓缩。对于大体积的酶提取液，工业上常用真空减压浓缩、薄膜浓缩、冷冻浓缩和逆向渗透作用进行浓缩。对于少量酶提取液，实验室常用如下方法进行浓缩。

　　（1）采用反透析法浓缩：将稀酶液装入透析袋内，透析袋外覆盖聚乙二醇或蔗糖等具有强吸水能力的物质。由于透析袋两侧的水分子浓度不同，透析袋内水会被袋外的聚乙二醇或蔗糖所吸收。反透析法在短时间内即可达到浓缩目的，得到所需的浓酶液。

　　（2）使用分子筛法进行浓缩：取相当于酶液量 1/5 的干葡聚糖凝胶 G15 或 G25 分多次加入酶提取液中，搅拌 30min 使凝胶吸水膨胀，去除凝胶并经重复数次操作即可在短时间内把酶液浓缩至所需的体积。将酶液装于透析袋内埋入干凝胶中，袋内酶液也可得到浓缩。

　　（3）用超滤法浓缩：超滤技术因操作相对温和、可避免酶蛋白变性且分离速度快而在科学研究和生产中得到广泛应用。目前市面上有各种不同孔径的超滤膜适用于实验室规模及一定工业规模的酶提取液浓缩。例如，国产二醋酸纤维素制成 $10\sim200\text{Å}$（$1\text{Å}=10^{-10}\text{m}$）孔径的超滤膜，可用于实验室规模固氮酶液的脱盐和浓缩，且效果良好。

五、酶的储存

　　除个别酶对热稳定外，大多数酶制剂在高温条件下易变性而酶活力降低。因此，酶制剂一般保存在低温条件（$0\sim4$℃）下。个别酶制剂能在常温下保存，如真菌 α-淀粉酶制剂在常温下半年的酶活力保存率达到 95% 以上，1 年的保存率可达到 90% 以上。

　　此外，酶可以在不同储存状态保存。酶既可以在缓冲液中保存，也可以制成干粉或结晶保存。缓冲液中的酶在 $0\sim4$℃冰箱中一般只能保存一周左右。如需长时间保存酶制剂，缓冲液中溶解的酶要保存于 -20℃冰箱中，条件允许的话，-70℃下保存更好。需要注意的是，少数酶对低温敏感，如鸟肝丙酮酸羧化酶在 25℃稳定，低温下易失活；过氧化氢酶要在 $0\sim4$℃保存，冰冻则失活；羧肽酶反复冻融会失活等。可见，采用缓冲液保存蛋白质和酶的样品时，需首先了解酶的温度敏感性质。

　　酶制剂以固态干粉或结晶状态放在干燥器中可长期保存，如葡萄糖氧化酶干粉 0℃下可保存 2 年，-15℃下可保存 8 年。要特别注意，酶在冻干时往往会部分失活。

　　加入某些稳定剂可以延长酶制剂的储存时间。①惰性的生化或有机物质：如糖类、脂肪酸、牛血清白蛋白、氨基酸、多元醇等，可以保持稳定的疏水环境。②中性盐：有一些蛋白质要求在高离子强度（1～4mol/L 或饱和盐溶液）的极性环境中才能保持活性。最常用的盐溶液有 $MgSO_4$、NaCl、$(NH_4)_2SO_4$ 等。③巯基试剂：一些蛋白质和酶的表面或内部因含有半胱氨酸而存在游离的巯基，易被空气中的氧缓慢氧化为磺酸或二硫化物而变性，保存时可加入半胱氨酸或 β-巯基乙醇作为保护剂。

由于酶的本质是蛋白质，在储存时还应对酶制剂进行抑菌处理以防止微生物的污染。避免对酶制品进行剧烈振荡，避免反复冻融也有助于酶制品活性的保留。

六、酶活力的测定

酶的活力表现为催化特定反应的速度。酶促反应速度越快，酶的活力也越大。酶活力常以每毫克酶蛋白每分钟所分解的底物量（或生成的产物量）微摩尔（μmol）数表示。由于酶的催化作用和周围环境的关系十分密切，环境的温度、pH、离子强度等都对酶的活力有很大的影响，因此测定酶活力时应该使这些条件保持恒定。

测定酶活力的方法很多，因反应的底物和产物的性质不同可选用不同的方法。应用最广泛的是分光光度法，反应体系中的化合物在可见光区或紫外区有吸收峰的都可以用这种方法进行测定。如果酶催化的是需氧反应（如氧化酶），则可用测压法或氧电极法。如果催化的反应体系中需要 ATP 或产生 ATP（如一些激酶），或是有烟酰胺腺嘌呤二核苷酸（NAD）存在（如一些脱氢酶和氧化还原酶），或者反应产生 H_2O_2（如一些氧化酶），这些酶的活力可以用生物发光或化学发光方法进行测定。总之，测定酶活力的方法很多，应根据具体情况选择合适的方法。

第三节　核酸的制备

核酸的分离纯化是获得目的基因、制备载体 DNA 片段和基因组研究的前提条件。不同类型的核酸具有不同的结构特点：真核生物染色体 DNA 为双链线性大分子；原核生物基因组 DNA、质粒及真核生物的细胞器 DNA 是双链环状分子，相对较小；某些噬菌体 DNA 为单链环状分子。原核生物和真核生物的 RNA 大多为单链线状分子。病毒的 RNA 分子存在形式多种多样，有双链环状、单链环状、双链线状和单链线状等。在细胞中，DNA 以脱氧核糖核蛋白（DNP）、RNA 以核糖核蛋白（RNP）形式存在，在不同浓度的盐溶液中它们的溶解度差别很大。例如，DNP 在纯水或 1mol/L NaCl 溶液中溶解度较大，但在 0.14mol/L NaCl 溶液中溶解度很小，而 RNP 则在 0.14mol/L NaCl 中溶解度相当大。因此，利用不同浓度的 NaCl 溶液可以选择性地分离 DNP 或 RNP。此外，核酸易溶于水，不溶于有机溶剂。

实验中可利用核酸的溶解性质对其进行提取。一般情况下，实验首先裂解细胞，释放出细胞核中的核酸-蛋白质复合物，接下来进行核酸-蛋白复合物的分离以去除蛋白质，最后再沉淀核酸分子。常用的核酸-蛋白质复合物的解离剂是阴离子去污剂：脱氧胆酸钠、十二烷基硫酸钠（SDS）、4-氨基水杨酸钠和 1,5-萘二磺酸钠等，这些去污剂可使核酸从蛋白质上游离出来，并且还可以抑制核糖核酸酶的作用。酚-氯仿混合液可有效除去核酸溶液中的蛋白质，该混合液可使蛋白质变性，且对核酸酶具有抑制作用。酚-氯仿混合液去除蛋白质，操作时需要剧烈振荡，为防止起泡和促使水相与有机相分离，可在酚-氯仿抽提液中加入一定量的异戊醇。去除蛋白质后的核酸水相提取物需要加入 2 倍体积的乙醇或等体积的异丙醇沉淀核酸。

一级结构是核酸分子最基本的结构，储存着全部的遗传信息是进一步研究的基础。因此，核酸分离纯化的总原则是必须保证核酸一级结构的完整性，防止核酸被降解，同时要排除其他分子的污染。为了保持核酸的完整性，在提取 DNA 的溶液中加入乙二胺四乙酸（EDTA）金属螯合剂以除去 Ca^{2+}、Mg^{2+}，抑制脱氧核糖核酸酶（DNase）的活性，减少对 DNA 的降解。此外，还要尽量避免化学因素（酸、碱等）和物理因素（高温或机械剪切等）使核酸变性或破坏核酸。对 DNA 分子而言，因为 DNA 分子特别长，容易发生断裂，操作时需要注意操作造成的张力剪切作用。因为 RNA 酶分布很广，试剂和手指上都有 RNA 酶，且该酶活力很强，制备 RNA 分子时要特别注意防止 RNA 酶对其的降解作用。实验室常采取低温（4℃）操作，所用器械、器皿高温烘烤，试剂中加入 RNA 酶抑制剂和操作时戴手套等策略减少 RNA 酶对实验的干扰。

核酸的纯化需达到以下三点要求：①核酸样品中不存在对酶有抑制作用的有机溶剂和过高浓度的金属离子；②其他生物大分子如蛋白质、多糖和脂类分子的污染降到最低程度；③排除其他核酸分子的污染，如提取 DNA 分子时应去除 RNA 分子，反之亦然。

应用最广的核酸浓缩法是乙醇沉淀法。在中等浓度单价阳离子存在下，向核酸粗提液中加入 2～2.5 倍粗提液体积的无水乙醇后静置 0.5h 以上，经离心可获得核酸沉淀。所得核酸沉淀可按后续实验需要加入适当缓冲溶液进行溶解。此法也可定量回收皮克（1pg=10^{-12}g）量的 DNA 或 RNA。

准确定量 DNA、RNA 的方法是紫外分光光度法。但此法要求核酸样品纯净，其中不含有蛋白质、酚、琼脂糖或其他核酸、核苷酸等污染物。

一、DNA 提取的基本原理

DNA 提取方法很多。在对某个实验样品进行 DNA 提取操作之前，一定要先行收集该样品的特性信息，如样品的核酸含量、酶含量、特殊杂质含量等，否则会造成 DNA 提取失败，无法开展后续实验。只有对实验样品有所了解，才能正确选择 DNA 提取方法。一般情况下，DNA 的提取可以简单地分为裂解和纯化两大步骤。裂解是破坏样品细胞结构，使样品中的 DNA 释放到裂解体系中的过程；纯化则是使 DNA 与裂解体系中的其他成分，如蛋白质、盐及其他杂质彻底分离的过程。

常用的细胞裂解液都含有去污剂（如 SDS、Triton X-100、NP-40、Tween 20 等）和盐（如 Tris、EDTA、NaCl 等）。其中，去污剂的作用是使蛋白质变性、破坏膜结构、去除与核酸相互作用的蛋白质。Tris 的作用是提供合适的裂解环境、EDTA 能抑制核酸酶对核酸的降解、NaCl 用于维持核酸结构稳定。裂解体系中还可加入蛋白酶，利用蛋白酶将蛋白质消化成小的片段，促进 DNA 与蛋白质的分离，便于后续的纯化操作。

DNA 的纯化过程主要是通过酚-氯仿抽提去除蛋白质，实现 DNA 与蛋白质的分离，再用乙醇或异丙醇将 DNA 沉淀下来，实现核酸与盐的分离。酚-氯仿抽提是去除蛋白质的有效手段，优势是成本低廉，对实验条件要求较低。如果裂解体系的蛋白质浓度过高，则酚-氯仿体系无法将裂解体系中的蛋白质一次性去除，需要进行多次酚-氯仿抽提，需要注意的是每次抽提均会导致核酸的损失。

目前，纯化核酸还有商品化的离心柱纯化法。该法利用某些固相介质在特定条件下选择性地吸附核酸而不吸附蛋白质及盐的特点，实现核酸与蛋白质及盐的分离。该方法受人为操作因素影响小，提取 DNA 的纯度和稳定性很高，其缺点是当样品中核酸含量过高时，需要反复进行离心。目前，核酸提取试剂盒常利用该方法实现样品的纯化。

磁珠法是将纯化介质包被在纳米级的磁珠表面，通过介质对 DNA 的吸附，在外加磁场的作用下附着于磁珠上的 DNA 分子随磁珠定向移动，从而达到核酸与其他物质分离的目的。磁珠法具有所需样本量少、提取灵敏度高、纯化的纯度高、提取产量高、分离速度快、无毒无害无污染等优点。由于磁珠法依赖于磁力分离装置或自动提取仪，目前价格依然很高，并不适用于小型实验室常规实验。

通常情况下，实验室中采用含蛋白酶的细胞裂解方法提取动物基因组 DNA。在 EDTA 和 SDS 等去污剂存在的条件下使用蛋白酶 K 消化蛋白质，再用酚抽提去除蛋白质，即可得到基因组 DNA。用此方法提取得到的 DNA 长度为 100~150kb，适用于构建基因组文库和 DNA 印迹（Southern blotting）分析。若抽提富含多糖的细菌、植物等样品基因组 DNA，首选含十六烷基三甲基溴化铵（CTAB）裂解液的方法。提取得到的 DNA 通常使用 TE 缓冲液进行溶解。TE 缓冲液中含有的 EDTA 可以减少 DNA 被可能残留的 DNase 降解的风险。但是如果提取方法合适、操作得当，几乎不会残留 DNase，使用无菌水溶解 DNA 也是可以的。一般情况下，实验室提取所得 DNA 样品可在−20℃保存，如果提取的 DNA 样品需要长期保存（1 年以上），最好保存于−80℃。实验室中常根据需要对 DNA 样品进行分装，以避免反复冻融造成 DNA 降解。

二、RNA 的提取和纯化

细胞中 RNA 的种类很多，其中与蛋白质合成相关的 RNA 有信使 RNA（mRNA）、转运 RNA（tRNA）和核糖体 RNA（rRNA）三大类。进行基因表达分析或构建 cDNA 文库等实验的第一步是需要获得高质量、高纯度的 mRNA。实验室中获得 mRNA 的策略是首先提取得到细胞的总 RNA，再对其进行纯化得到 mRNA。不同组织总 RNA 提取的实质均是将细胞裂解释放出 RNA，再通过适当方式去除蛋白质、DNA 等杂质，最终获得高纯度 mRNA 产物。

在提取 RNA 前，首先需要对样品进行前处理。如果实验以动物或植物的组织为材料，则需要选取新鲜的组织作为 RNA 提取的实验材料，并避免使用坏死的组织。由于样品离开活体后内源性的 RNA 酶就会被释放出来。为防止 RNA 被降解，应迅速将组织块进行研磨破碎，置于裂解液中；对于不太容易破碎的组织，可将其切成小块放入液氮中。如果组织块不立即进行 RNA 提取实验，应将样品存放于液氮中或者是 RNA locker 等 RNA 常温保存液中。若 RNA 的来源是培养细胞，则应在细胞生长旺盛的时候对其进行收集。对于一些贴壁的细胞，消化、离心要迅速，必要时可直接进入裂解环节，用敲击、振荡、吹打等方式收集细胞以保证细胞的代谢状态及活性。

目前，常用的总 RNA 提取方法有 3 种。

1. Trizol 试剂法　　Trizol 试剂法是最为常见也是最经典的提取方法。Trizol 试剂的主要成分是异硫氰酸胍和苯酚，其中强变性剂异硫氰酸胍可裂解细胞，促使 RNA 与蛋白质分离，并将 RNA 释放到溶液中。酸性苯酚可促使 RNA 进入水相。当向体系加入氯仿时，氯仿可抽提酸性苯酚，离心后体系形成水相层和有机层。水相层（无色）主要为 RNA，有机层（黄色）主要为 DNA 和蛋白质，RNA 与 DNA、蛋白质因分布在不同的溶剂中而分离开。Trizol 法的优点是操作简单、RNA 提取完整性好等，适用于一些次生代谢物含量少的动植物组织。但是，酚类物质在实验操作过程中易被氧化成棕褐色的醌类化合物，该物质可与核酸大分子发生不可逆结合，当使用氯仿抽提去除酚类物质时，可能会造成 RNA 丢失。

2．SDS-苯酚法　　　SDS 和苯酚能够使蛋白质变性，抑制内源 RNase 活性的发挥。同时，SDS 可裂解细胞膜，将细胞质中蛋白质、多糖、DNA 分离至有机相中，而 RNA 则留在上清液之中。SDS-苯酚法的优点是操作简单，提取时间短。其缺点是在 RNA 提取过程中，会产生较高含量的多酚类杂质，且所提取的植物总 RNA 无法进行反转录实验。

3．试剂盒法　　　试剂盒法是利用盐酸胍裂解样本，抑制 RNase 活性，利用 β-巯基乙醇使蛋白质发生变性，通过离心柱上的吸附膜特异性吸附 RNA。该法的优点是操作简便、快速、安全，产物纯度高，可用于下游实验；缺点是多数操作仍需手动完成，过滤过程可能会导致滤膜堵塞，吸附膜对 RNA 大小有要求。

真核细胞的 mRNA 分子最显著的结构特征是具有 5′端帽子结构（m^7G）和 3′端 poly（A）尾巴，这种结构为真核 mRNA 的纯化提供了极为方便的选择性标志。实验中寡聚（dT）纤维素或寡聚（U）琼脂糖亲和层析分离纯化 mRNA 的理论基础就在于此。RNA 流经寡聚（dT）纤维素柱时，在高盐缓冲液的作用下，mRNA 被特异地结合在柱上，当盐的浓度逐渐降低时或在低盐溶液和蒸馏水的情况下，mRNA 被洗脱，经过两次寡聚（dT）纤维柱亲和层析后，即可得到较高纯度的 mRNA。

RNA 的纯度和完整性对后续的实验至关重要。RNA 纯品 OD_{260}/OD_{280} 的值为 2.0，故根据 OD_{260}/OD_{280} 值可以估计 RNA 的纯度。当 OD_{260}/OD_{280} 的值为 1.9～2.1 时，一般认为 RNA 的纯度较好；当 OD_{260}/OD_{280} 值小于 1.8 时，则样品中蛋白质含量较多；当 OD_{260}/OD_{280} 值大于 2.2 时，RNA 已经发生了降解。

RNA 定量方法与 DNA 定量方法相似。RNA 在 260nm 波长处有最大的吸收峰。因此，可以用 260nm 波长分光测定 RNA 浓度，OD 值为 1 相当于大约 40μg/mL 的单链RNA。如用 1cm 光径的比色皿进行紫外分光光度法测定 RNA 浓度时，用 ddH_2O 稀释 RNA 样品 n 倍，并以 ddH_2O 为空白对照，根据此时读出的 OD_{260} 值即可计算出样品稀释前的浓度：

$$RNA 浓度（mg/mL）=40×OD_{260} 读数×稀释倍数（n）/1000$$

经实验获得总 RNA 后，应对 RNA 的完整性进行琼脂糖凝胶电泳检测以保证获得 RNA 的质量。动物细胞的 RNA 一般具有 4 条特征性条带：28S、18S、5.8S 和 5S；植物组织一般有 3 条特征条带：28S、18S 和 5S；原核生物理论上也有 3 条特征条带：23S、16S 和 5S。完整性较好的总 RNA 提取结果一般有以下特征：有 3 条特征条带（5S、18S 和 28S），并且 28S 条带的亮度是 18S 的 2 倍左右。如果出现多个条带，说明 RNA 被污染或破坏。若没有出现 28S 条带，说明 28S 已经遭到了破坏。此外，由于真核生物 rRNA 的 28S 亚基和 18S 亚基在提取过程中可能发生降解，实验中也可用 28S/18S 作为衡量提取的 RNA 完整性的指标。若 28S/18S 在 1.8～2.0 的范围内，可认为提取 RNA 完整性较好。

内源性 RNase 是造成 RNA 降解最主要的原因。收集样本时，内源性 RNase 的释放会降解 RNA，其降解速度与内源性 RNase 的含量以及环境的温度有关。在提取 RNA 时，用适当的匀浆方法和裂解液，并控制好组织样品的起始量有助于避免内源性 RNase 所致的 RNA 降解。外源性 RNase 也是导致 RNA 降解的重要原因之一。实验时需要戴帽子、口罩及无菌手套。操作要在清洁、少灰尘的实验台完成。尤其要注意枪头及 EP 管的洁净，实验操作时，可将枪头和 EP 管浸泡在焦碳酸二乙酯（DEPC）溶液中过夜，再进行高压灭菌后备用。必要时也可在实验中使用商品化 RNase 抑制剂。

第四节 多糖的制备

多糖（polysaccharide）是多个单糖单位由糖苷键连接而成的糖类物质，分子质量从中等到百万道尔顿以上。由一种单糖单位组成的多糖称为同多糖，如淀粉、纤维素和糖原；以两种或多种单糖单位组成的多糖称为杂多糖，如阿拉伯胶是由戊糖和半乳糖等组成。多糖不是一种纯粹的化学物质，而是聚合程度不同的糖类的混合物。多糖类一般不溶于水，无甜味，不能形成结晶，无还原性和变旋现象。多糖也是糖苷，所以可以水解。多糖在水解过程中往往产生一系列的中间产物，最终完全水解得到单糖。

多糖在自然界分布极广，在细胞中发挥重要作用。有的是构成植物细胞壁的组成成分，如肽聚糖和纤维素；有的作为动植物储藏的养分，如糖原和淀粉；有的具有特殊的生物活性，如人体中的肝素有抗凝血作用，肺炎球菌细胞壁中的多糖有抗原作用。此外，多糖还可以应用于临床，包括免疫调节、降血糖、降血脂、抗病毒、消除氧化性自由基和延缓衰老等。

和其他生物大分子类似，多糖的制备和分析大致包括多糖的分离、纯化和多糖的分析鉴定。下面对各步骤进行详细介绍。

一、多糖的提取方法

多糖通过氢键或离子键与细胞壁或间质物质相连。根据多糖存在的部位不同使用不同的提取方法。多糖的提取方法很多，常用热水、酸、碱、乙醇等作为溶剂，也可通过微波或超声波辅助提取，依提取所使用的试剂和手段，可分为以下 3 种。

1. 溶剂提取法

1）水提醇沉法 水提醇沉法是提取多糖最常用的一种方法。多糖是极性大分子化合物，提取时应选择水、醇等极性强的溶剂。用水作溶剂来提取多糖时，可以用热水浸煮提取，也可以用冷水浸提渗滤。提取液浓缩后，再利用多糖不溶于乙醇的性质，向浓缩液中加入最终体积达到总体积 70% 左右的乙醇，将多糖从提取液中沉淀出来。

应用水提醇沉法提取多糖，影响多糖收率的因素有：水的用量、提取温度、浸提固液比、提取时间以及提取次数等。

水提醇沉法提取多糖不需特殊设备，生产工艺成本低、安全，适合工业化大生产。但该法提取比较耗时，多糖的收率也不高，而且由于水的极性大，容易把蛋白质、苷类等水溶性的成分浸提出来，从而使提取液存放时易腐败变质，为后续的分离带来困难。

2）酸提法　　　酸提法是在水提醇沉法的基础上发展出来的。一些含酸性基团的多糖在较低 pH 下溶解度较低，可用乙酸或盐酸调整提取液 pH 至酸性，再加入乙醇促进多糖沉淀析出，也可加入铜盐等使之生成不溶性络合物或盐类沉淀而析出。由于 H^+ 的存在抑制了酸性杂质的溶出，酸提法提取得到的多糖产品纯度相对较高。酸提法也存在一定的不足之处。例如，在酸性条件下可能引起多糖中糖苷键的断裂，且酸会对容器造成腐蚀，除弱酸外，一般不宜采用。

3）碱提法　　　一些含有糖醛酸的多糖和酸性多糖在碱性条件下比较稳定，提取体系中加入碱溶液有利于酸性多糖的浸出，可提高多糖的收率。碱提法一般用硼氢化钠或硼氢化钾作为溶剂。碱提法提取多糖所需时间较短。该法的不足之处在于提取液中含有其他杂质，致使提取液因黏度过大而过滤困难，且某些多糖在碱性较强时会降解，浸提液有较浓的碱味，溶液颜色呈黄色，这样会影响成品的风味和色泽。

4）超临界流体萃取法　　　超临界流体萃取技术是近年来发展起来的一种新的提取分离技术。超临界流体是指物质处于临界温度和临界压力以上时的状态，这种流体兼有液体和气体的特点，密度大，黏稠度小，有极高的溶解性，渗透到提取材料的基质中可发挥非常有效的萃取功能。而且这种溶解能力随着压力的升高而增大，提取结束后，再通过减压将其释放出来，具有保持有效成分的活性和无溶剂残留等优点。由于 CO_2 的超临界条件（临界温度 31.04℃，临界压力 7.38MPa）容易达到，常用作超临界萃取的溶剂。在压力为 8～40MPa 时的超临界 CO_2 足以溶解任何非极性、中极性化合物，在加入改性剂后则可溶解极性化物。该法的缺点是设备复杂，运行成本高，提取范围有限。

2. 酶解法　　　在一定条件下，酶可以加速样品中多糖成分的释放和提取。酶可以分为单一酶和复合酶两种，一般复合酶最为常用，多糖提取常用的酶有果胶酶、蛋白酶、纤维素酶等。酶解法提取多糖的实质是通过酶解反应强化多糖释放过程，具有条件温和、杂质易除和收率高等优点，具有广阔的发展前景。

1）单一酶解法　　　单一酶解法指的是使用一种酶来提取多糖，从而提高收率的生物技术。其中经常使用的酶有蛋白酶、纤维素酶等。蛋白酶对植物细胞中游离的蛋白质具有分解作用，使其细胞结构变得松散；蛋白酶还会使糖蛋白和蛋白聚糖中游离的蛋白质水解，降低它们对原料的结合力，有利于多糖的浸出。

2）复合酶解法　　　复合酶解法采用一定比例的果胶酶、纤维素酶及中性蛋白酶混合液来提取多糖，主要利用纤维素酶和果胶酶水解纤维素和果胶，使植物组织细胞的细胞壁破裂，释放细胞壁内的活性多糖。多糖释放的多少与复合酶的加入量、酶解温度、酶解时间、酶解 pH 有直接的关系。

3. 物理强化法

1）微波辅助提取法　　　即微波萃取法，是利用高频电磁波可穿透萃取媒质到达被萃取物料的内部，并迅速转化为热能使细胞内部温度快速上升，细胞内部压力上升的特性进行多糖提取的。当细胞内部压力超过细胞壁承受力时细胞会破裂，细胞内成分流出，并溶解于萃取媒质，通过进一步过滤和分离，即可获得萃取物料。与其他的萃取方法相比，微波萃取效率高，操作简单，且不会引入杂质，多糖纯度高，实验过程能耗小，操作费用低，符合环境保护要求，是很好的多糖提取方法。

2）超声波辅助提取法　　　超声波辅助提取法是利用超声波的机械效应、空化效应及热效应进行细胞破碎和多糖提取的。超声波的机械效应可增大介质的运动速度及穿透力，能有效破碎生物细胞和组织，从而使提取的有效成分溶解于溶剂之中；空化效应使整个细胞瞬间破裂，有利于有效成分的溶出；热效应增大了有效成分的溶解速度，这种热效应是瞬时的，可使被提取成分的生物活性尽量保持不变。此外，许多次级效应也能促进提取材料中有效成分的溶解，提高多糖提取的收率。超声波辅助提取法与水煮法、醇沉法相比，萃取充分，提取时间短；与浸泡法相比，多糖的收率更高。

　　3）高压脉冲法　　高压脉冲法是通过对两电极间的流态物料反复施加高电压的短脉冲（典型为 20～80kV/cm）处理来破碎细胞提取多糖的方法。高压脉冲法的作用机制有多种假说，如细胞膜穿孔效应、电磁机制模型、黏弹极性形成模型、电解产物效应、臭氧效应等，研究最多的是细胞膜穿孔效应。动物、植物、微生物的细胞在外加电场作用下产生横跨膜电位，绝缘的生物膜由于电场形成了微孔，通透性发生变化。当整个膜电位达到极限值（约 1V）时，细胞膜破裂，膜结构变成无序状态，形成细孔，渗透能力增强。

二、多糖的分离纯化

1. 除蛋白质

　　1）Sevage 法　　利用蛋白质在氯仿等有机溶剂中变性的特点，用 V（氯仿）：V（戊醇或正丁醇）为 5∶1 或 4∶1 的混合液变性蛋白质。混合物剧烈振摇 20～30min，蛋白质变性生成凝胶，经过离心，变性蛋白质在水相和有机溶剂相交界处。此法只能除去少量蛋白质，效率不高，须反复多次操作，多糖有损失。但该方法比较温和，可避免多糖降解，如配合加入一些蛋白酶，效果更佳。因脂蛋白溶于氯仿，Sevage 法不能除去脂蛋白。

　　2）三氟三氯乙烷法　　将多糖溶液与三氟三氯乙烷等体积混合，低温搅拌 10min 左右，离心分离得上层溶解有多糖的水相。水相继续用上述方法反复处理几次，即可获得无蛋白质的多糖溶液。此法比 Sevage 法效率高，但溶剂沸点低、易挥发，不宜大量应用。

　　3）三氯乙酸法　　三氯乙酸是一种有机酸。三氯乙酸法去除蛋白质的原理是使多糖提取液中的蛋白质与有机酸作用而变性沉淀。该法是在多糖水提液中滴加与多糖水提取液等体积的 5%～10%三氯乙酸，混匀后静置过夜使蛋白质充分沉淀，离心可除去蛋白质的胶状沉淀。重复以上操作直至溶液不再继续浑浊为止，可得无蛋白质的多糖。三氯乙酸浓度越大，除蛋白质效果越好，但对多糖的影响也越大，可能是因为三氯乙酸对多糖结构具有破坏作用，使多糖降解，而且这种破坏作用随着三氯乙酸浓度增大而增强。

　　植物多糖常采用三氯乙酸法去除蛋白质，也可先用蛋白酶使样品中的蛋白质部分降解后再用 Sevage 法去除蛋白质。微生物多糖去除蛋白质常采用 Sevage 法、三氟三氯乙烷法，也可用盐析法、有机溶剂萃取等方法。

2. 多糖的分离　　主要有分级沉淀法、季铵盐沉淀法、金属盐沉淀法、色谱分离法、膜分离法、透析法和电渗析等。目前大多采用 DEAE-凝胶或其他各种不同类型的凝胶柱色谱法以及离子交换色谱法。

　　1）分级沉淀法　　大多数活性多糖可溶于水，二糖和三糖等寡糖还可溶于乙醇。

随着聚合度的增大，多糖在乙醇中的溶解度逐渐降低。根据这一性质可在多糖的浓缩水溶液中分批加入乙醇，使乙醇的体积浓度逐渐增加到 50mL/L、100mL/L、200mL/L、900mL/L，从而使不同聚合度的多糖分别沉淀析出。

2）色谱分离法　　多糖分离常用两种色谱分离方法：凝胶柱色谱法和离子交换色谱法。

3）膜分离法　　膜分离技术（membrane separation technology，MST）是一种高效分离技术。分离过程以选择透过性膜作为分离介质，通过在膜两侧施加某种推动力（压力差、化学位差、电位差等），使原料液中组分有选择性地通过膜。目前应用较多的是超滤和微滤技术。

三、多糖的分析鉴定

多糖的成分多样、结构复杂、分子质量大，分析鉴定主要从纯度、糖含量等 5 个方面进行。

1. 纯度鉴定　　多糖是高分子化合物，其纯品微观上是不均一的。通常所说的多糖纯品实质上是一定分子质量范围的均一组分。多糖纯度鉴定常用的方法有超速离心法、高压电泳法、凝胶层析法和高效液相色谱法等。现在应用较多的是高效液相色谱法，旋光度测定也是纯度测定的一种方法。

2. 糖含量测定　　测定糖含量经常使用的方法是苯酚-硫酸法。其原理是多糖在浓硫酸作用下水解生成单糖，之后单糖迅速脱水生成糖醛衍生物，然后糖醛衍生物与苯酚缩合成橙黄色化合物。该化合物颜色稳定并在波长 490nm 处有吸收，且在一定的浓度范围内，吸光度与多糖含量呈线性关系，因此，可以利用分光光度计测定其吸光度，并利用标准曲线定量测定样品的多糖含量。苯酚-硫酸法操作简单、快捷、灵敏，可用于多糖、单糖含量的测定。

测定多糖中单糖组成常用的方法有三种：高效液相色谱法（HPLC）、气相色谱法（GC）和高效阴离子交换色谱-脉冲安培检测法（HPAEC-PAD）。

3. 分子质量测定　　多糖分子质量的测定是研究多糖性质的一项重要工作。由于没有确定多糖分子质量的绝对方法，因此通常使用统计平均值法来确定。目前比较常用的测定多糖分子质量的方法是凝胶过滤法和高效液相色谱法。这两种方法必须使用已知分子质量的标准多糖作为对照。对于分子质量小于 50 000Da 的多糖，也可以使用质谱法测定其分子质量。

4. 成分分析　　多糖成分分析主要是分析组成多糖的单糖类型、数目等。成分分析的方法一般可分为传统化学分析、物理分析（仪器分析）和生物学分析。其中，化学分析包括部分或全部酸水解、中和及过滤，最后使用纸层析（PC）、薄层层析（TLC）、气相色谱法（GC）、高效液相色谱法或离子色谱法进行分析。广泛使用的仪器分析法包括分光光度法、红外光谱法、核磁共振法、气相色谱法和质谱法。

5. 结构鉴定　　多糖比蛋白质具有更复杂的大分子结构。单糖的多样性、连接方法及支链的复杂性使得其结构鉴定十分困难。目前，一级结构测定是多糖结构鉴定的目标，常采用化学法、酶法和物理学方法进行，主要分析多糖的分子质量范围，单糖的类型、比例和连接顺序及糖苷键的构型。常见的多糖一级结构分析方法有高碘酸氧化法、

Smith 降解法和甲基化反应法等。目前研究多糖二级结构常用的手段是核磁共振（NMR）技术，如 2D-NMR、^{13}C 谱等。一般是将现代 NMR 技术与理论计算相结合，通过一定的理论计算筛选构象，主要的理论计算方法有从头计算、丰度经验计算及经验力场计算等。圆二色谱法也可用于糖的构象分析。近年来，生物大分子高级结构的研究已达到前所未有的深度和广度，多糖作为一类重要的生物活性大分子，其结构的解析势必推动人类对多糖的认识向更深层次发展。

第四章　层析技术

层析技术是利用不同物质理化性质的差异而建立起来的技术。所有的层析系统都由互不相溶的两相组成：一个是固定相，另一个是流动相。当待分离的混合物随流动相通过固定相时，由于各组分的理化性质存在差异，与两相发生相互作用（吸附、溶解、结合等）的能力不同，在两相中的分配（含量比）不同，且随流动相向前移动，各组分不断地在两相中进行再分配。分部收集流出液，可得到样品中所含的各单一组分，从而达到将各组分分离的目的。

第一节　层析技术的原理

一、离子交换层析技术

（一）基本原理

离子交换层析（ion exchange chromatography，IEC）技术是根据物质的酸碱度、极性和分子大小的差异而达到分离的目的，是一种广泛应用于生物活性物质各纯化阶段和规模的层析技术。发展初期采用天然的有机化合物为材料，现多采用合成的不溶性高分子化合物为离子交换剂。由于此法具有分辨率高、交换容量大、设备简单等优点，目前已成为生物化学和分子生物学研究领域的基本技术之一。

离子交换层析的固定相是离子交换剂，流动相是具有一定 pH 和一定离子强度的电解质溶液，因此，离子交换层析包括吸附、吸收、穿透、扩散、离子交换等物理化学过程，是这些过程综合作用的结果。

离子交换的过程可归纳为 5 个步骤：①溶液中的离子经扩散到达离子交换剂的表面；②这些离子透过离子交换剂表面扩散到离子交换剂的内部；③它们与离子交换剂上原有离子进行交换；④离子交换剂中原有离子自交换剂空隙中扩散出来到达交换剂表面；⑤通过洗脱，被交换出来的离子扩散到溶液中去。

（二）离子交换剂的结构与分类

1. 离子交换剂的结构　离子交换剂由水不溶性的基质和带电的功能基团通过共价键连接组成。带电的功能基团分为酸性基团和碱性基团两类，这些基团所吸引的阳离子或阴离子可以与水溶液中的阳离子或阴离子进行可逆的交换。因此，根据可交换离子的性质将离子交换剂分为阳离子交换剂和阴离子交换剂两大类（图 4-1）。

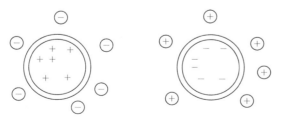

阴离子交换剂　　　　　阳离子交换剂

图 4-1　阳离子交换剂和阴离子交换剂示意图

　　离子交换剂的基质为高分子聚合物，具有网状、疏松多孔的结构，因此它的种类很多，通常可以分为两类：①化学原料合成的载体，如疏水性的聚苯乙烯型树脂、部分疏水性的聚异丁烯酸及聚丙烯酸树脂等；②天然原料加工成的载体，如纤维素类、葡聚糖凝胶类、琼脂糖凝胶类等。

　　生化实验中常用的离子交换树脂多为交联聚苯乙烯衍生物，如聚苯乙烯磺酸型阳离子交换树脂，是由磺化苯乙烯和二乙烯苯聚合而成的，苯乙烯形成直链，其上带有磺酸基，二乙烯苯作为交联剂，把直链交联起来形成网状，即得到不易破碎的、具有网孔结构的离子交换树脂。网孔的大小由交联度决定。交联度即交联剂在单体中所占的比例，交联度越小，网孔越大，离子交换剂的机械强度越小；交联度越大，网孔越小，机械强度越大。离子交换树脂多用于样品去离子、从废液中回收所需的离子和水的处理等。

　　离子交换树脂的基本性能包括它的溶胀性、密度、交换容量，以及稳定性。离子交换树脂的交换能力用交换容量表示，即每克干树脂或每毫升湿树脂所能交换的一价离子的毫摩尔数。选择使用离子交换剂时，尽量选用交联度高，且具有较高交换容量的交换剂。

　　2. 离子交换剂的分类　　依据不同分类标准可将离子交换剂分为不同类别。离子交换剂依据性能可以分为阳离子交换剂、阴离子交换剂、氧化还原交换剂、选择性交换剂、吸附性交换剂等。现主要介绍阳离子交换剂和阴离子交换剂。

　　1）阳离子交换剂　　具有阳离子交换功能基团的离子交换剂称为阳离子交换剂（cation exchanger）。依据带电基团的电离能力分为强酸型、中强酸型和弱酸型三类。强酸型含有磺酸基团（$-R-SO_3^-$）；中强酸型含有磷酸根（$-PO_4^{3-}$）或亚磷酸根（$-PO_3^{2-}$）；弱酸型含有羧基（$-COOH$）或酚羟基（$-OH$）。这些交换剂在发生离子交换时的反应如下。

　　强酸型：$R-SO_3^-H^+ + Na^+ \Longrightarrow R-SO_3^-Na^+ + H^+$

　　弱酸型：$R-COOH + Na^+ \Longrightarrow R-COONa + H^+$

　　中强酸型：$R-PO_3H_2 + Na^+ \Longrightarrow R-PO_3HNa + H^+$

　　根据母体成分不同，常用的阳离子交换剂有阳离子交换树脂、阳离子交换纤维素、葡聚糖凝胶阳离子交换剂、阳离子交换纸等。

　　2）阴离子交换剂　　具有阴离子交换功能基团的离子交换剂称为阴离子交换剂（anion exchanger）。这类离子交换剂可分为强碱型、中强碱型和弱碱型三类。含有季胺 $[-N^+(CH_3)_3]$ 为强碱型；含有叔胺 $[-N(CH_3)_2]$、仲胺（$-NHCH_3$）、伯胺（$-NH_2$）类均为弱碱型；既含有强碱性基团，也含有弱碱性基团的交换剂为中强碱型交换剂。交换反应如下。

　　强碱型：$R-N^+(CH_3)_3 \cdot OH^- + Cl \Longrightarrow R-N^+(CH_3)_2HCl + OH^-$

　　弱碱型：$R-N^+(CH_3)_2H \cdot OH^- + Cl \Longrightarrow R-N^+(CH_3)_2HCl + OH^-$

　　根据交换剂母体的成分，常用的阴离子交换剂有阴离子交换树脂、阴离子交换纤维素、葡聚糖凝胶阴离子交换剂、阴离子交换纸等。

　　常用的离子交换剂见附录四。

（三）离子交换剂的处理与保存

不同类型的离子交换剂由于所含杂质不同，处理方法也略有不同。这里介绍离子交换树脂和离子交换纤维素的处理与保存方法。

1. 离子交换树脂的处理、再生、转型与保存　　新出厂的离子交换树脂常残存一些单体、合成的副产物及有机杂质等，使用前必须通过漂洗和酸、碱处理以除去杂质。①将树脂先用去离子水浸泡漂洗干净，滤干。用 80%～90% 医用乙醇浸泡 24h，洗去树脂内醇溶性物质，滤干。再用 40～50℃ 的温水浸泡 2h，洗涤数次，除去水溶性杂质和乙醇，抽干。②用 4 倍树脂量的 2mol/L HCl 溶液浸泡 2h，大量去离子水洗至中性，抽干。③用 4 倍树脂量的 2mol/L NaOH 溶液浸泡 2h，大量去离子水洗至中性，抽干，备用。

用过的离子交换树脂恢复原有性状的方法叫再生。一般用 0.5～1mol/L 酸、碱反复处理，也可用 1mol/L NaCl 溶液再生。再生时不需要每次都用酸、碱反复处理，有时只要转型就可以了。转型是依据需要用适当的试剂使离子交换树脂成为所需类型。如希望阳离子交换树脂带 Na$^+$，就用 NaOH 浸泡，如希望带 H$^+$，就用 HCl 浸泡；如希望阴离子交换树脂带 Cl$^-$，用 HCl 处理，希望带 OH$^-$，就用 NaOH 处理。

使用过的离子交换树脂必须经过再生后才能保存。阴离子交换树脂 Cl$^-$ 型较 OH$^-$ 型稳定，故用 HCl 溶液处理后，水洗至中性，在湿润状态低温密封保存。阳离子交换树脂 Na$^+$ 型较稳定，故用 NaOH 溶液处理后，水洗至中性，在湿润状态低温密封保存。如果长期保存，可加入适量的叠氮化钠等防腐剂。

2. 离子交换纤维素的处理与保存　　商品的离子交换纤维素往往也混有杂质，在使用前必须用酸、碱处理。阳离子交换纤维素和阴离子交换纤维素都可采用碱—酸—碱的顺序反复洗涤。将干纤维素粉末轻撒在 0.5mol/L NaOH 溶液中（每 15mL NaOH 溶液用 1g 干粉）自然沉降（不要搅拌，以避免纤维素吸留气泡），浸泡 1h 后，烧结漏斗抽滤，重复用 NaOH 溶液浸泡洗涤至滤液无色，大量水洗至中性，抽滤。加入 0.5mol/L HCl 溶液浸泡 0.5h 后抽滤，再用水洗至中性，抽滤。然后用 0.5mol/L NaOH 溶液浸泡 0.5h 后抽滤，最后用大量水洗至中性，备用。离子交换纤维素可以在去离子水中密封保存。

二、凝胶过滤层析技术

（一）基本原理

凝胶过滤层析（gel filtration chromatography）又称为分子筛层析（molecular sieve chromatography）、排阻层析（exclusion chromatography）或凝胶层析（gel chromatography）。该技术是 20 世纪 50 年代末期发展起来的，是利用凝胶把物质按分子大小进行分离的纯化方法。与其他分离技术相比较，凝胶过滤层析具有一些较为突出的优势：①凝胶介质不带电荷，具有良好的稳定性，不与待分离物质发生反应，分离条件温和，回收率高，重现性好；②通常情况下，溶液中的各种离子、小分子、去污剂、表面活性剂、蛋白质变性剂等不会对分离产生影响；③应用范围广，能分离的物质分子量的覆盖面宽，从几百到数百万，因此，适用于生物小分子和生物大分子的分离，如寡糖、寡肽、蛋白质、多糖、核酸等的纯化；④设备相对简单、易操作、分离周期短、连续分离时层析介质不需要再生即可反复使用。因此，凝胶过滤层析已成为生物化学分离纯化过程中最常用的手段之一。

凝胶过滤层析所用介质是具有多孔网状结构的凝胶珠或凝胶颗粒。当凝胶颗粒状介质填充层析柱时，在颗粒间存在大量间隙，只有直径小于颗粒网孔直径的分子能够进入凝胶颗粒内部，无法进入凝胶颗粒内部的分子将从颗粒间隙通过。因此，将待分离的混合物加入柱床，用大量的水或稀溶液洗脱，由于混合物各组分的大小和形状不同，在洗脱过程中，比凝胶颗粒网孔直径大的组分不能进入凝胶的网状结构而沿颗粒间隙先流出柱外，比凝胶颗粒网孔小的组分能不同程度地自由出入凝胶颗粒。因此，不同大小的分子由于所经过的路径不同而得到分离，大分子物质先被洗脱下来，小分子物质后被洗脱下来。其基本原理如图4-2所示。

依据上述原理，凝胶过滤层析是按分子大小进行分离的，分子大小与物质的分子量直接相关。每一种特定的凝胶介质都有特定的分子量分级范围，分级范围是凝胶介质的重要参数。根据其分级范围，可以将溶质分子分为三类：分子量大于分级范围上限的分子被称为全排阻分子，它们完全被排除

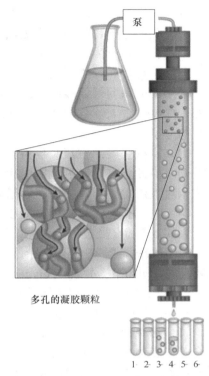

多孔的凝胶颗粒

图 4-2 凝胶过滤层析的分离原理示意图
（David and Michael，2021）

彩图

在凝胶颗粒网孔外，从颗粒间隙中通过，所受阻力最小，流程也最短，会首先从层析柱中洗脱下来；分子量低于分级范围下限的分子被称为全渗透分子，它们完全进入凝胶颗粒网孔内部，洗脱时所受阻力最大，流程也最长，最后从层析柱中洗脱出来；分子量在分级范围内的分子被称为部分渗透分子，它们依据分子大小不同程度地进入凝胶颗粒内部，是该凝胶介质的有效分离对象。如果多种组分的分子量均大于凝胶介质分级范围的上限，或者均小于分级范围下限，它们就无法通过层析而分离。

（二）凝胶的性质和种类

1. 凝胶的性质 天然凝胶和人工合成的凝胶种类很多，但是能用于凝胶层析的种类需要具备一些基本特性。

（1）凝胶颗粒的粒度：凝胶介质的粒度是指溶胀后的凝胶水化颗粒的大小，用水化颗粒的直径来表示，用于层析的凝胶粒度一般为 5~400μm。凝胶颗粒的大小与分离效果直接相关，颗粒越细，分辨率越高，因为单位体积内凝胶颗粒数目多，但是可分离的样品量减少，流速也降低；凝胶颗粒越大，分辨率越低，但可分离的样品量提高。因此，大颗粒介质适合于中小规模的制备型分离。另外，凝胶颗粒的均匀程度对分离效果也有很大影响，颗粒直径越均一，分离效果越好。

（2）交联度和网孔结构：凝胶介质是具有三维网孔结构的颗粒，化学合成的凝胶网孔结构是通过交联剂将相邻的链状分子相互连接而成的。交联剂的用量决定凝胶颗粒的

交联度，交联剂用量越大，交联度越高，凝胶颗粒的机械强度越高，网孔直径越小，能够进入网孔的分子也越小；反之，交联剂用量越小，交联度越低，凝胶颗粒的机械强度越低，网孔直径越大，能够进入网孔的分子也越大。因此，交联度决定了凝胶的分级范围。一般来说，一种类型的凝胶包含一系列具有不同交联度、不同分级范围的凝胶。例如，常用的交联葡聚糖凝胶 Sephadex 根据交联度不同可以分为 SephadexG-10、G-15、G-25、G-50、G-75、G-100、G-150、G-200 等不同规格，可以分别用于分离不同分子量的生物分子。

（3）机械强度：在凝胶层析操作时，层析柱承受的压力降和所采用的流速要求凝胶层析介质必须具有足够的机械强度，否则，将会造成凝胶颗粒可逆或不可逆的压缩，增加柱床对液流的阻力，使流速逐渐降低，延长层析分离的时间。

（4）物理和化学稳定性：凝胶介质应能够长期反复使用而保持化学的稳定性，且能在较大的 pH 和温度范围内使用。

2. 凝胶的种类　　目前已商品化的凝胶过滤介质有很多种类，其中常用凝胶包括 4 个主要类型，即葡聚糖凝胶（polydextran gel，商品名为 Sephadex）、琼脂糖凝胶（agarose gel，商品名为 Sepharose）、聚丙烯酰胺凝胶（polyacrylamide gel，商品名为 Bio-GelP）和由两种组分共同组成的复合凝胶。

（1）葡聚糖凝胶：Sephadex 称为交联葡聚糖凝胶，这种凝胶的基本骨架是葡聚糖，由许多右旋葡萄糖单位通过 1,6-糖苷键联结成链状结构，再由 3-氯-1,2 环氧丙烷作为交联剂，通过交联反应将链状结构连接形成多孔网状结构。

在合成 Sephadex 时，交联剂的用量决定了凝胶的交联度和网孔的大小，从而进一步决定了该介质的分级范围。Sephadex 凝胶按交联度不同，有一系列不同的型号，表示这些型号时采用 SephadexG 加一个数字的方式，数字越小的介质交联度越大，分级范围越小，而数字越大的介质交联度越小，分级范围越大。SephadexG-10 交联度最高，网孔最小，分级范围小于 700，只适合于分离一些小分子及对样品脱盐；交联度最低的是 SephadexG-200，其网孔最大，分级范围为 5000～800 000。在交联度相同的情况下，根据凝胶颗粒的大小又可以分为粗、中、细、超细等不同规格。SephadexG 系列凝胶的类型和部分性质见附录四。

（2）琼脂糖凝胶：琼脂糖凝胶是由琼脂中分离出来的天然凝胶，是中性链状分子，由 β-D-半乳糖和 3,6-脱水 L-半乳糖两种单糖交替连接而成，其中 β-D-半乳糖和 3,6-脱水 L-半乳糖之间通过 β（1→4）糖苷键连接，而 3,6-脱水 L-半乳糖和 β-D-半乳糖之间通过 α（1→3）糖苷键连接。琼脂糖在无交联剂时也能自发形成凝胶，当对热的琼脂糖溶液进行冷却时，单个的链状分子之间会形成双螺旋，并进一步自发聚集形成束状结构，从而形成稳定的凝胶。

生产琼脂糖凝胶介质的厂商较多，其产品有着各自不同的生产过程和商品名称，但产品性质比较相似。例如，由安玛西亚公司开发生产的珠状琼脂糖，商品名为 Sepharose。其网孔结构是由琼脂糖形成束状结构后产生的，维持该结构的作用力是链状琼脂糖分子之间的氢键。由于没有交联剂的存在，决定凝胶颗粒网孔大小的因素是形成凝胶时琼脂糖的含量。根据琼脂糖含量不同，Sepharose 系列凝胶分为三种类型：Sepharose2B、Sepharose4B 和 Sepharose6B。Sepharose 的化学稳定性很好，适用于多数凝胶过滤所涉及的实验条件。总体来说，Sepharose 的机械强度较低，并且与琼脂糖的含量有关，Sepharose6B 的机械强度高于 Sepharose2B。Sepharose 的分子量分级范围很宽，适合于分离分子量差异很大、对分辨率要求不高的样品。各种琼脂糖凝胶介质见附录四。

（3）聚丙烯酰胺凝胶：该凝胶是通过化学合成的微网孔介质，以丙烯酰胺（Acr）为单体，N, N'-亚甲基双丙烯酰胺（Bis）为交联剂，在催化剂存在的情况下聚合，经特殊工艺生成的球状网孔结构的凝胶珠。常见的聚丙烯酰胺凝胶是伯乐公司的 Bio-GelP 系列凝胶，根据交联度不同，该系列凝胶分为 7 个型号，分别用 Bio-GelP 后加一个数字表示，数字越大表示交联度越小，而数字越小则交联度越大。每个型号的凝胶又有粒径不同的规格，其部分参数见附录四。Bio-GelP 系列凝胶在理化特性方面与 SephadexG 系列比较接近，但 pH 稳定性不如 SephadexG 系列凝胶，较强的酸或碱会造成酰胺键的水解。在 pH5.5～6.5 范围内可以承受高压灭菌。该系列凝胶可以在 SDS、尿素、盐酸胍、20%乙醇等溶液中安全使用。

（4）复合凝胶：复合凝胶在结构上是由两种组分共同组成的。常见的有琼脂糖与葡聚糖组成的复合凝胶和琼脂糖与聚丙烯酰胺组成的复合凝胶。

琼脂糖与葡聚糖复合凝胶是将葡聚糖以共价键结合到高交联的多孔琼脂糖珠上制备成的复合凝胶，商品名为 Superdex。这种复合凝胶的优点是颗粒状的琼脂糖有较多的交联键，增强了凝胶的机械强度。而葡聚糖凝胶又能介入琼脂糖的巨大孔道，增加了凝胶的选择性。

琼脂糖与聚丙烯酰胺复合凝胶是由琼脂糖、聚丙烯酰胺按不同比例制成的凝胶。聚丙烯酰胺作为其三维空间骨架，琼脂糖填充在骨架中间。由于聚丙烯酰胺凝胶的机械强度优于琼脂糖凝胶，这类凝胶刚性好，孔径大，适合于生物大分子的分离纯化。UltrolGel-AcA 系列是此类凝胶中最常用的，根据琼脂糖及聚丙烯酰胺的含量不同，可以分为 AcA22、AcA34、AcA44、AcA54 等类型。AcA 后面的两个数字分别表示凝胶中聚丙烯酰胺和琼脂糖的含量，数字越小表示两者的浓度越低，网孔越大，分级范围越宽。

（三）凝胶介质的选择

实验中常用的各种凝胶，如葡聚糖、琼脂糖和聚丙烯酰胺等，都是具有三维网孔结构的高分子聚合物。混合物的分离程度主要取决于凝胶颗粒内部网孔的孔径和混合物分子量的分布范围这两个因素。

与凝胶孔径大小直接相关的是凝胶的交联度，凝胶的交联度越高，孔径越小，反之孔径就越大，因此，交联度决定了能被凝胶排阻的物质分子量的下限。在低交联度的凝胶上小分子物质不易被分离，大分子物质与小分子物质的分离也宜选用高交联度的凝胶，所以，如果实验目的是将样品中的大分子与小分子物质分离，一般选用具有较高交联度的凝胶。如果待分离的样品中组分很多时，选用既有全排出，又有全进孔的凝胶更理想。在实验方案中究竟选择何种介质主要取决于分离目标的性质、样品的性质、实验操作条件等，由于对样品的性质认识不足，可以首先试用某种交联度的凝胶，根据目标的分离效果，进一步对凝胶介质进行选择。

凝胶颗粒的粗细与分离效果直接相关。一般可将凝胶的粒度分为三级：40～60 目的属于粗粒，100～200 目的属于细粒，250～400 目的属最细粒。其中，以细粒的应用较多，因为它能使洗脱曲线的峰区变得对称和狭窄；粗粒的凝胶能使色层带散宽，且彼此重叠；使用最细的凝胶时，一般因洗脱阻力大会延长实验时间。

（四）洗脱剂的选择

洗脱剂是指凝胶过滤层析中所用的流动相。一般情况下，非水溶性物质的洗脱都采用有机溶剂（如丙酮、甲醇）作为洗脱剂，水溶性物质的洗脱都采用去离子水或具有不同离子强度和 pH 的缓冲液。从理论上讲，如果所分离物质不带电荷，可以直接用去离子水进行洗脱，实际操作时，当对较大体积的样品进行脱盐时，可以用去离子水进行洗脱，但是绝大多数情况下考虑用缓冲液而不是去离子水作为洗脱剂，以免蛋白质由于介质离子强度极低而沉淀。

选择缓冲液时首先考虑 pH，大多数凝胶过滤在中性 pH 附近进行，因此，建议使用缓冲能力在 pH6.0～8.0 的水相缓冲系统，此系统对多数生物分子及介质都是适宜的。

为了使样品溶解，有时使用含盐的洗脱剂，盐类的另一个重要作用是抑制交联葡聚糖和琼脂糖凝胶的吸附性质，但洗脱剂中不宜含有硼酸盐，因为它能与凝胶发生吸附作用。洗脱剂的离子强度对物质的分离有一定的影响。在洗脱碱性蛋白时，洗脱剂中含有一定浓度的无机盐，并随着盐浓度的增加移动加快。等电点低于 pH7.0 的蛋白质的洗脱行为，很少受离子强度变化的影响。

（五）凝胶的再生和保存

一般情况下用于凝胶层析的载体不会与溶质发生任何反应，因此，在层析分离后，只要用洗脱剂将凝胶柱平衡就可以进行下一次层析。上柱的样品必须用 0.45μm 的微孔滤膜过滤或者离心，以防沉淀物质污染凝胶，对已沉积于凝胶柱床表面的不溶性污染物，可以把表层凝胶挖去，再适当增补一些新的已溶胀好的凝胶，重新平衡。

如果整个凝胶柱均有微量污染，葡聚糖凝胶可用 0.2mol/L NaOH 和 0.5mol/L NaCl 混合液处理，聚丙烯酰胺凝胶和琼脂糖凝胶可用 0.5mol/L NaCl 处理。

凝胶柱经过若干次使用后，如果凝胶色泽改变，流速降低，柱床面有污染物等都表示需要再生处理。凝胶的再生是指用适当的方法除去凝胶的一些污染物，恢复其原来的性质。葡聚糖凝胶常用温热的 0.5mol/L NaOH 和 0.5mol/L NaCl 混合液处理，聚丙烯酰胺凝胶和琼脂糖凝胶可用 0.5mol/L NaCl 处理。

凝胶的保存可以采用两种方法。

（1）湿态保存：经常使用的凝胶以湿态保存为宜，只要在其中加入适当的抑菌剂就可以放置数月。常用的抑菌剂有：0.02%NaN₃、0.002%氯己定、0.01%～0.02%三氯丁醇、0.005%～0.01%乙基汞代巯基水杨酸钠、0.001%～0.01%苯基汞代盐（乙酸盐、硝酸盐、硼酸盐）、0.1mol/L NaOH 和 20%乙醇等。若用层析柱形式保存，则用 2 倍柱体积的含有抑菌剂的溶液通过层析柱；若介质在柱外保存，可以直接将其浸泡于含抑菌剂的溶液中。

（2）干燥保存：长期不使用的凝胶可以采用干燥保存法。将凝胶用浮选法除去碎颗粒，大量水洗去盐和污染物，然后用逐步提高乙醇浓度的方法使凝胶缓慢皱缩（切不可突然皱缩以免引起结块），在 60～80℃干燥或用乙醚快速干燥。

三、疏水层析技术

（一）基本原理

疏水层析也称疏水相互作用层析（hydrophobic interaction chromatography，HIC）是根据分子表面疏水性不同来分离生物大分子的一种方法，和反相层析分离物质的原理是一致的，都是利用疏水介质的疏水性配基与流动相中的疏水分子发生可逆性结合而进行分离。根据蛋白质的疏水性差异，在高盐溶液中，蛋白质会与疏水配基相结合，而其他的杂蛋白则没有这种性质，可以将蛋白质初步分离，用于蛋白质盐析之后的进一步提纯。

（二）介质的选择

某一给定蛋白质的疏水性通常是未知的，所以在选择最终的吸附剂前，需要进行若干个吸附剂的筛选。筛选过程就是为了测定该吸附剂与蛋白质的结合强度，确定有哪些候选的吸附剂可用于蛋白质的纯化。吸附剂疏水性的初步筛选用于决定复合物的疏水性以及何种吸附剂可以有效纯化蛋白质，筛选应该包括较广范围的疏水性结合特性的吸附剂。

（三）样品的处理

在样品上样于层析柱之前，必须采用高浓度盐的缓冲液提高蛋白质混合物的盐浓度，目的在于使目的蛋白能够与吸附剂结合。蛋白质在高盐浓度下可能发生沉淀，所以，在选择盐溶液之前，应先评估蛋白质复合物在给定盐溶液中的溶解性。选择缓冲液的pH，应该确保蛋白质和吸附剂在该环境下能够稳定（如避免使用极端pH溶液）。在调整蛋白质上样的步骤中，盐的浓度可以为0.5~2.0mol/L，并且可提高浓度以确保蛋白质能够有效结合于吸附剂。蛋白质结合于吸附剂所需要的盐浓度在很大程度上取决于盐种类的选择。在大多数情况下，选择蛋白质结合于吸附剂的适宜盐浓度需要进行相关的预实验。

四、吸附层析技术

吸附层析（adsorption chromatography）指混合物随流动相通过固定相时，由于吸附剂对不同物质的不同吸附力，而使混合物分离的方法。它是各种层析技术中应用最早的一类，至今仍广泛应用于各种天然化合物和微生物发酵产品的分离、制备。

吸附是表面的一个重要性质，任何两相都可以形成表面，其中一个相的物质或溶解在其中的溶质在此表面的密集现象称为吸附。在固体与气体之间或在固体与液体之间的表面上都可以发生吸附现象。当气体或溶液中某组分的分子在运动中碰到一个固体表面时，分子会贴在固体表面上并停留一定的时间，然后才离开。这时气体或溶液中的组分分子在固体表面的浓度就会高于其在气体或溶液中的浓度。

在液体与气体之间的表面上，也可以发生吸附现象。凡能将其他物质聚集到自己表面上的物质，都称为吸附剂。聚集于吸附剂表面的物质就称为被吸附物。在不同条件下，吸附剂与被吸附物之间的作用，既有物理作用的性质又有化学作用的特征。物理吸附又称范德瓦耳斯吸附，因为它是由分子间相互作用的范德瓦耳斯力所引起的。其特点是无选择性，吸附速度快，在相同条件下，吸附过程和脱附过程是同时进行的（可逆的），因此被吸附的物质在一定条件下可以被解吸出来。在单位时间内被吸附于吸附剂的某一表面积上的分子和同一单位时间内离开此表面的分子之间可以建立动态平衡，称为吸附平衡。层析过程就是不断地形成平衡与不平衡、吸附与解吸的矛盾统一过程。

五、亲和层析技术

（一）基本原理

亲和层析（affinity chromatography）是利用生物分子与其配体间专一、可逆的结合作用而进行分离的一种层析技术。蛋白质、酶等生物大分子能和某些相对应的分子专一而可逆地结合，这种性质可用于对生物大分子的分离纯化。20 世纪 60 年代末，溴化氰活化多糖凝胶并偶联蛋白质技术的出现，解决了配基固定化的问题，使得亲和层析技术得到了快速的发展。目前，亲和层析是分离纯化蛋白质、酶等生物大分子最为特异而有效的方法，分离过程简单、快速，具有很高的分辨率，在生物分离中有广泛的应用。同时它也可以用于某些生物大分子结构和功能的研究。

生物分子间存在很多特异性的相互识别，如抗原与抗体、激素与其受体、酶活性中心与专一性底物或抑制剂、RNA 与其互补的 DNA 片段、多糖与蛋白质复合物之间等，它们之间都能够专一而可逆地结合，这种结合力称为亲和力（affinity）。某些物质和生物大分子之间还有一些特异性作用，如染料和酶、植物凝集素和糖蛋白、金属离子和蛋白质表面的组氨酸等，这些相互作用可用于亲和层析。亲和层析分离的原理就是通过将具有亲和力的两个分子中的一个固定在不溶性基质上，利用分子间亲和力的特异性和可逆性，对另一个分子进行分离纯化。被固定在基质上的分子称为配基（ligand），配基和基质共价结合构成亲和层析的固定相，称为亲和介质（affinity matrix）。

亲和层析时首先选择与待分离的生物大分子有亲和力的物质作为配基。例如，分离酶可以选择其底物类似物或竞争性抑制剂为配基，分离抗体可以选择抗原为配基等。与配基共价结合的层析介质称为载体，如常用的 Sepharose4B 等。分离时采用一定的化学方法把配基以共价键结合到含有活化基团的固相载体上，装柱、平衡，当含有待分离物质样品混合溶液通过亲和层析柱时，待分离的生物分子就与配基发生特异性结合，从而滞留在固定相上，而其他杂质不能与配基结合，仍在流动相中，并随洗脱液流出，这样层析柱中就只有待分离的生物分子。再通过改变洗脱条件，使待分离物质与配基解离而被洗脱下来。亲和层析的具体原理及过程如图 4-3 所示：将层析配基固定在层析载体上；待分离的目标产物与配基发生特异结合，杂质与目标产物分离；改变洗脱条件，待分离物与配基解离。

目前在亲和层析技术的基础上已形成多种检测方法，如免疫亲和层析、金属离子亲和层析、拟生物亲和层析以及各种亲和层析联用技术（如亲和膜分离技术、电泳亲和层析技术等）。

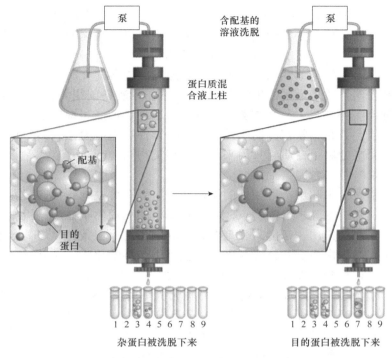

彩图

图 4-3 亲和分离过程示意图（David and Michael，2021）

利用亲和层析技术已成功地分离了单克隆抗体、人生长因子、细胞分裂素、激素、凝血因子、纤溶酶、促红细胞生成素等产品。

（二）亲和介质的制备方法

亲和介质是将亲和配基通过化学键连接到层析介质（载体）上制备得到的。常用的层析介质并不能够直接和配基通过化学键结合，一般需要活化或功能化，即引入反应基团。活化后的层析介质能够通过反应基团与配基反应，从而制备出亲和介质。亲和介质的制备包括四步：①与被分离物特异结合的配基及层析介质的选择；②层析介质的活化或功能化；③活化层析介质和亲和配基的偶联，以及偶联结束后未发生偶联反应的反应基团的封闭或钝化；④洗涤去除未发生反应的配基及其他反应物。

1. 层析介质的选择 层析介质是配基吸附的基础，起着基础骨架作用。一般层析介质应具备以下几个条件：①介质应不溶于水，且高度亲水，使得固相吸附容易与水溶液中的生物大分子接近，可保证被吸附物质的稳定性，有利于亲和对达到平衡；②介质通透性好，具有多孔的立体网状结构，能使生物大分子自由通过，有利于配基与生物大分子的结合；③介质理化性质稳定，在较宽的 pH、离子强度和变性剂浓度范围内能稳定工作；④介质具有良好的机械性能，最好具有一定的颗粒形式，保持一定的流速，进而促进扩散速率低的生物大分子很快达到扩散平衡；⑤介质具有较多的化学基团可供活化，或者能方便引入较多的化学活性基团，并在温和条件下能与大量的配基共价连接；⑥介质的非特异吸附性小且化学性质呈惰性，对其他大分子物质的作用微弱；⑦介质能抵抗微生物和酶的作用，且不被生物物质损坏，便于亲和固定相的使用和保存。

2．层析介质的种类及衡量标准　　随着亲和层析技术的发展及分离要求的提高，层析介质由原来的天然多糖类球形软胶发展为一些可以在高速流动下使用的硬质或半硬的细颗粒球形填充料。常见的层析介质有以下几种。

（1）多糖类：主要是葡聚糖、纤维素及琼脂糖等制备的介质。

纤维素是自然界数量最多的生物分子材料，常作为制备固相酶和免疫吸附剂的载体，其与配基共价连接的方式主要有重氮法、叠氮法、缩合剂法和烷化法。纤维素来源充足且非常便宜，但因其结构紧密，均一性差，非特异性吸附能力强且具有空间位阻效应等缺点，一般不用来分离蛋白质，只用来分离核酸类物质。

（2）聚丙烯酰胺（参阅第七章）。

（3）无机基质：亲和层析可使用的无机基质主要有可控制孔径的多孔玻璃珠、陶瓷和硅胶等。无机基质有其本身的优点，它具有稳定的物理化学性质，机械强度高，不但能抵御酶及微生物的作用，还能耐受高温灭菌和剧烈的反应条件。但其亲水性不强，对蛋白质尤其是碱性蛋白质有非特异性吸附，且可供连接的化学活性基团也少。为利用无机基质的优点（如机械强度高），避免其缺点（如不易于功能化），目前很多基质采用涂层，即将容易功能化的介质如多糖包裹在多孔无机基质上，从而易于连接多种亲和配基。

衡量介质性能有 3 个标准：专一性、容量及稳定性。专一性比容量及稳定性更重要，而应用于制备时介质的稳定性是最主要的指标，同时还有成本因素。对于不同的介质，这些要求不可能同时满足，应根据具体的分离要求来选择。

3．配基的选择　　亲和层析中，配基的选择主要依据待分离纯化混合物的理化性质和生物学性质，理想的配基应具备以下条件：①与被分离纯化的生物大分子具有足够大的亲和力，亲和势一般为 $10^{-8}\sim10^{-4}$；②配基与被分离的生物大分子的结合应为专一性结合，从而保证分离与纯化效果；③配基上必须具有与载体相偶联的化学基团，且尽量使偶联反应简单、温和。

可以作为配基的物质很多，如较小的有机分子、天然的生物活性物质等。根据配基的应用和性质，可将其分为两大类：特殊配基和通用配基。

1）特殊配基（special ligand）　　抗原的抗体、激素的受体、酶的专一抑制剂都是特殊配基。这类配基构成的亲和层析介质的选择特异性最高，分离效果好。但配基多是些不稳定的生物活性物质，在偶联时活性容易损失，价格昂贵，成本高。

2）通用配基（general ligand）　　还原型烟酰胺腺嘌呤二核苷酸（NADH）作为脱氢酶类的亲和层析配基、三磷酸腺苷（ATP）作为激酶类亲和层析的配基、外源性凝集素作为糖蛋白类亲和层析的配基等，这些配基都是通用配基。通用配基制成的亲和层析介质的选择性较低，但其应用范围广泛。

4．介质的活化及偶联　　层析介质的活化主要由介质本身的性质及稳定性决定。配基和层析介质的化学反应相对比较温和，尽可能保持配基和介质本身的性质，以保持目标产物和亲和介质之间特异性或专一性的作用。现介绍几种常用的介质活化方法。

1）多糖基质的活化及偶联

（1）溴化氰法：多糖类基质的活化通常用溴化氰（CNBr）法。该方法所需时间短，但溴化氰是剧毒药物，活化须在通风橱内进行。具体活化偶联反应如图 4-4 所示。

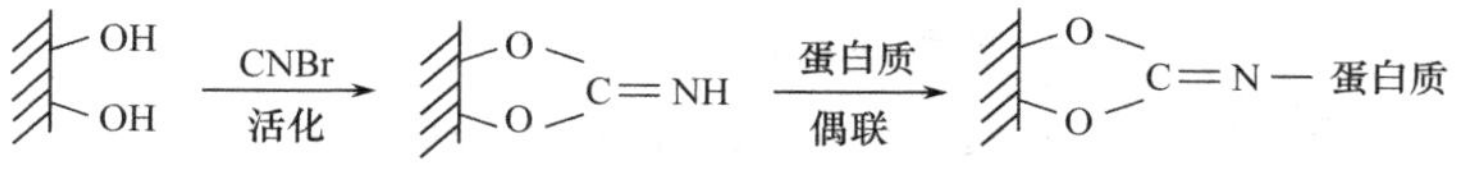

图 4-4 溴化氰法活化原理示意图

（2）三嗪法：二氯均三嗪或三氯三嗪可用于活化多羟基的介质。单氯三嗪基多糖复合物在 pH7.0～9.0 及 0～20℃条件下可与含有伯胺类的亲和配基偶联。具体活化偶联过程如图 4-5 所示。

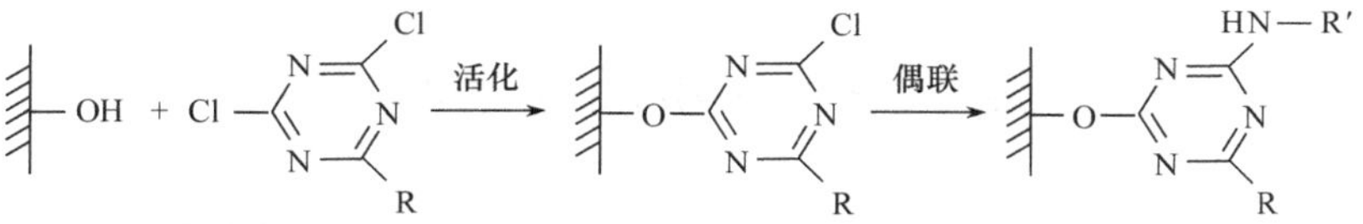

图 4-5 三嗪法活化原理示意图

（3）环氧化物法：环氧化物活化法包括单环氧化物活化法和双环氧化物活化法。单环氧化物活化常用氯代环氧丙烷做活化剂，双环氧化物活化常用二羟基正丁烷双缩水甘油醚做活化剂。在引入含有羟基或硫酸基的亲和配基时环氧化物法非常有效。具体过程如图 4-6 所示。

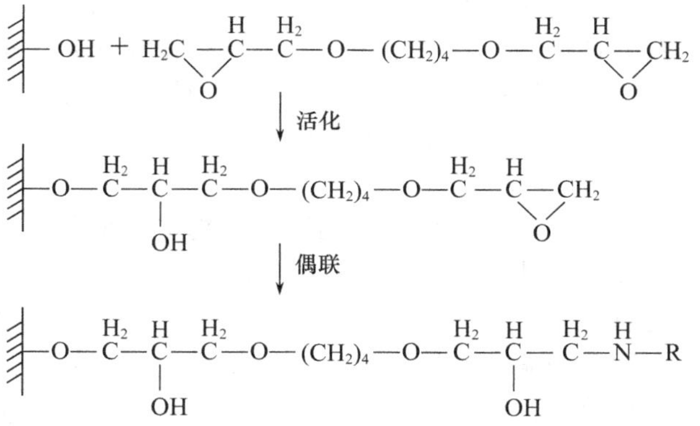

图 4-6 环氧化物法活化原理示意图
R 为亲和配基

（4）苯醌法：苯醌法是一种简单高效的偶联方法，可在较宽的 pH 范围内应用，具体活化及偶联反应如图 4-7 所示。

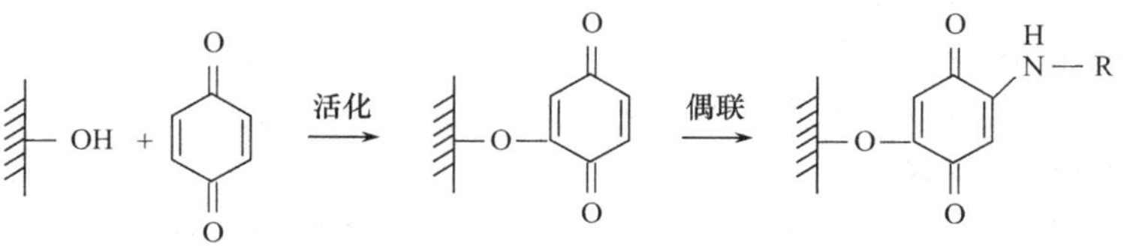

图 4-7 苯醌法活化原理示意图
R 为亲和配基

2）聚丙烯酰胺类基质的活化及偶联　聚丙烯酰胺凝胶有大量的甲酰胺基，可以通过对甲酰胺基的修饰而对聚丙烯酰胺凝胶进行活化。一般有以下三种方式：氨乙基化作用、肼解作用和碱解作用。另外，在偶联蛋白质配体时，通常也用戊二醛活化聚丙烯酰胺凝胶。

3）多孔玻璃及硅胶的活化及偶联　　无机材料如硅胶及多孔玻璃的活化，必须用硅烷化试剂进行偶联反应。硅烷化试剂一端为有机功能活化基团，另一端为硅烷氧基。常见的硅烷如 γ-环氧基丙氧基-三甲氧基硅烷。硅烷化试剂将环氧基团引入无机材料，以便进一步引入其他功能基团。

第二节　层析的操作形式

根据层析的操作形式不同，可以分为纸层析（paper chromatography）、薄层层析（thin-layer chromatography，TLC）、柱层析（column chromatography）和高效液相层析（high performance liquid chromatography）。

一、纸层析

1. 纸层析原理　　纸层析法又称纸色谱法，是一种以滤纸为载体（又称支持物）的层析分离方法。该技术与近年来发展起来的亲和层析、等电聚焦、聚丙烯酰胺凝胶电泳等分离方法相比，具有材料易得、操作简单、不需要特殊仪器设备等优点。该方法适用于氨基酸、肽类、核苷及核苷酸、糖、维生素、抗生素、有机酸等小分子物质的分离、定性及定量，在物质结构的研究、生物物质的分离、药物分析、药理检验等方面都取得较为满意的结果。

分配层析（partition chromatography）是利用混合物中各组分在两种不同溶剂中的分配系数不同而使物质分离的方法。分配系数（partition coefficient）是指一种溶质在两种互不相溶的溶剂中的溶解达到平衡时，该溶质在两种溶剂中的浓度之比。分配系数与溶质和溶剂的性质有关，同时受温度和压力的影响。不同物质因其在各种溶剂中的溶解度不同，而有不同的分配系数。在恒温恒压条件下，某物质在确定的层析系统中的分配系数为一常数。分配层析中应用最广泛的多孔支持物是滤纸，其次是硅胶、硅藻土、纤维素粉、淀粉和微孔聚乙烯粉等。

纸层析以滤纸为支持物，是最简单的液-液分配层析。滤纸一般能吸附 22%～25%的水，其中 6%～7%的水以氢键结合于滤纸纤维素的羟基，一般情况下较难脱去。在纸层析中以滤纸结合水为固定相（stationary phase），以与水不相混溶或部分混溶的有机溶剂为流动相（mobile phase）。随着流动相的移动，不同物质在固定相和流动相之间进行连续的、动态的分配，由于各种物质具有不同的分配系数，因此，具有不同的移动速度，从而实现不同物质的分离。

物质分离后在图谱上的位置可用相对迁移率或比移值（retention factor value，R_f 值）来表示。R_f 值表示组分在流动相和固定相中运动的状况，R_f 值即显色斑点的中心与原点（点样中心）之间的距离和原点与溶剂前沿间距离的比值（图 4-8），以下式表示：

R_f＝展层后斑点中心与原点之间的距离（x）/原点与溶剂前沿间距离（y）

2. 物质结构与极性对 R_f 值的影响　　物质的结构与分子极性是影响 R_f 的主要因素。水的极性很强，极性物质就适宜进入水中，非极性物质容易进入非极性溶剂内，所以在水与有机溶剂两相间决定物质分配情况的主要因素是物质极性的大小。例如，酸性和碱性氨基酸的极性强于中性氨基酸，前者分配在水相中较多，R_f 值较小，后者分配在水中较少，分配在有机溶剂中较多，R_f 值较大。碳链是非极性结构（疏水基），若分子中极性基团数目不变而碳链增长，则整个分子的极性就相应降低，更易溶于有机相中，R_f 值随之增大。

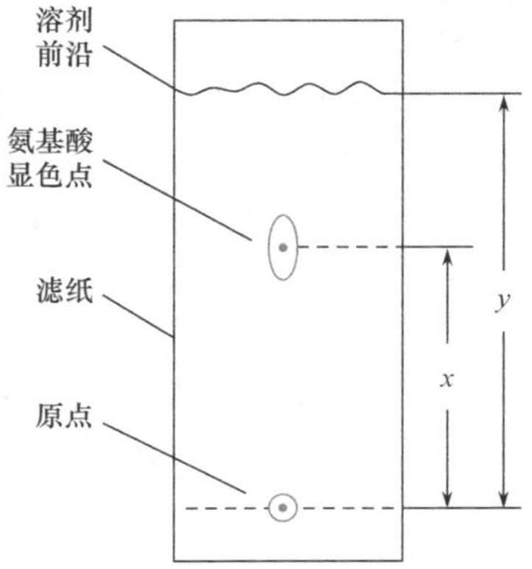

3. 层析溶剂对 R_f 值的影响　　同一物质在不同的溶

图 4-8　单向纸层析斑点示意图

剂系统中 R_f 值不同，选择溶剂时，待分离物质在该溶剂系统中 R_f 值的差别应为 0.05～0.85，两个被分离物质的 R_f 值相差最好大于 0.05，否则得不到很好的分离。溶剂系统与分离物质之间，以及多元溶剂系统中各组分之间，都不应起化学变化。

溶剂系统中含水量对 R_f 值影响很大，因此要严格控制温度，使含水量恒定。一般亲水性物质或极性较大的物质采用与水不相互溶的有机溶剂加水混合作为流动相；中等极性物质采用疏水性有机溶剂与亲水性有机溶剂（如甲醇、甲酰胺等）混合作为流动相；对于有些疏水性物质或低极性物质（如高级脂肪酸）则可采用反相层析来分离。某些蛋白质还可采用盐溶液（如 100g/L 氯化钠）作展层剂，称为盐析层析。有人将缓冲液与可溶性有机溶剂配制成展层溶液，对氨基酸的分离获得较好的结果。在溶剂系统中加入少量氯化钠可改变流动相和固定相中水的分布情况，可以加速碱性氨基酸的移动，排除样品中盐类对展层的干扰作用。

常用的展层溶剂有正丁醇、酚、三甲基吡啶、二甲基吡啶、甲苯等。这些溶剂对水的互溶性质见表 4-1。

表 4-1　常用溶剂对水的互溶性质

与水互溶的溶剂	与水不能互溶的溶剂
水、甲酰胺、甲醇、乙酸、乙醇、异丙醇、丙酮、正丙醇、叔丁醇	苯酚、正丁醇、正戊醇、乙酸乙酯、乙醚、氯仿、苯、甲苯、环己烷、石油醚

溶剂系统中的试剂如纯度不够，须经纯化处理后才能使用，处理方法因溶剂性质不同而异。常用的处理方法有酸、碱反复抽提，水洗涤，干燥剂干燥，重蒸等。

（1）苯酚：重蒸馏，收集 180℃的馏分。

（2）乙酸：在冰醋酸中加入 1%重铬酸钾，蒸馏，收集 118℃的馏分。

（3）正丁醇：先后用 2.5mol/L 硫酸溶液和 5mol/L 氢氧化钠溶液洗涤，再用无水碳酸钾脱水，用磨口蒸馏瓶蒸馏，收集 117℃的馏分。

4. pH 对 R_f 值的影响　　溶剂和样品的 pH 影响物质的解离，从而影响物质的极性和溶解度，改变其 R_f 值。溶剂的酸碱度增大使流动相的含水量增大，会增加极性物质的 R_f 值。就氨基酸而言，溶剂 pH 的改变对酸性和碱性氨基酸的 R_f 值影响较大，对中性氨

基酸的 R_f 值影响较小。可用缓冲液处理滤纸和溶剂，使 pH 保持基本恒定，以避免或减少 pH 的变化对 R_f 值造成的影响。

5. 展层温度对 R_f 值的影响　　温度影响物质的分配系数，也影响滤纸纤维的水合作用即固定相的体积，还影响水在流动相中的溶解度。展层温度的改变，会使溶质的 R_f 值改变。对温度敏感的溶剂体系，在层析分离时，必须严格控制温度，使温度波动不超过 ±0.5℃。

但在有些溶剂体系中，R_f 值不随温度变化而变化。

6. 滤纸的性质对 R_f 值的影响　　不同型号的滤纸厚薄程度和纤维松紧度不同，结合水量不同，两相体积比不同，因此，同一种物质在不同型号滤纸上层析时得到的 R_f 值也不同。

滤纸的质量会严重影响层析效果。滤纸厚薄不均，含水量不一致，溶剂沿着纤维方向的流动就会紊乱，致使溶剂扩展不一致，溶剂前沿也不整齐，层析分离点畸形，影响 R_f 值的测定。

纸纤维中含有的金属离子如 Ca^{2+}、Fe^{2+}、Mg^{2+}、Cu^{2+} 等杂质也会影响层析分离。例如，金属离子含量很高时，能与被分离物质（如氨基酸等）形成络合物，常使层析点出现阴影，并影响该物质在两相溶剂中的分配，从而改变 R_f 值。为了消除滤纸中金属离子在层析过程中对被分离物质 R_f 值的影响，可以用 0.01～0.4mol/L 盐酸处理，再用水洗至中性。经上述处理后的滤纸会变脆，R_f 值也会出现差别。因此，最好选用无须净化处理的滤纸。

7. 展层方式对 R_f 值的影响　　在其他层析条件完全相同时，采取不同的展层方式，即使是同一种物质，得到的 R_f 值也不相同。

按溶剂在滤纸上流动的方向不同，展层方式可分为以下四种。

（1）上行法：将滤纸点样的一端向下放入溶剂中，溶剂因毛细作用由下向上流动。上行法操作简单，重现性好，是最常用的展层方法，但所需时间较长。上行法的 R_f 值较小。

（2）下行法：层析缸上部有一盛展层剂的液槽，滤纸点样一端进入液槽，溶剂主要靠重力作用由上而下流动。下行法展层速度较快，R_f 值较大，重现性差，斑点易扩散。

（3）环行法：又称水平法，样品点于圆形滤纸距圆心 1cm 左右的环形线（原线）上，滤纸水平放置，溶剂由滤纸条引入圆心，不断向四周水平方向流动，展开的图谱呈弧形。环行法层析时，内圈比外圈小，限制了溶剂流动，R_f 值也较小。

（4）双向法：如果样品中组分数量较多，用一种溶剂系统难以将全部组分分离开时，可以将样品点在正方形滤纸的一角，先用一种溶剂系统展层，吹干溶剂，将滤纸旋转 90°，再用另一种溶剂系统展层。

二、薄层层析

1. 薄层层析原理　　薄层层析是将作为固定相的支持物均匀地铺在支持板（一般为玻璃板）上，形成薄层，将样品点在薄层上，以适宜的展层剂展层，来分离样品中各组分的技术。薄层层析广泛用于物质的定性、定量分析及分离制备等，已成功地应用于一些有机化合物如氨基酸、肽、核苷酸、有机酸、糖脂和激素等的分离。

根据固定相支持物的性质可以将薄层层析分为薄层吸附层析（支持剂是吸附剂）、

薄层分配层析（支持剂是纤维素）、薄层离子交换层析（支持剂是离子交换剂）和薄层凝胶层析（支持剂是凝胶过滤剂）等。

薄层层析装置如图4-9所示。

图4-9 薄层层析示意图

薄层层析的原理主要包括吸附、分配、离子交换和凝胶过滤等。当样品组分在薄层板上进行分离时这几种作用对其产生不同的影响，究竟以哪种作用为主，须视具体情况而定。例如，在薄层吸附层析中，样品组分具有不同的极性，不同组分与吸附剂和展层剂的亲和力不同，若组分与吸附剂亲和力强，则移动距离较近，留在靠近原点的位置，反之，组分与吸附剂亲和力弱，则移动距离较远，留在离原点较远的位置。

依据相似相溶原理，在同一薄层板上，极性不同的组分在同一溶剂中的溶解度不同，溶解度越大，移动的速度越快，反之，溶解度越小，移动的速度越慢。展层的过程即样品各组分得到分离的过程，它也是一个吸附、解吸、再吸附、再解吸的连续过程。

实践证明，各种薄层层析均与其对应的柱层析原理相同，可选择不同的支持介质和不同的展层剂。

2. 有限斑点容量问题 当样品中包含很多组分时，各个组分很难分开，尽管改变多种条件，总有些组分仍然难以分开，这是因为薄层层析是在一个有限的空间内进行，能分离开的组分是有限的，也就是能分离开的斑点容量是有限的。

在实践中，采用一些方法将待分离样品分为几个部分，再分别进行薄层层析，可以有效解决斑点容量有限的问题。例如，根据组分分子量分布情况，选用某一分子量截留值的滤膜将样品组分分为两组，再分别进行薄层层析。

3. 薄层层析固定相支持介质的选择 为了得到较好的分离效果，介质的选择是最关键的一步。

1）支持介质的性能 用于薄层层析的支持介质就其性质而论，可分为无机吸附剂（如氧化铝、硅藻土、磷酸钙等）和有机吸附剂（如硅胶、聚酰胺、纤维素和葡聚糖等）。吸附剂应具备的特点有：①纯度高、杂质少。②结构均匀，有一定比表面积。颗粒越细，比表面积越大，吸附能力就越强。无机吸附剂颗粒直径为0.07～0.1mm（即150～200目），有机吸附剂颗粒直径为0.1～0.2mm（70～140目），而高效薄层层析介质颗粒为3～7μm。颗粒太粗，则展层速度太快，分离效果差；反之，颗粒太细，则展层速度太慢，产生拖尾斑点。③稳定而具有一定机械强度，不与样品组分和展层剂发生化学反应。④有适当的吸附能力，容易用展层剂把样品组分从其表面解吸下来。

2）支持介质的选择原则 介质的选择应从样品各组分的性质和支持介质的亲和力强弱两方面考虑。

（1）组分的溶解性：实践证明，水溶性的糖、氨基酸或脂溶性的脂肪、油、甾体类等都可用氧化铝、硅胶等吸附材料进行薄层层析分离。若待分离样品为水溶性化合物，采用上述介质分离效果不好时，可使用纤维素或硅藻土；若待分离样品为脂溶性化合物，采用上述介质分离不成功，则可使用反相薄层分配层析。

（2）组分的酸碱性：被分离组分的酸碱性不同，所选用的支持介质也不同。硅胶略带酸性，适用于酸性和中性物质的分离。碱性物质与硅胶作用，展层时易被吸附于原点或拖尾而分离效果差。反之，氧化铝略带碱性，适用于碱性和中性物质的分离。

（3）组分的极性：若被分离组分的极性较大，应选择吸附能力较弱的介质；若被分离组分的极性较小，则选择吸附能力较强的介质。

无论选择哪一种介质，首先必须考虑被分离组分的酸碱性、分子量大小与数量。同时也要考虑样品中其他组分的种类、数量、性质及与待分离组分性质的差异大小等。

3）几种常用支持介质

（1）硅胶：硅胶是一种略显酸性的物质，通常用于酸性和中性物质的分离。硅胶的吸附性能取决于其表面所含的硅醇基。硅醇基包括两种基本类型，活泼（reactive）型（Ⅰ）和游离（free）型（Ⅱ）。硅醇基的羟基能与极性化合物或不饱和化合物形成氢键。

硅胶的性能差别由密度、比表面积和孔径等参数决定。通常硅胶的性能参数如下：密度为 $0.3 \sim 0.5 \mathrm{g/cm^3}$；比表面积为 $300 \sim 500 \mathrm{m^2/g}$；孔径为 $2 \sim 15 \mathrm{nm}$；表面的 pH 为 5。

硅胶按孔径大小可分为大孔硅胶和小孔硅胶，孔径大于 15nm 者为大孔胶。大孔胶如 20nm、50nm 和 100nm 等可用于分离大分子化合物（分子质量为 $5 \times 10^4 \sim 5 \times 10^6 \mathrm{Da}$）。大多数化合物可用小孔胶（即孔径为 6nm）分离。

（2）纤维素：纤维素分子是葡萄糖以 β-1,4 糖苷键聚合而成的多糖，含有大量的羟基亲水基团，一般用于分离纯化亲水性化合物，如氨基酸、核苷酸衍生物和糖等。纤维素用于薄层层析的展层条件、显色反应与纸层析基本一致。

天然纤维状纤维素（native fibrous cellulose）：通常用木材或废棉经化学处理而成，纤维较短，颗粒长（50μm）。此类纤维素分离效果不佳。

微晶纤维素（microcrystalline cellulose）：是一种纤维素解聚产物，由排列得比较规则的微小结晶区域（一般占分子组成的 85% 以上）和分子排列杂乱的无定型区域（占分子组成的 15% 以下）组成，颗粒长 20~40μm。与天然纤维素相比，展层的斑点更集中，R_f 值较小，分离效果较好，是目前应用较广的一种。

离子交换纤维素（ion exchange cellulose）：它是纤维素的衍生物，即分子中一部分羟基的氢原子被阳离子或阴离子交换基团取代。其中，以羧甲基（CM，阳离子型）和二乙氨乙基（DEAE，阴离子型）纤维素应用最广泛，主要用于分离鉴定生物大分子，如蛋白质、酶、多肽等。

（3）凝胶：薄层层析常用的凝胶是以线性葡聚糖［又称右旋糖酐（dextran）］与交联剂环氧氯丙烷交联（聚合）而成的一种凝胶，是脱水葡萄糖（anhydroglucose）的多聚体。交联剂的作用是促使葡聚糖单体之间互相在上下左右聚合成立体网状结构，凝胶网眼的疏密和大小均可通过调节交联剂和葡聚糖的比例以及反应条件来控制。加入交联剂较少，则交联度较低，凝胶孔径较大，凝胶在水中的吸水膨胀性能较强；反之，加入交联剂较多，凝胶孔径较小，其吸水膨胀性能较弱。

在葡聚糖凝胶分子中，也可像纤维素那样引进离子交换功能基团，如 DEAE 和 CM 等，使它兼有分子筛作用和离子交换作用。

DEAE-葡聚糖薄层层析主要用于蛋白质、肽、DNP-氨基酸、多糖和核苷酸的分析鉴定。

（4）聚酰胺：聚酰胺（polyamide，PA）是一类化学合成纤维，英文名为 nylon，我国称为"锦纶"，如由己二酸与己二胺缩合成的聚酰胺 66 又称锦纶 66。聚酰胺分子中都含有大量的酰胺基团，聚酰胺膜是将锦纶在涤纶片或玻片上涂一层薄膜制成，质地均匀紧密。聚酰胺薄层层析是 1966 年以后发展起来的一种层析方法，具有分辨率高、灵敏度好、操作方便、速度快等优点，目前已用于氨基酸及其衍生物、碱基、核苷、核苷酸、维生素 B 等的分析，特别适用于氨基酸衍生物［DNP-氨基酸、甲状旁腺激素（PTH）-氨基酸］的分析。在蛋白质结构化学分析中，聚酰胺薄层层析与 Edman 降解法结合，成为一种顺序分析的超微量方法。

4. 薄层层析常用显色剂　　薄层层析后的显色方式一般为喷雾显色，也可将显色剂加入展层剂中，展层后烘干显色。依据待分离物质的性质可选择不同的显色剂。

1）通用显色剂　　重铬酸钾-硫酸：5g 重铬酸钾溶于 100mL 40%硫酸中。喷雾后加热到 150℃至斑点出现。

碘：薄层层析板放于碘蒸气中 5min（或喷雾 5%碘的氯仿溶液），取出置空气中，待过量的碘蒸气全部挥发后，喷 1%淀粉的水溶液，斑点转成蓝色。

硫酸：5%浓硫酸乙醇溶液，或 15%浓硫酸正丁醇溶液，或浓硫酸-乙酸（1∶1）溶液，喷雾后空气中干燥 15min，再加热到 110℃至出现颜色。

2）糖类显色剂　　邻苯二甲基苯胺：检查还原糖。0.93g 苯胺、1.66g 邻苯二甲酸溶于 100mL 水饱和的正丁醇中，喷雾后 105℃加热 10min。

费林（Fehling）试剂：溶液Ⅰ，34.7g 结晶硫酸铜（$CuSO_4 \cdot 5H_2O$）溶于 500mL 水中；溶液Ⅱ，173.0g 酒石酸钾钠（$C_4H_4KNaO_6 \cdot 4H_2O$）和 50g 氢氧化钠溶于水，稀释至500mL。上述两溶液如不澄清可过滤。临用前等体积混合。

3）氨基酸显色剂　　茚三酮：0.2g 茚三酮溶于 100mL 乙醇（或丙酮中），喷雾后110℃加热至斑点出现。

吲哚醌：检查氨基酸和一些肽。0.2%吲哚醌丙酮溶液，含 4%乙酸，或用 100mL 1%吲哚醌丙酮溶液加 10mL 乙酸，喷雾后 100～110℃加热 10min。

1,2-萘醌-4-磺酸：检查氨基酸。新鲜制备 0.02g 1,2-萘醌-4-磺酸钠，溶于 100mL 5%碳酸钠中，喷雾后室温放置，不同氨基酸出现不同颜色。

三、柱层析

柱层析是层析技术中采用最多的方法，一般使用玻璃管或有机玻璃管，内部填充有固定相，利用蠕动泵使流动相通过层析柱，柱子的下端连接核酸蛋白检测仪，以检测被分离的物质，洗脱液经分部收集器收集，获得目的组分。

1. 柱层析原理　　柱层析分离混合物的原理因层析介质而异，如介质是凝胶，则依据的原理是分子筛层析，同理，介质可以是离子交换剂、亲和介质、疏水介质、反相介质等，则柱层析的原理分别是离子交换层析、亲和层析、疏水层析和反相层析。

2. 柱层析系统　　常压下进行柱层析需要蠕动泵、层析柱、核酸蛋白检测仪、记录仪、分部收集器，这些仪器组成一套完整的液相色谱装置。

1）蠕动泵　　蠕动泵是一种通过蠕动运动实现液体输送的泵（图 4-10），其工作原理是通过转子的蠕动运动对弹性输送软管交替进行挤压和释放来泵送流体。蠕动泵主要由泵体、转子、管道和控制系统等组成。泵体是整个设备的主体部分，通常采用不锈钢材料制成。转子是通过蠕动运动驱动介质运动的关键部件，通常采用柔性材料制成，如

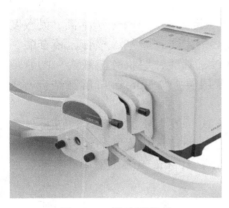

图 4-10　蠕动泵外观

硅胶。管道用于输送介质，通常采用具有一定壁厚的硅胶管。控制系统用于控制泵的工作状态，通常采用可编程逻辑控制器（PLC）或触摸屏控制。

2）层析柱　　层析柱通常由一个长而细的柱子组成，柱内可填充不同的固定相，利用样品与固定相之间的相互作用将混合物分离成单个组分。固定相可以是任何材料，如硅胶、葡聚糖、聚合物、纤维素、琼脂糖或金属氧化物等。样品通过柱子时，不同组分在固定相上停留的时间不同，进而形成分离。

层析柱（图 4-11）包括圆柱形玻璃管、两端柱头、滤膜、密封圈、进出液硅胶管。普通层析柱耐压 0.1～0.2MPa，建议工作压力不超过 0.15MPa，上端可连接蠕动泵，下端连接核酸蛋白检测仪。

3）核酸蛋白检测仪　　核酸蛋白检测仪又称为紫外检测仪，是液相色谱实验中的核心仪器，相当于一台动态的紫外分光光度计，通过选择波长（260nm 或 280nm），可使相应波长的紫外光垂直照射一个 100μL 的石英比色池，比色池的上方连接进样口，比色池的底部连接出样口，当从层析柱洗脱下来的样品进入比色池以后，紫外吸收值就会增加，通过光电倍增管转变为电信号，以一定的数值显示出来。核酸蛋白检测仪与层析柱、蠕动泵、分部收集器和记录仪等即可组成一套完整的液相色谱装置。它是生物化学、分子生物学、基因工程、制药、化工、农业、食品等有关科研部门和生产单位在分离分析工作中不可缺少的设备。

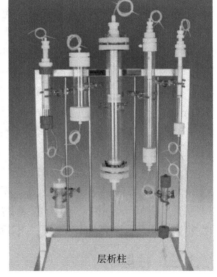

层析柱

图 4-11　不同规格的层析柱

核酸蛋白检测仪的使用方法如下。①打开核酸蛋白检测仪电源，检测仪预热 30～60min。把波长调成所需要的波长。在进行蛋白质分离时选用波长 280nm，核酸分离则选择 260nm。②把层析系统按顺序连接好。缓冲液经蠕动泵流入层析柱，经层析出口连接核酸蛋白检测仪进样口，充满石英比色池以后由出样口流出，进入分部收集器的收集试管。③把"灵敏度"旋钮调为"T100%"，"T"指示灯亮，调节"光量"旋钮，数字面板表显示透光率输出信号，使"T"数值为"100"（此时透光率为 100%，显示屏显示"100"）。④把"灵敏度"旋钮调为"0.5A"挡，调节"调零"旋钮，使"A"为 0（"灵敏度"旋钮包括"2A"至"0.05A"多个挡位，每一挡均表示记录仪满量程读数。选取吸光度量程依据样品浓度和洗脱峰大小而定）。⑤根据实验要求，填装好层析柱后，用缓冲液平衡层析柱，调节蠕动泵到合适的流速，使缓冲液流过核酸蛋白检测仪的"样品池"，并确保整个层析系统不出现气泡。这时，再重复步骤③使"T"数值为"100"，重复步骤④使"A"数值为 0。此时系统达到平衡，可进行层析分离。⑥上样、洗脱，同时连接并打开分部收集器，设定每收集 2mL 换管，收集器开始自动收集。⑦当有紫外吸收性质的物质流经检测仪的比色池，核酸蛋白检测仪的显示屏数值升高，同时记录仪可根据样品浓度绘出图谱。若给出的图谱太小（即出峰太小），可在下次实验时调节"灵敏度"旋钮，调为"0.2A"挡或"0.1A"挡等（切记：加样品后不准调节"调零"旋钮和"光量"旋钮）。⑧实验结束后，应将"灵敏度"旋钮旋回"T"挡，关闭电源，并对层析系统进行清洗。将洗脱液换成去离子水清洗层析系统 10min，直到检测仪显示 "T"大于 100%、"A"小于 0。这样不会因样品池有试剂残留而影响仪器检测灵敏度和精度。

　　4）分部收集器　　分部收集器（图 4-12）也叫组分收集器、馏分收集器，用于自动定量收集层析柱中流出的液滴，达到把不同活性组分装到不同试管中的目的，通常连接在核酸蛋白检测仪的出样口。采用微电脑芯片，自动定时收集、计滴收集、记录峰采样收集层析液，实现自动分量收集层析液，代替手工操作，提高工作效率。

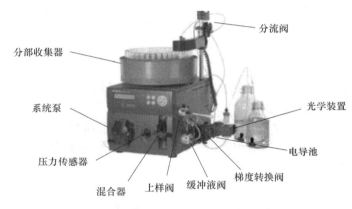

图 4-12　分部收集器外观

第三节　高效液相色谱技术

一、概念与特点

　　1. 概念　　经典液相色谱法是用大直径的玻璃管层析柱在室温和常压下利用液位差或常压蠕动泵输送流动相，柱效低、层析时间长（常有几个小时）。在经典液相色谱法的基础上引入气相色谱理论，高效液相色谱法（high performance liquid chromatography，HPLC）于 20 世纪 60 年代后期迅速发展起来。下面单独列出一节介绍高效液相色谱技术。

　　高效液相色谱法是指采用十分细的填料颗粒作为固定相，以高压输液泵输送流动相，用高灵敏度的检测器在线检测分离过程的色谱技术，故又称高压液相色谱法（high pressure liquid chromatography，HPLC），又因分析速度快而称为高速液相色谱法（high speed liquid chromatography，HSLP）。

　　2. 特点　　与经典液相色谱法相比，HPLC 具有"三高一快一广"的特点。

　　（1）高压：HPLC 通常使用金属材质色谱柱，内部填充固定相颗粒极细，流动相流经色谱柱时，会受到很大阻力，需要高压输液泵才能将流动相泵入色谱柱，并迅速通过色谱柱,从而完成混合物的分离。

(2)高效:由于柱内填充了细密紧实的固定相,极大提高了分离效能。

(3)高灵敏度:HPLC 采用的检测器具有很高的灵敏度。例如,紫外吸收检测器灵敏度可达 0.01ng,进样量在微升数量级。

(4)分析速度快:色谱柱通常不需要很大的柱体积,在高压输液泵的驱动下,流动相会在相对较短时间内流经整个色谱系统,分离时间比经典液相色谱法短得多,一般 10～30min 即可完成一个样品的分离。

(5)应用范围广:70%以上的有机化合物可用 HPLC 分析,尤其对于高沸点、大分子、强极性、热稳定性差化合物的分离分析,HPLC 更显示出优势。

此外,高效液相色谱具有色谱柱可反复使用、样品不被破坏、易回收的优点。

高效液相色谱的缺点是有"柱外效应"。在从进样到检测器之间,除了柱子以外的任何死空间(进样器、柱接头、连接管和检测池等)中,如果流动相的流型有变化,被分离物质的任何扩散和滞留都会显著地导致色谱峰的加宽,柱效率降低。

二、分类

高效液相色谱法分为 4 种基本类型:液固色谱法、键合相色谱法、离子交换色谱法、体积排阻色谱法。

1. 液固色谱法 用硅胶作为固体吸附剂载体,溶质分子与其产生强弱不同的吸附作用,通常极性越强的溶质分子作用越强,在硅胶柱上的停留时间也就越长。主要分离机制是吸附作用。用有机溶剂作为流动相,与溶质分子竞争硅胶表面的活性位置,从而实现溶质分子的分离。

2. 键合相色谱法 固定相是共价结合了功能基团的硅胶或树脂,又分为正相色谱和反相色谱。主要分离机制是分配作用。正相色谱载体的功能基团为极性基团,流动相为非极性有机溶剂,如庚烷、己烷等;流动相的相对极性越强,洗脱能力就越强。反相色谱载体的功能基团为碳氢化合物,最常见的是以十八烷基键合硅胶为固定相(C18 反相色谱固定相);流动相通常为极性有机溶剂,常用的有甲醇、乙腈等及其与水不同比例混合的溶液。反相色谱中溶质与固定相之间主要靠疏水作用,因此极性越强的溶剂洗脱能力越弱。如水是反相色谱中最弱的溶剂,通常可以通过调节水与其他极性有机溶剂的比例,实现不同目标物质的分离。

3. 离子交换色谱法 色谱柱中的固定相是表面带有离子官能团的离子交换剂,流动相为具有一定 pH、一定离子强度的溶液,分离原理与离子交换层析一致,主要是离子吸引作用,通过电荷间的相互作用将溶质分子分开,适于分析可解离的化合物。

4. 体积排阻色谱法 即凝胶色谱、凝胶渗透色谱,原理与分子筛层析相同,主要是根据溶质分子的体积大小进行筛分。固定相为具有不同孔径的多孔凝胶,小分子溶质由于可以穿过几乎所有凝胶孔而保留时间长,大分子溶质则保留时间短,从而实现分离。

三、HPLC 系统

HPLC 系统一般由高压输液泵、进样器、色谱柱、检测器、色谱工作站等组成,其中高压输液泵、色谱柱、检测器是关键部件(图 4-13);还可以包括梯度洗脱装置(二元梯度或多元梯度）、在线脱气装置、自动进样器、色谱保护柱、柱温箱等。制备型 HPLC 系统还包括自动组分收集器及相对应的检测设备。

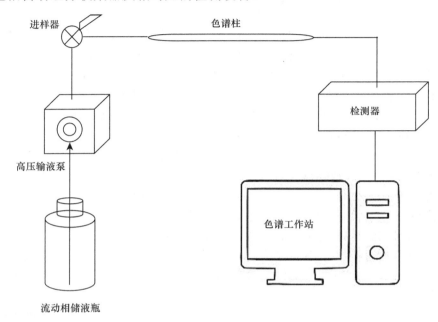

图 4-13 HPLC 系统基本配置示意图

系统启动后，流动相自储液瓶中被高压输液泵泵出，样品通过进样器进入流路，流经色谱柱时完成分离，不同组分依次被检测器检测到，产生的光学信号转化为电信号输入电脑中的色谱工作站，以色谱峰的形式显示出来。

1．高压输液泵 高压输液泵为液相色谱仪提供动力，是液相色谱仪的核心部件。通常为柱塞往复式双泵头系统，两个泵集成在一个腔体内，通过高压混合来产生均匀输出的高压液体，不容易产生气泡，压力稳定。另外，还可以通过控制两个泵的流速，来准确控制两种流动相的比例。例如，在 1mL/min 流速下，要达到 A 和 B 两种流动相的混合比例为 40∶60，设置 A 泵流速 0.4mL/min，B 泵流速 0.6mL/min 就可以了。高压输液泵的流量调节方便，根据被分离样品的性质不同，在样品分离过程中流动相的比例也可以设置为随时间而变化，即可以进行动态梯度洗脱。高压输液泵应具有流量稳定、耐高压（30～60MPa）、耐各种流动相（有机溶剂、水和缓冲液）的性能。

2．进样器 进样器分为阀进样和自动进样两种形式，阀进样需要用进样针手动将样品注入，自动进样器则需要将样品置于专用的样品瓶中，并置于样品瓶架上。阀进样器和自动进样器的主要部件相同，由定量环、六通阀、进样针等部件组成。阀进样器的定量环可用于准确定量，通常仪器配备固定体积的定量环，如 20μL 的比较多见；也可以用进样针定量，如吸取 10μL 样品进样。自动进样系统中仪器自带定量环多为 100μL，样品进样体积可选择小于 100μL 的任意体积。进样器的主要部件称为六通阀，由圆形密封垫（转子）和固定底座（定子）组成，通过阀的切换保证恒定的流速；即进样时会在流动相通路和进样通路之间切换，所以手动进样时扳动进样阀速度要快，否则会使通路中断的时间延长，令整个液相系统压力骤升，造成破坏。

3. 色谱柱 色谱柱一般用内部抛光的不锈钢制成。其内径为 2～6mm，柱长为 10～50cm，柱形多为直形，内部充满粒径为 3～10μm 高效微粒固定相，根据不同的实验需求选择不同填料、不同规格的色谱柱。最常见的是 C18 反相色谱柱，固定相为十八烷基键合的硅胶。样品进入色谱柱后，由于极性不同，分配行为就不同。通过改变流动相的极性和离子强度等条件，可以实现对待测样品的分离。色谱柱的柱效主要取决于其填料粒度和装填技术。填料粒度越小，柱效越高，但柱压也越高。例如，相同条件下 3μm 填料填充柱的柱效比 5μm 填料的柱效高约 30%，但柱压却会高 2 倍。故常用的 C18 反相柱规格为 4.6mm×250mm，填料粒径为 5μm。

高效液相色谱柱的填装需要极高的技巧和熟练的技能，因此科研工作者一般直接购买商品预填装柱即可。相同填料的色谱柱基本可以实现分离效果的一致性和可重复性。且色谱柱可重复多次使用，分离的样品也方便回收或分部收集。

4. 检测器 检测器的作用是将色谱柱流出物中各组分含量转变为可供检测的信号。常用检测器有紫外吸收检测器、荧光检测器、蒸发光散射检测器、示差折光检测器、电化学检测器等类型。不同检测器具有不同的检出限。液相检出限是指检测器对目标化合物的最小可探测量，主要由检测器的性能决定，也会受样品本身杂质和分析方法的影响。

1）紫外吸收检测器 应用最广泛的检测器，几乎所有液相色谱仪都配有这种检测器。常用氘灯和钨灯作光源，检测波长范围为 190～800nm，适用于检测在此波长范围内有光吸收的化合物。灵敏度高，最小检出限为 1ng/mL。

2）荧光检测器 以汞灯作激发光源，检测波长范围 250～600nm。检测限为 0.01ng/mL（灵敏度比紫外吸收检测器高 2～3 个数量级），但线性范围不如紫外吸收检测器宽。适用于检测能发荧光的化合物，或者可通过化学衍生反应生成荧光衍生物的目标化合物。荧光强度与组分浓度成正比。

3）蒸发光散射检测器 这是一种通用型的检测器，可检测挥发性低于流动相的任何样品，不需要样品含有发色基团，如糖类、脂类、氨基酸等。检测时将流动相雾化蒸发，不挥发性溶质颗粒在检测池内得到检测。检出限为 10ng/mL。检测时基线不受流动相比例变化的影响，适合于梯度洗脱。响应值与物质浓度不呈线性关系，需取对数计算线性关系。

4）示差折光检测器 这是一种连续检测样品流路与参比流路间液体折光指数差值的通用型检测器，对所有溶质都有响应，只要样品组分与流动相的折光指数不同，就可以被检测到。在一定范围内检测器的输出与溶质浓度成正比。主要对糖类检测灵敏度较高，其检测限可达 0.01ng/mL。但对其他多数物质的灵敏度低（约 10μg/mL），通常不用于痕量分析，且不适合梯度洗脱。

5. 色谱工作站 色谱工作站是仪器生产厂家为用户提供的一套软件系统，其功能涵盖了色谱仪所能执行的所有功能，同时实现检测数据的存储与整理、检测方法的建立与调用等全套功能。在软件系统中进行不同部件参数的设置，即构成了 HPLC 的程序；通常不同的分析对象对应不同的程序。仪器启动之后，通常只需在工作站的操作界面进行各种设置即可；在数据采集时工作站能对进样器、泵及阀进行实时控制，可实现自动进样、数据采集、泵及阀控制、数据处理、定性定量分析、数据存储、报告输出等分析过程的完全自动化。数据采集之后，也能对色谱图进行对比、分析等操作，是操作者和液相色谱的交互界面。

　　不同的色谱工作站界面上显示的色谱图都大体相同，主要参数是色谱峰的出峰时间（保留时间）和峰面积（图4-14）。保留时间指的是组分从进样到出现峰最大值所需的时间，提示了该组分从色谱柱上被洗脱的先后顺序。每个色谱峰起点和终点之间的直线称为峰底，峰面积指峰与峰底所包含区域的面积，由色谱工作站自动积分生成，峰面积提示了该组分的含量大小。色谱图的横坐标为时间，单位分，纵坐标为响应值，可以设置为信号强度（单位毫伏）或者峰面积值。每个色谱峰上标注的信息都可以在色谱工作站中选择性设置，可以只显示峰面积或者保留时间，甚至只显示色谱峰；也可以增加其他参数，如峰高，即峰最大值到峰底的距离。每个色谱峰的全部参数都会展示在数据报告中，色谱图中显示的信息仅仅是为展示结果方便。通常习惯上都是以峰面积和响应值之间的线性关系来进行定量分析。

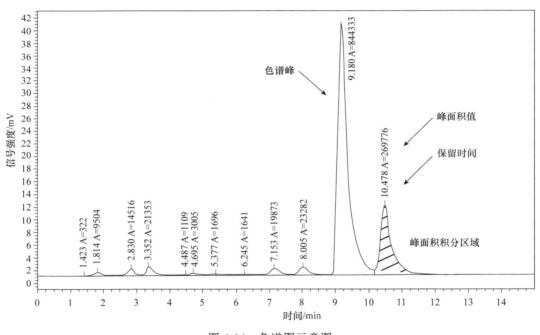

图4-14　色谱图示意图

四、应用

1. 初步定性分析　　HPLC通常用于未知物质的初步定性分析，需要有已知标准物质（即某化合物的纯品，纯度≥90%）做对比方能判断某未知物质的可能组成。标准物质可通过内标法或外标法两种方式与未知物质比较，若标准物质与未知样品分别进样即可看作外标法；标准物质与未知样品按一定比例和浓度混合进样即为内标法。根据标准物质的出峰时间和峰高等参数，可判断未知物质的可能组成。若要进一步确定未知物质，还需要借助其他仪器分析手段，如红外光谱分析、质谱分析、核磁共振分析等，方能确定未知物质的元素组成和结构等信息。

2．定量分析　　HPLC 进行某物质的定量分析时，也需要与已知标准物质（即某化合物的纯品，纯度≥98%）做对比。通常采用外标法，先配制标准物质的梯度溶液，利用色谱系统获得不同浓度标准物质的色谱峰，再根据峰面积或峰高生成标准曲线。在获得样品中目标物质的色谱参数后，根据标准曲线即可计算样品物质的含量。内标法也可定量，将纯物质与待测样品按一定比例混合，以纯物质的量为标准，可对比测定待测组分的含量。

3．混合物质的分离　　生物化学领域中，氨基酸、多肽、蛋白质、碱基、核酸、维生素等的分离分析，通常可以通过反相色谱进行；多肽、蛋白质、氨基酸、碱基、核苷等可通过离子交换层析实现分离；蛋白质、寡核苷酸、复杂生物聚合物的分离多采用体积排阻色谱。

第五章 离 心 技 术

离心（centrifugation）是将含有微小颗粒的悬浮液样品置于离心管中，借助离心机转头旋转所产生的离心力，根据物质颗粒大小、密度、沉降系数和浮力等的差异将其分离的技术。离心技术是生物化学实验中常用的分离或纯化方法，主要用于分离蛋白质、酶、核酸或细胞亚组分。随着离心技术的发展及离心设备的不断完善，采用离心技术分离、纯化生物样品已成为生命科学领域研究的一项最基本的技术。

第一节 离心技术简介

一、离心技术的基本原理

1. 离心力　　当物体在做非直线运动时（如圆周运动或转弯运动），因物体本身质量造成的惯性会迫使物体继续朝着运动轨迹的切线方向（原来那一瞬间前进的直线方向）前进，而非顺着既定运动轨迹运动。人们用离心运动来描述这种现象。可见，离心运动是指物体远离中心运动的现象。离心力（centrifugal force）是一种虚拟力，是惯性的体现，它使旋转的物体远离它的旋转中心。

质量为 m 的粒子（生物大分子或细胞器）在高速旋转时的离心力大小取决于粒子旋转时的角速度（ω，以弧度/s 表示）和旋转半径（r）。由此，离心力"F"由下式定义，即

$$F = m \cdot r \cdot \omega^2 = m \cdot r \cdot \left(\frac{2\pi N}{60}\right)^2$$

式中，m 为沉降粒子的有效质量（g）；ω 为粒子旋转的角速度；r 为粒子的旋转半径（cm）；N 为离心机每分钟的转数（r/min）。一般情况下，低速离心时常以转速"r/min"来表示离心力的大小。

相对离心力（relative centrifugal force，RCF）是指在离心场中作用于颗粒的离心力相当于地球重力的倍数，单位是重力加速度"g"（9.8m/s^2），以 g 的倍数来表示，或者用数字乘以"g"来表示，如 25 000$\times g$，即表示相对离心力为 25 000。相对离心力可用下式计算：

$$\text{RCF} = \frac{\omega^2 r}{980} \qquad\qquad \omega = \frac{2\pi \times N}{60}$$

$$\text{RCF} = \left[\frac{2\pi N}{60}\right]^2 \cdot r \cdot m/(m \cdot g) = 1.119 \times 10^{-5} \times N^2 \cdot r$$

上述公式描述了相对离心力与转速之间的关系。只要给出旋转半径 r，则 RCF 和 N 之间可以相互换算。但是由于转子的形状及结构的差异，每台离心机的离心管，从管口至管底的各点与旋转轴之间的距离不同，所以在计算时旋转半径用平均半径"$r_{平均}$"代替：$r_{平均} = (r_{最大} + r_{最小})/2$。$r$ 的测量如图 5-1 所示。

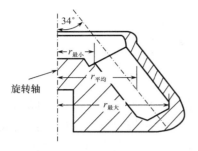

图 5-1　平均半径的计算（邱玉华，2017）

计算颗粒的相对离心力时，由于离心管与旋转轴中心的距离"r"不同，即沉降颗粒在离心管中所处位置不同，则颗粒所受离心力也不同。因此，高速离心和超速离心时，通常用地心引力的倍数"×g"表示，以真实地反映颗粒在离心管内不同位置的离心力及其动态变化。科技文献中离心力的数据通常是指其平均值（RCF 平均），即离心管中点的离心力。

2. 沉降速度　　沉降速度（sedimentation velocity）是指离心分离时，固相颗粒在一定的离心力场中，以中心轴向外辐射移动的速度。沉降速度取决于离心机所提供的向外的离心力场的大小，以及固相颗粒本身的物理特性及液相介质的物理特性（质量、形状、密度、黏度等），如下式所示。

$$v = \frac{m(1 - \overline{V}\rho)\omega^2 r}{f}$$

式中，v 为沉降速度；m 为沉降颗粒的实际质量；ρ 为液相介质的密度；f 为摩擦系数；$\overline{V}$ 为偏微分比容。

3. 沉降系数　　沉降系数（sedimentation coefficient）指单位离心力场下颗粒的沉降速率，即每单位重力的沉降时间，用 s 表示，其单位用 Svedberg 表示，简称 S，度量单位为秒（s）。1S 等于 1×10^{-13}s。近年来，在生物化学、分子生物学中，常用沉降系数表示一些结构及分子量还不清楚的生物大分子其复合物的分子大小。例如，原核生物核糖体包含 30S 小亚基和 50S 大亚基，其中 S 表示沉降系数。

二、离心技术的分类和应用

1）差速离心　　差速离心（differential centrifugation）是生物化学领域常用的离心分离方法。差速离心主要是采取逐渐提高离心速度的方法分离不同大小的细胞器。差速离心起始的离心速度较低，离心管中较大的颗粒可沉降到管底，而小的颗粒仍然悬浮在上清液中。接着，分别收集沉淀和上清液，再改用较高的离心速度离心上清液，使其中较小的颗粒沉降，以此类推，达到分离不同大小颗粒的目的。以细胞收集为目的的离心是差速离心操作的一种特殊情况，实验中只采用一种转速即可分离细胞和培养缓冲液。微生物菌体和细胞一般在 $500 \sim 5000 \times g$ 的离心力下即可完全沉降。实验室中，为提高分离速度，所用离心力较大，操作中应根据实际目的产物的特点、分离目的和所需分离的程度选择适当的操作条件。

差速离心可用于分离血细胞、微生物菌体、细胞器和生物大分子，应用较广。

2）区带离心　　区带离心（zonal centrifugation）是生物化学研究中重要的分离手段。根据离心操作条件的不同，区带离心又分为速率区带密度梯度离心（rate-zonal density-gradient sedimentation）和等密度梯度离心（isopycnic density-gradient sedimentation）。这两种离心操作均事先在离心管中用低分子溶液（如蔗糖溶液、氯化铯溶液）调配好密度梯度，在密度梯度之上加待处理的混合液后进行离心操作。差速区带离心的密度梯度中最大密度小于待分离目的产物的密度。离心操作中，混合液的各组分在密度梯度中以不同的速度沉降，经过一段时间离心后，混合液中的大分子溶质在与其自身密度相等的溶剂密度处形成稳定的区带，从离心管中分别吸取不同的区带，便得到纯化的各组分。平衡区带离心的密度梯度比差速区带离心的密度梯度高。

区带离心可用于蛋白质、核酸等生物大分子的分离纯化，但一般一次所能处理的样品较少，更适合于实验室水平的操作。

总之，离心技术是科学研究和生产实践中最广泛使用的固液相分离手段，不仅适用于菌体和细胞的分离，也可用于血球、细胞器、病毒以及蛋白质等生物大分子的分离，还可用于液液相分离。

第二节 离心机的主要构造及使用

在生命科学的实验和相关生产中，离心操作的核心仪器是离心机。离心机可利用高速旋转时产生的离心力实现分离混合物中各样品的目的。因此，离心机所能提供的相对离心力、转速以及离心时间是决定离心分离效果的关键指标。

一、离心机主要构造

离心机的主要构造包括转子、驱动和速度控制系统、温控系统、真空系统四个部分。

1. 转子 离心机所用转子种类繁多，一般可分为五类：角转子、水平转子、垂直转子、区带转子和连续流动转子。不同离心机在出厂时已配备了适合的转子。

（1）角转子：角转子是指离心管腔与转轴成一定倾角 α 的转子（图 5-2A）。离心管腔的中心轴与旋转轴之间的角度为 $20^\circ \sim 40^\circ$，角度越大沉降越结实，分离效果越好。实验室中常见的角转子可容纳不同大小的离心管，如图 5-2B 所示。这种转子的优点是容量较大，重心低，运转平衡且寿命较长。颗粒在沉降时先沿离心力方向撞向离心管，然后再沿管壁滑向管底。因此，离心结束后，离心管远离中心轴的一侧会出现颗粒沉积，此现象称为"壁效应"。壁效应使沉降颗粒受突然变速影响产生对流扰乱，影响分离效果。

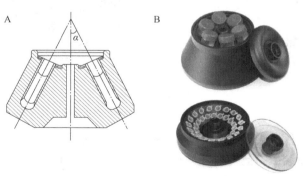

图 5-2 角转子

A. 角转子示意；B. 适配不同离心管的角转子

（2）水平转子：这种转子是由吊着的 4 个或 6 个自由活动的吊桶（离心套管）构成。当转子静止时，吊桶垂直悬挂，当转子转速达 $200 \sim 800$ r/min 时，吊桶受到离心力的作用摆至水平位置（图 5-3A）。实验室中常见的水平转子如图 5-3B 所示，不同型号的水平转子可适配不同的离心管。水平转子最适合做密度梯度区带离心。其优点是梯度物质可放在保持垂直的离心管中，离心时被分离的样品带垂直于离心管纵轴，而不是角转子中样品沉淀物的界面与离心管成一定角度，因而有利于离心结束后由管内分层取出已分离的各样品带。水平转子的缺点是颗粒沉降距离长，离心所需时间也长。

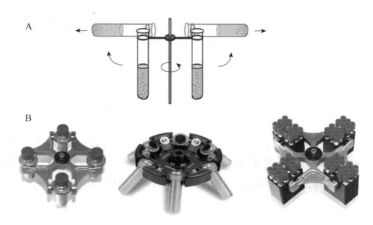

图 5-3　水平转子
A. 水平转子离心示意；B. 不同型号的水平转子

（3）垂直转子：这类转子的离心管是垂直放置（图 5-4），样品颗粒的沉降距离最短，离心所需时间也短，适合用于密度梯度区带离心，离心结束后液面和样品区带要做 90° 转向，因而降速要慢。垂直转子主要用于样品在短时间做密度梯度离心。

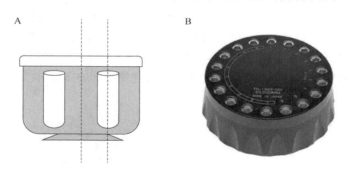

图 5-4　垂直转子
A. 垂直转子示意；B. 实验室中的垂直转子

（4）区带转子：区带转子无离心管，主要由一个转子桶和可旋开的顶盖组成。转子桶中装有十字形隔板装置，把桶内分隔成 4 个或多个扇形小室（图 5-5），隔板内有导管，梯度液或样品液从转子中央的进液管泵入，通过这些导管分布到转子四周，转子内的隔板可保持样品带和梯度介质的稳定。沉降的样品颗粒在区带转子中的沉降情况不同于角转子，在径向的散射离心力作用下，颗粒的沉降距离不变，因此，区带转子的"壁效应"极小，可以避免区带和沉降颗粒的紊乱，分离效果好。而且区带转子还有转速高、容量大、回收不同梯度沉降样品容易和不影响分辨率的优点，使超速离心用于制备和工业生产成为可能。区带转子的缺点是因样品和介质直接接触转子，制造转子所需材料耐腐蚀要求高，且操作复杂。

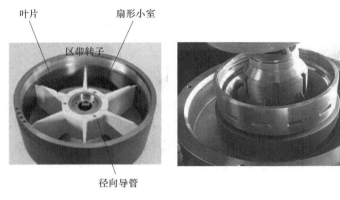

图 5-5 区带转子

（5）连续流动转子：可用于大量培养液或提取液的浓缩与分离，与区带转子类似，由转子桶、有物料进出口的转子盖和附属装置组成（图 5-6）。离心时样品液由物料进口连续流入转子，在离心力作用下，悬浮颗粒沉降于转子桶壁，上清液由出口流出。

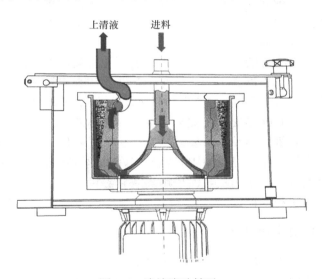

图 5-6 连续流动转子

彩图

2. 驱动和速度控制系统 大多数离心机的驱动装置是由水冷或风冷电动机和精密齿轮构成，或者直接由变频马达和连接的转子轴构成。由于驱动轴的直径仅仅 0.48cm，旋转中的驱动轴可有一个可接受的弹性弯曲，以适应转子的不平衡，而不至于引起离心机震动或转轴损伤。为保护驱动轴，离心管及内含物必须精密配平到相互之差不超过 0.1g。除速度控制系统外，离心机还有一个过速保护系统，以防止转速超过转子的最大规定转速。如果出现转速超过转子的最大规定速度，会引起转子的撕裂或爆炸。因此，离心机腔总是用能承受此种爆炸的装甲板密闭。

3．温度控制系统　高速离心机和超速离心机的温度控制系统由安置在转子下面的连续监测转子温度的温度传感器、温度控制器和制冷压缩机组成。

4．真空系统　对于超速离心机而言，当转速超过 40 000r/min 时，空气与旋转的转轴以及转子之间的摩擦生热成为严重的问题，因此，必须增添真空系统。

二、离心机的主要类型

根据不同的分类标准，离心机可分为不同类型。

离心机按用途可分为医用离心机、制药离心机、化工离心机、食品离心机、血库离心机和酶标板离心机等；按容量可分为微量离心机、小容量离心机、大容量离心机和超大容量离心机；按有无制冷功能可分为冷冻离心机和常温离心机；根据不同的目的，可分为制备型离心机和分析型离心机。制备型离心主要是对生物样品进行分离、纯化和制备。分析型离心机分离物质的最终目的是利用已分离纯化的单一组分做各方面性质的分析研究。最常用的分析型研究主要是检测物质的分子量、沉降系数、密度和纯度等。

一般情况下，实验室常根据转速高低将离心机分为以下三类。

1．低速离心机　也称为普通离心机，最大转速 6000r/min，最大相对离心力近 $6000 \times g$，转子有角式和水平式。这种离心机的转速不能严格控制，通常不带制冷系统，于室温下操作，用于分离细胞、细胞碎片和培养基残渣等易沉降的大颗粒物质。

2．高速离心机　最大转速为 20 000～25 000r/min，最大相对离心力为 $89 000 \times g$，分离形式也是固液沉降分离。高速离心机通常用于微生物菌体、细胞碎片、大细胞器、硫酸铵沉淀和免疫沉淀物等的分离纯化工作，但不能有效地沉降病毒、小细胞器（如核蛋白体）或单个分子。高速离心机一般带有制冷装置和真空系统。

3．超速离心机　超速离心机也称为超高速离心机，其转速可达 50 000～80 000r/min，相对离心力最大可达 $510 000 \times g$。此类离心机分离样品的形式是差速沉降分离和密度梯度区带分离。超速离心机对样品平衡要求更高。超速离心机除附有冷冻装置和真空系统外，还会附带一套光学系统，可以对固相颗粒沉降过程跟踪监测。超速离心机的出现，使生命科学的研究领域有了新的扩展，使用超速离心机可分级分离亚细胞器，还可以分离病毒、核酸、蛋白质和多糖等。

三、离心机操作注意事项

高速离心机与超速离心机是生物化学实验教学和科研的重要精密设备，因其转速高，产生的离心力大，使用不当或缺乏定期的检修和保养，都可能发生严重事故。因此，使用离心机时必须严格遵守操作规程。

（1）使用各种离心机时，必须事先在天平上精密地平衡离心管及其内容物。平衡时质量之差不得超过各个离心机说明书上所规定的范围。每个离心机不同的转子有各自的允许差值，转子中绝对不能装载单数的离心管，当转子只是部分装载时，离心管必须对称地放在转子中，以便使负载均匀地分布在转子的周围。

（2）装载溶液时，要根据各种离心机的具体操作说明进行。根据待离心液体的性质及体积选用适合的离心管，严禁使用显著变形、损伤或老化的离心管。低速离心机和高速离心机的离心管中液体不得装得过多，以防离心时甩出，造成转子不平衡、生锈或被腐蚀。制备型超速离心机所用的离心管，一般要求必须将液体装满，以免离心时塑料离心管的上部凹陷变形。

（3）转子是离心机的重点保护部件。每次使用前后必须仔细检查转子；离心完毕要及时清洗、擦干转子和离心机腔；搬动离心机转子时要小心，不能碰撞，避免造成损伤。转子长时间不用时，要涂上一层上光蜡保护。每个转子均有其最高允许转速和使用累积时限。使用转子时要查阅说明书，不得过速使用。每一转子都要建立一份使用档案，记录累积的使用时间，若超过了该转子的最高使用时限，则须按规定降速使用或停止使用。

（4）若离心需要在低于室温的温度下进行，转子在使用前应放置在冰箱或置于离心机的转子室内预冷。

（5）离心过程中应随时观察离心机上的仪表是否正常工作，不得随意离开。如有发现离心机面板有报警信息或发出异常的声音应立即停机检查，及时排除故障。

第六章　分光光度技术

利用物质特有的吸收光谱来鉴定物质性质及测定其含量的技术，称为分光光度技术（spectrophotometry）。

分光光度法是比色分析法的发展，比色分析法只限于可见光区，分光光度法可以扩展到紫外光区和红外光区。每种物质都具有其特异的吸收光谱，有些物质的溶液无色，对可见光无吸收作用，但可以吸收特定波长的紫外光或红外光，可以利用分光光度技术对物质进行定性鉴定和定量测定。

第一节　分光光度技术的原理

一、朗伯-比尔定律

朗伯-比尔（Lambert-Beer）定律是利用分光光度计进行比色分析的基本原理，这个定律是讨论有色溶液对单色光的吸收程度与液层厚度间的定量关系。当一束平行单色光照射到任何均匀非散射的介质（固体、液体或气体）时，光的一部分被吸收，一部分透过，一部分被器皿的表面反射，在实际测量时都是采用同样材料的比色皿，反射的强度基本一致，因此，溶液的透光率越大，对光的吸收越小；透光率越小，则溶液对光的吸收越大。

1. 朗伯（Lambert）定律　　当单色光通过一均匀的光吸收溶液时，其吸光度随吸收光液层的厚度增长而呈指数减少，A 表示吸光度，b 表示液层厚度，则 $A = K_2 b$（K_2 为比例常数，与入射光波长及溶液的性质和浓度有关）。由 Lambert 定律可知，当入射光的波长、吸光物质的浓度和溶液的温度一定时，溶液的吸光度与液层厚度成正比。

2. 比尔（Beer）定律　　单色光通过一均匀的光吸收溶液时，吸光度随该物质浓度增大而呈指数减少，比尔定律表示溶液的吸光度与溶液浓度（C）之间的关系。$A = K_1 C$（K_1 为比例常数，与入射光的波长及溶液的性质、液层厚度和温度有关），当入射光的波长、液层厚度和溶液温度一定时，溶液的吸光度和溶液的浓度成正比。

3. Lambert-Beer 定律　　若同时考虑溶液的浓度（C）和液层厚度（b）对吸光度的影响，则将上述两定律合并为 Lambert-Beer 定律。

$$A = KCb$$

式中，K 是比例常数，与入射光的波长、物质的性质和溶液的温度等因素有关。此定律表示，当一束单色光通过均匀溶液时，其吸光度与溶液的浓度和厚度的乘积成正比。

4. 摩尔消光系数（molar extinction coefficient）　　以 ε 表示，单位为 L/（mol·cm），表示物质的浓度为 1mol/L、液层厚度为 1cm 时，溶液的吸光度。ε 是物质的特征常数，是鉴别化合物的重要数据。

5. 比消光系数（specific extinction coefficient）　　指物质浓度为 10g/L、液层厚

度为 1cm 时溶液的吸光度。常用于一些分子量不易测得的生物大分子的测定，如蛋白质、核酸等。

6. 百分消光系数　　我国药典规定的吸收系数，指溶液浓度为 1%、液层厚度为 1cm 时溶液的吸光度。

7. 朗伯-比尔定律的局限性　　有时测得吸光度与浓度之间不呈现直线关系，这时就应注意选择合适的分光比色条件，才能得到准确的结果。

（1）选择最适合的滤光片或入射光波长，使溶液对该波长范围的光有最大的吸收，这样才能达到较高的灵敏度。同时，单色光的波长范围应该较窄，即单色光的纯度较高，这样才能较好地符合朗伯-比尔定律（严格说来，朗伯-比尔定律只适合单色光）。

（2）测量时光吸收的大小应适当，过大过小都会带来较大的测定误差。通常光吸收的数值应控制在 0.05～1.0，可以用调节溶液浓度和使用不同厚度的比色皿来解决。

（3）测量时，根据不同情况选用不同的参比溶液。当显色剂、配制测试液所用的其他试剂均为无色，且被测试液中又无其他有色离子存在时，可用去离子水作参比溶液；若显色剂为无色而被测试液存在其他有色离子时，应采用不加显色剂的被测试液作参比溶液；若显色剂与试剂均有颜色时，可将一份试液加入适当掩蔽剂，将被测组分掩蔽起来，使之不再与显色剂作用，显色剂及其他试剂均按测试液测定方法加入，以此作为参比溶液，这样还可以消除一些共存组分的干扰。

二、实际测定时吸光度与物质浓度之间偏离 Lambert-Beer 定律的原因

在分光光度法分析中，通常固定吸收层的厚度不变，用分光光度计测量一系列不同体积标准溶液的吸光度，据朗伯-比尔定律：$A = KCb$，吸光度与吸光物质的浓度成正比，故以吸光度为纵坐标、物质的浓度为横坐标作图，应得到一通过原点的直线，称为标准曲线，或称工作曲线。但实际工作中，经常发现标准曲线不成直线的情况。特别是当吸光物质的浓度比较高时，明显看到标准曲线向浓度轴弯曲（个别情况向吸光度轴弯曲），这种情况称为偏离朗伯-比尔定律。在一般情况下，若偏离程度不甚严重，即标准曲线弯曲情况较轻微时，仍可用于定量分析，一旦出现严重弯曲时，将不能再用，以避免造成很大误差。

偏离的原因主要有以下两方面。

1. 非单色光引起的偏离　　严格来说朗伯-比尔定律只适用于单色光，但实际工作中所得到的入射光本质上仍是复合光。非单色光引起偏离的原因简单说明如下。

设有两种波长的单色光 λ_1 和 λ_2 通过溶液，依据朗伯-比尔定律，对波长 λ_1 光的吸收为

$$A_1 = \lg I_{01}/I_1 = \varepsilon_1 bC$$

对波长 λ_2 光的吸收为

$$A_2 = \lg I_{02}/I_2 = \varepsilon_2 bC$$

设 λ_1 和 λ_2 的入射光强度一样，即 $I_0 = I_{01} = I_{02}$，又设测量仪器（光电池或光电管）对它们的灵敏度也一样，则它们的吸光度平均值为

$$A_3 = 1/2\,(A_1 + A_2) = 1/2\,(\varepsilon_1 + \varepsilon_2)\,bC$$

若是这样，平均吸光度与物质的浓度和液层的厚度成正比，即能符合朗伯-比尔定律，只不过常数总有所不同而已。但是，实际上的吸光度不是 A_3（$A_{平均}$）而是 $A_{测}$，它与

入射光的总强度（$I_{01}+I_{02}$）和透过光的总强度（I_1+I_2）应呈如下关系：

$$A_测=\lg(I_{01}+I_{02})/(I_1+I_2)$$

那么，$A_测$与A_3并不相等，且$A_测<A_3$，可用下述证明之：令吸光物质对波长λ_2单色光的吸收率较大，则入射光透过比色皿后I_2必小于I_1，即

$$I_1>I_2,\quad I_1-I_2>0$$

将上式平方，得到

$$I_1^2-2I_1I_2+I_2^2>0$$

则

$$I_1^2+I_2^2>2I_1I_2$$
$$I_1^2+2I_1I_2+I_2^2>4I_1I_2$$

将上述不等式两边分别去除I_0^2，得到

$$I_0^2/(I_1+I_2)^2<I_0^2/4I_1I_2$$

则

$$4I_0^2/(I_1+I_2)^2<I_0^2/I_1I_2$$
$$[2I_0/(I_1+I_2)]^2<I_0^2/I_1I_2$$

得

$$2\lg2I_0/(I_1+I_2)<\lg(I_0^2/I_1I_2)$$
$$\lg2I_0/(I_1+I_2)<1/2\lg I_0^2/I_1I_2$$
$$\lg[(I_{01}+I_{02})/(I_1+I_2)]<1/2[\lg(I_0/I_1)+\lg(I_0/I_2)]$$
$$A_测<1/2(A_1+A_2)$$
$$A_测<A_平均$$

故

$$A_测<A_3$$

由此可见，单色光的纯度较差，吸光物质的浓度越大，或吸收层厚度越大，则$A_测$与A_3差别就越大。这样容易使标准曲线在浓度增大时向浓度轴方向弯曲导致负偏离。

2. 溶液本身的因素

（1）由溶液折光指数变化引起的偏离：若考虑溶液折光指数的变化，那么朗伯-比尔定律应为

$$A=K'[h/(h^2+I)^2]bC$$

式中，K'为比例常数；h为溶液的折光指数。在分光光度分析中，溶液的折光指数一般变化很小，故其影响可以忽略不计。

（2）由介质不均匀引起的偏离：当被测试溶液是胶体溶液、乳浊液或悬浊液时，入射光通过溶液后，除了一部分被测试液吸收外，还有一部分因散射现象而损失，使透光率减小，因而，导致实测吸光度增加，偏离朗伯-比尔定律。

（3）溶液浓度的影响：朗伯-比尔定律对于待测物质的溶液只在一定浓度范围内有效，在这一浓度范围内吸光度与浓度呈线性关系；高浓度时该定律无效。如果溶液的浓度超出了限定的范围，可将溶液稀释到朗伯-比尔定律有效的浓度范围之后测定，以测得的稀释液浓度乘以其稀释倍数即可确定该样品的浓度。

分光光度计的吸光度值刻度虽从 0 到 ∞（无限大），但其准确度最高的范围一般为 0.2～0.8，测量时应调整试样的浓度，使测量的吸光度值在这个范围内，否则影响测量

的准确度。

（4）物质在溶液中的化学变化的影响：物质在溶液中的化学变化包括离解（电离）、溶剂化、互变异构或形成络合物等。例如，尿嘧啶在 pH2.0 溶液中的吸收峰在 259nm，$\varepsilon=8.2\times10^3$；而在 pH12.0 溶液中吸收峰变为 282nm，$\varepsilon=6.2\times10^3$。这是在碱性环境中尿嘧啶转变为烯醇式形态所致。

物质在溶液中的状态与溶液的条件有关，如上述互变异构现象的发生，是由溶液的 pH 变化引起的，故在分光光度测定中，应十分注意保持测定液的 pH 恒定。

三、测定条件的选择

1. 入射光波长的选择　为使测定结果有较高的灵敏度，在一般情况下，入射光应选择被测物质溶液的最大吸收波长。若遇到干扰时，则可选另一灵敏度稍低，但能避免干扰的入射光。因此，选择适当波长不仅能提高分析的灵敏度，还能提高分析的准确度。

2. 控制适当的吸光度范围　一般应控制标准溶液和测试液的吸光度在 0.2～0.8 范围内。可从下列几方面加以考虑：①控制溶液的浓度，如改变样品质量或改变溶液的稀释度等；②选择不同厚度的比色皿；③选择适当的参比溶液。在吸光度测量时利用参比溶液来调节仪器的零点，以消除比色皿壁及溶剂对入射光的反射和吸收带来的误差。

在实际工作中，有时标准曲线不通过零点，造成这种情况的原因很复杂，主要是由于参比溶液选择不当，或比色皿厚度不等，或比色皿放置位置不妥，或比色皿透光面不清洁等。此外，溶液中吸光物质浓度不同、络合物组成发生改变、络合物离解度较大等，亦可能导致标准曲线下部弯曲，因而不通过零点。

第二节　分光光度计的构造及使用

能从含有各种波长的混合光中将每一单色光分离出来并测量其波长及强度的仪器称为分光光度计。

一、一般构造

分光光度计是一种靠光栅或棱镜提供单色光的复杂而精巧的比色计，根据使用的波长范围不同可分为紫外光区、可见光区、红外光区以及全波段分光光度计等。无论哪类分光光度计都配备有下列组成部分：光源、单色器、吸收池、检测器和测量仪表。不同波长范围的组成部分材料是不同的。其基本结构如图 6-1 所示。

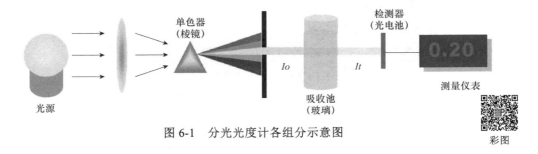

图 6-1　分光光度计各组分示意图

1．光源　　分光光度计上常用的光源有两种，即钨灯和氢灯（或氘灯）。在可见光区、近紫外光区和近红外光区常用钨灯，其发射连续波长范围为 320～2500nm。在紫外光区用氢灯或氘灯。氢灯内充有低压氢，在两极间施以一定电压来刺激氢分子发出紫外光，其发射连续辐射光谱波长为 190～360nm。氘灯（即重氢灯）发射连续辐射光谱波长为 180～500nm。一般情况下，氘灯的辐射强度比氢灯大 3～5 倍，使用寿命也比氢灯长，因此，目前大多数紫外分光光度计的光源都使用氘灯。

2．单色器　　它是把混合光波分解为单一波长光的装置，多用棱镜或光栅作为它的色散元件。光波通过棱镜时，不同波长的光折射率不同。波长越短，传播速度越快，折射率则越大；反之，波长越长，传播速度越慢，折射率越小，因而能把不同波长的光分开。可见分光光度计使用玻璃棱镜，紫外分光光度计则使用石英棱镜或熔凝石英棱镜。

3．吸收池　　吸收池又称比色皿、比色杯、比色池，一般由玻璃、石英和溶凝石英制成，用来盛被测试的溶液。不同的检测波长可选用不同材料制成的比色皿。可见光区或近红外光区应选用普通光学玻璃比色皿，紫外光区检测应选石英比色皿。

为保证吸光度测量的准确性，要求同一测量使用的比色皿具有相同的透光特性和光程长度。

4．检测器　　检测器是一种光电换能器，主要功能是将接收的光信号转变成电信号，再通过放大器将信号输送到显示器。常用的检测器有：光电池、光电管和光电倍增管。

5．测量仪表　　一般常用的紫外光和可见光分光光度计有 3 种测量仪表，即电流表、波长分度盘和测量读数盘。现代的仪器常附有自动记录仪，可自动描出吸收曲线。

二、722 型分光光度计

721 型分光光度计是早期使用的仪器，其分光元件是棱镜，分辨率低。722 型分光光度计的分光元件是光栅，光栅分解单色光的分辨率优于棱镜。722 型分光光度计的工作波长为 325～1000nm。工作界面见图 6-2，主要有：①状态显示（T.A.C.F.）；②确认键；③0%T 键；④100%T 键；⑤模式键。

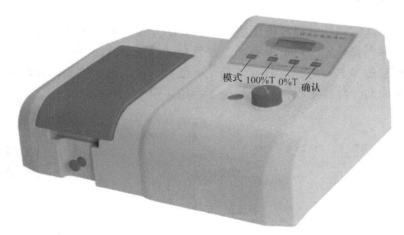

图 6-2　722 型分光光度计操作面板

在完成仪器预热后，先用黑色挡体调节空白光路的透光率为100%和吸光度为0，设置好波长，选择吸光度模式，将装有空白和样品溶液的比色皿分别放置至比色架中，比色皿的透明面垂直于光路。首先使空白溶液置于光路，调节空白管吸光度为0，轻轻拉动拉杆，使样品溶液置于光路，按顺序测定其余样品溶液的吸光度。比色结束后，取出比色皿，清洗干净并晾干。关闭电源，盖好比色皿暗箱盖。

图 6-3　紫外-可见分光光度计示意图
1. 样品室盖；2. 样品架；3. 拉杆；4. 操作面板

三、紫外-可见分光光度计

这类仪器常用的波长范围为220～800nm，少数仪器使用波长范围为185～1100nm。

紫外-可见分光光度计（图6-3）属于较为精细且功能较多的仪器。打开电源开关，预热 30min，同时仪器自动进入自检环节，自检完成后才能使用。首先进行光源管理，在系统应用模式，关掉钨灯。设置测试波长后，根据需要选择吸光度、浓度、光谱、动力学等模式进行测试，无论哪一种模式，都需要首先以空白溶液校准 100%T/0Abs，然后再测试样品溶液。

第七章　电泳技术

带电粒子在电场的作用下向着与其电性相反的电极移动的现象称为电泳（electrophoresis）。电泳技术是在外电场存在下，利用分子携带净电荷不同以分离混合物的一种实验技术。电泳技术可用于氨基酸、肽、蛋白质、核苷酸等生物分子的分离分析和制备。

第一节　电泳技术的原理

一、电荷的来源

任何物质由于其本身的解离作用或表面吸附其他带电质点，在电场中会向一定的电极移动。带电颗粒可以是小的离子，也可以是生物大分子，如蛋白质、核酸，甚至是病毒颗粒、细胞器等。以蛋白质分子为例，组成蛋白质的氨基酸带有可解离的氨基（$-NH_3^+$）和羧基（$-COO^-$）及侧链基团，蛋白质分子是典型的两性电解质，在一定的 pH 条件下因解离而带电荷。带电的性质和带电荷的多少取决于蛋白质分子的性质及溶液的 pH 和离子强度。在某一 pH 条件下，蛋白质分子所带的正电荷数恰好等于负电荷数，即净电荷为零，此时蛋白质质点在电场中不移动，溶液的这一 pH，称为该蛋白质的等电点（isoelectric point，pI）。如果溶液的 pH 大于 pI，则蛋白质分子会解离出 H^+ 而带负电荷，此时蛋白质分子在电场中向正极移动；如果溶液的 pH 小于 pI，则蛋白质分子结合一部分 H^+ 而带正电荷，此时蛋白质分子在电场中向负极移动。

二、迁移率

不同的带电颗粒在同一电场中的运动速度不同，其泳动速度用迁移率（mobility，或称泳动度）来表示。

迁移率是指带电颗粒在单位电场强度下的泳动速度。以纸电泳为例，带电颗粒的迁移率可用以下公式计算：

$$m=\frac{v}{E}=\frac{d/t}{V/l}=\frac{dl}{Vt}$$

式中，m 为迁移率 [$cm^2/(V \cdot s)$]；v 为颗粒泳动速度（cm/s）；E 为电场强度（V/cm）；d 为颗粒泳动的距离（cm）；l 为滤纸有效长度，即滤纸与两极溶液交界面间的距离（cm）；V 为实际电压（V）；t 为通电时间（s）。

电泳后通过测量 V、t、d 和 l，即可计算出被分离物的迁移率。

带电颗粒在电场中的泳动速度与其本身所带净电荷的数量、颗粒大小和形状有关。通常，所带的净电荷数量越多，颗粒越小，越接近球形，则在电场中泳动速度越快；反之则慢。已知一被分离的球形分子在电场中所受的力（F）为

$$F＝EQ$$

式中，E 为电场强度，即每厘米支持物的电位降；Q 为被分离物所带净电荷。

根据斯托克斯（Stoke）定律，一球形分子在液体中泳动所受的阻力（摩擦力，F'）为

$$F'＝6\pi r\eta v$$

式中，r 为分子半径；η 为介质黏度；v 为分子泳动速度。

当 $F＝F'$，即达到动态平衡时，合并上述两式，则

$$EQ＝6\pi r\eta v$$

即　　　　　　　　　　$$v＝\frac{EQ}{6\pi r\eta}$$

因　　　　　　　　　　$$m＝\frac{v}{E}$$

故　　　　　　　　　　$$m＝\frac{Q}{6\pi r\eta}$$

由上式可见，迁移率与颗粒所带电荷、球形分子的大小和介质黏度有关。

三、影响泳动速度的外界因素

被分离物质的泳动速度除受其本身性质影响外，电场强度、溶液的 pH、溶液的离子强度、电渗现象等也对泳动速度产生影响。

（一）电场强度

电场强度是指每厘米支持物的电位降，也称电位梯度或电势梯度。电场强度对泳动速度起着重要作用。电场强度越大，带电颗粒泳动越快。根据电场强度不同，可分为常压电泳和高压电泳。

（1）常压（100～500V）电泳：其电场强度为 2～10V/cm，分离时间较长，一般需要一到数小时。适合于分离蛋白质等大分子物质。

（2）高压（2000～10 000V）电泳：其电场强度为 50～200V/cm，分离时间短，有时只需几分钟。适合于分离氨基酸、多肽、核苷酸、糖类等小分子物质。

（二）溶液的 pH

为使电泳时 pH 恒定，必须采用缓冲液作为电极缓冲液，溶液的 pH 决定带电颗粒的解离程度，也就决定其所带净电荷的数量。对蛋白质而言，溶液的 pH 离等电点越远，则颗粒所带的净电荷越多，泳动速度也越快；反之，则越慢。因此分离某种蛋白质混合物时，应选择一个合适的 pH，使待分离的各种蛋白质所带的净电荷数量有较大的差异，更有利于彼此分离。

（三）溶液的离子强度

离子强度影响颗粒的电动电势（ξ）。缓冲液离子强度越高，电动电势越小，泳动速度越慢；反之，则越快。通常最适合的离子强度为 0.02～0.2mol/L。

（四）电渗现象

液体在电场中，对于一个固体支持物的相对移动，称为电渗现象。电泳时，颗粒泳动的表观速度是颗粒本身泳动速度与电渗引起的颗粒移动速度的矢量和。电渗液流往往破坏电泳中已形成的区带，使其扩散变形。

（五）支持物

通常要求支持物均匀，吸附力小。否则会导致电场强度不均匀，影响区带的分离，致使实验结果及扫描图谱均无法重复。

（六）温度

电泳过程中由于通电产生焦耳热，其大小与电流强度的平方成正比。热对电泳有很大影响。温度升高时，介质黏度下降，分子运动剧烈，引起自由扩散变快，迁移率增加。温度每升高 1℃，迁移率约增加 2.4%。为降低热效应对电泳的影响，可控制电压和电流，也可在电泳系统中安装散热或冷却装置。

第二节　电泳技术的类型

电泳技术有多种类型，通常根据有无支持物将其分为无支持物的自由电泳（free electrophoresis）和有支持物的区带电泳（zone electrophoresis）两大类。

自由电泳在缓冲液中进行，主要包括显微电泳、等速电泳、密度梯度电泳等。区带电泳可用的支持物多种多样，主要包括以滤纸为支持物的纸电泳、以醋酸纤维素膜等为支持物的薄层电泳、以凝胶（如淀粉凝胶、琼脂或琼脂糖凝胶、聚丙烯酰胺凝胶）为支持物的凝胶电泳。自由电泳因电泳仪构造复杂、体积庞大、价格昂贵且对操作要求严格，应用较为有限。而区带电泳样品是在固定的介质中进行电泳，减少了扩散和对流等干扰作用，分离效果较好，且可用多种类型的物质作为支持物，近年来发展迅速，应用广泛。本节仅对目前常用的几种区带电泳加以叙述。

一、纸电泳

纸电泳（paper electrophoresis）以滤纸为电泳支持物。1948 年 Wieland 和 Konig 用滤纸作为支持物，大为简化了电泳技术，可使许多组分相互分离为区带。因其设备简单，是最早广泛使用的一种电泳技术，可用于氨基酸、核苷酸、肽、蛋白质的分离分析。其优点在于可直接获得滤纸与染料结合的电泳图，或剪下滤纸上的目的条带进一步纯化或分析。纸电泳用于分离血清蛋白具有相当长的历史，曾广泛应用于科研领域和临床检验，在早期的生物化学研究中发挥了重要作用。但纸电泳因电泳时间长、分辨率较低，近年来逐渐被其他快速、简便、分辨率高的电泳技术所代替。

二、醋酸纤维素膜电泳

醋酸纤维素膜电泳（cellulose acetate membrane electrophoresis）以醋酸纤维素膜为电

泳支持物。醋酸纤维素是纤维素的醋酸酯,由纤维素的羟基经乙酰化而成。目前,国内有醋酸纤维素膜商品出售,不同厂家的产品在乙酰化、厚度、孔径、网状结构等方面有所不同,可按需选择。

与纸电泳相比,醋酸纤维素膜电泳具有以下优点:

(1)醋酸纤维素膜极少吸附蛋白质样品,无"拖尾"现象,染色后背景能完全脱色,分辨率高。

(2)醋酸纤维素膜亲水性较滤纸小,薄膜中容纳的缓冲液较少,电渗作用小,电泳时大部分电流是由样品传导的,故分离速度快,一般只需45~60min,加上染色、脱色,整个电泳完成仅需90min左右。

(3)灵敏度高,样品用量少。血清电泳仅需2μL就能得到清晰的分离区带,一般蛋白质样品只需5μg即可得到清晰的分离区带。

(4)醋酸纤维素膜电泳染色后,经冰醋酸、乙醇混合液浸泡后可制成透明的干板,便于定量扫描和长期保存。

醋酸纤维素膜电泳操作简单、快速、价廉,广泛应用于血清蛋白、血红蛋白、脂蛋白、糖蛋白、脱氢酶、多肽、核酸及其他生物大分子的分离分析。

三、琼脂糖凝胶电泳

琼脂糖凝胶电泳(agarose gel electrophoresis)以琼脂糖为电泳支持物。琼脂(agar)是由琼脂胶和琼脂糖组成的复合物。琼脂胶是一种含有硫酸根和羟基的多糖,具有离子交换性质,这种性质会对电泳及凝胶过滤产生不良影响。琼脂糖(agarose)是以质地较纯的琼脂作为原料去除琼脂胶制成的,琼脂糖不含带电荷的基团,电渗影响很小,是一种较好的电泳材料,分离效果较好。

琼脂糖是直链多糖,由D-半乳糖和3,6-脱水-L-半乳糖残基交替排列组成(图7-1)。琼脂糖主要通过氢键形成凝胶。电泳时因凝胶含水量大(98%~99%),近似自由电泳,固体支持物的影响较小,故电泳速度快,区带整齐,电泳图谱清晰,分辨率高。

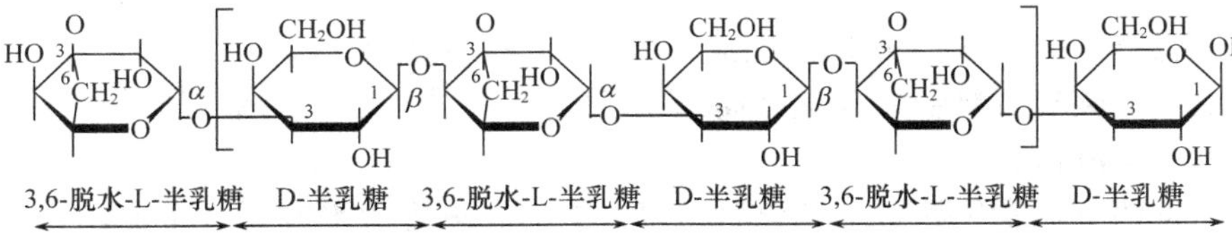

图7-1 琼脂糖的化学结构

琼脂糖凝胶可用作蛋白质和核酸的电泳支持介质,尤其适合于核酸的提纯和分析。由于琼脂糖凝胶的孔径相对于蛋白质分子较大,对蛋白质的阻碍作用较小,故适用于一些忽略蛋白质大小而只根据蛋白质天然电荷来进行分离的电泳技术,如免疫电泳、平板等电聚焦电泳等,常用于同工酶及其亚型的分离分析。

四、聚丙烯酰胺凝胶电泳

聚丙烯酰胺凝胶电泳(polyacrylamide gel electrophoresis,PAGE)是以聚丙烯酰胺

凝胶为支持物的电泳技术。聚丙烯酰胺凝胶是由单体（monomer）丙烯酰胺（acrylamide，Acr）和交联剂 N,N-亚甲基双丙烯酰胺（methylene-bisacrylamide，Bis）在加速剂和催化剂的作用下聚合交联而成三维网状结构的凝胶。自 1964 年 Davis R J 和 Ornstem L 用聚丙烯酰胺圆盘电泳分离血清蛋白后，又相继发展了聚丙烯酰胺垂直板电泳、聚丙烯酰胺梯度凝胶电泳、十二烷基硫酸钠-聚丙烯酰胺凝胶电泳、等电聚焦电泳及双向电泳等技术。

（一）凝胶的聚合原理

Acr 和 Bis 聚合所用的催化剂和加速剂的种类很多，目前常用的有两种催化体系。

1. APS-TEMED 体系　　该体系的催化剂是过硫酸铵 [ammonium persulfate，APS，$(NH_4)_2S_2O_8$]，加速剂是 N,N,N′,N′-四甲基乙二胺（N,N,N′,N′-tetramethyl ethylenediamine，TEMED）。TEMED 是一种脂肪族叔胺，其结构如下。

$$\begin{matrix} H_3C \\ \\ H_3C \end{matrix} \diagdown N(CH_2)_2N \diagup \begin{matrix} CH_3 \\ \\ CH_3 \end{matrix}$$

APS-TEMED 体系为化学聚合作用。APS 在 TEMED 的催化作用下产生硫酸根自由基，其氧原子激活 Acr 单体，形成单体长链，在交联剂 Bis 的作用下聚合成三维网状结构的凝胶，其反应过程如下。

（1）硫酸根自由基的生成：由 TEMED 催化。

$$S_2O_8^{2-} \longrightarrow 2SO_4^- \cdot$$
过硫酸　　　　硫酸自由基

（2）Acr 单体长链的生成：由硫酸根自由基的氧原子激活 Acr 单体生成。

$$SO_4^- \cdot + nCH_2{=}CH \rightarrow n\ {-}CH_2{-}CH \rightarrow n\ {-}CH_2{-}CH{-}CH_2{-}CH{-}CH_2{-}CH$$

Acr　　　　　　　　　　　　　　　Acr单体长链

（3）网状结构的形成：由 Bis 连接 Acr 单体长链（图 7-2）。

凝胶主链由碳-碳键连接，带不活泼酰胺基侧链，没有或很少带有离子侧链基团，故性能稳定，无电渗作用。

在碱性条件下，凝胶易聚合，其聚合速度与 APS 浓度的平方根成正比，一般在室温、pH8.8 条件下，7.5%丙烯酰胺溶液 30min 完成聚合作用；在酸性条件下，凝胶聚合慢，在 pH4.3 时聚合很慢，约需 90min 才能聚合。该方法聚合的凝胶孔径较小，常用于制备电泳的分离胶，且每次制备的重复性好。

2. 核黄素-TEMED 体系　　核黄素在 TEMED 及光照条件下，被还原成无色核黄素，后者再被氧化形成自由基，从而引发聚合作用。过量的氧会阻止聚合反应中链长的增加。该体系的优点是：核黄素用量少（4mg/100mL），不会引起酶的钝化或蛋白质生物活性的丧失；通过光照可以预定聚合时间。缺点是光聚合的凝胶孔径较大，且随时间的延长而逐渐变小，故凝胶的网状结构稳定性差。因此，该方法适于制备浓缩胶（大孔胶）。为了获得重复性好的凝胶，在制备时应确保每次光照的时间、强度保持一致。

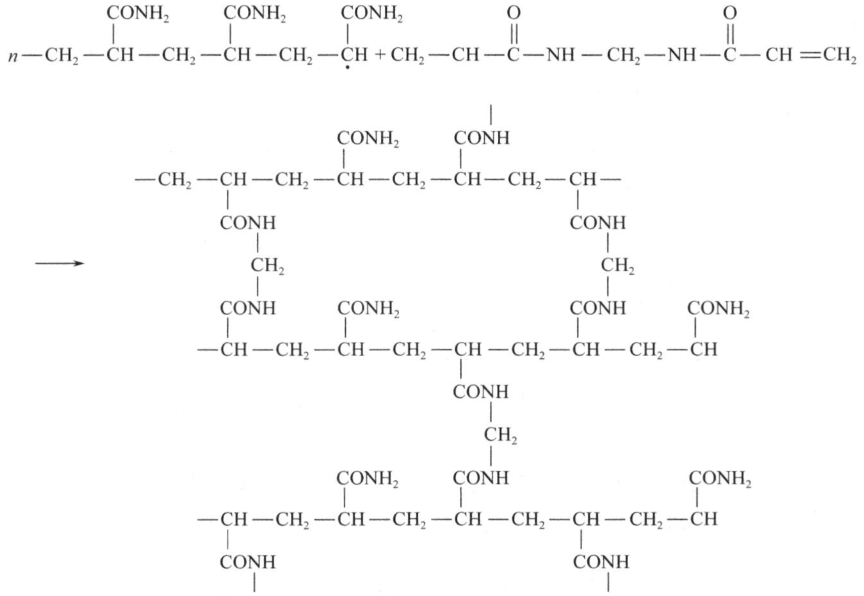

图 7-2　三维网状凝胶结构示意图

（二）凝胶孔径的可调性及其有关性质

1. 凝胶性能与总浓度及交联度的关系　　凝胶的孔径、机械性能、弹性、透明度、黏度和聚合程度取决于凝胶浓度和 Acr 与 Bis 之比。

$$T(\text{Acr和Bis总浓度})=\frac{a+b}{m}\times100\%$$

$$C(\text{交联剂百分比})=\frac{b}{a+b}\times100\%$$

式中，a 为 Acr 质量（g）；b 为 Bis 质量（g）；m 为缓冲液体积（mL）。

a/b（m/m）与凝胶的机械性能密切相关。当 $a/b<10$ 时，凝胶脆而易碎，坚硬呈乳白色；$a/b>100$ 时，即使 5% 的凝胶也呈糊状，易于断裂。要制备完全透明而又富有弹性的凝胶，a/b 的值应控制在 30 左右。

不同浓度的单体对凝胶性能影响很大。1965 年，Richard B J 等提出一个选择 C 和 T 的经验公式：

$$C=6.5-0.3T$$

此公式适用于 T 为 5%～20% 范围内的 C 值。其值可有 1% 的变化。在研究大分子核酸时，常用 T 为 2.4% 的大孔胶，并添加 0.5% 琼脂，避免凝胶太软而不宜操作。在 T 为 3% 时，可加入 20% 蔗糖，既增强机械性能，又不影响凝胶孔径的大小。

2. 凝胶浓度与孔径的关系　　T 与 C 不仅与凝胶的机械性能有关，还与凝胶孔径的大小密切相关。通常 T 值大，孔径小，移动颗粒穿过网孔阻力大；T 值小，孔径大，移动颗粒穿过网孔阻力小。此外，凝胶聚合时的孔径不仅与 Acr 有关，还与 Bis 用量有关（表 7-1）。

表 7-1　Bis 含量与不同凝胶浓度平均孔径的关系

$T/\%$	Bis 占 T 不同百分数时的平均孔径/nm			
	1%	5%	15%	25%
6.5	2.4	1.9	2.8	—
8.0	2.3	1.6	2.4	3.6
10.0	1.9	1.4	2.0	3.0
12.0	1.7	0.9	—	—
15.0	1.4	0.7	—	—

由此可见，当 Bis 占 T 5%时，无论 T 有多大，凝胶平均孔径最小，高于或低于 5%时孔径均增大。

3. 凝胶浓度与被分离物分子量的关系　　由于凝胶浓度不同，平均孔径不同，能通过可移动颗粒的分子量也不同，其大致范围如表 7-2 所示。

表 7-2　样品分子量范围与适宜的凝胶浓度的关系

分子量范围		适用的凝胶浓度
蛋白质	$<1\times10^4$	20%～30%
	$(1\sim4)\times10^4$	15%～20%
	$(1\sim5)\times10^4\sim1\times10^5$	10%～15%
	1×10^5	5%～10%
	$>5\times10^5$	2%～5%
核酸（RNA）	$<1\times10^4$	15%～20%
	$1\times10^4\sim1\times10^5$	5%～10%
	$1\times10^5\sim2\times10^6$	2%～2.6%

可根据被分离物的分子量大小选择所需凝胶的浓度范围，也可先选用 7.5%凝胶进行预实验（因为生物体内大多数蛋白质在此浓度电泳均可取得比较满意的结果），再根据分离效果调整至适宜的胶浓度。

（三）试剂纯度对凝胶聚合的影响

（1）Acr 及 Bis 的纯度：应选用分析纯的 Acr 及 Bis，两者均为白色结晶物质，λ_{280nm} 无紫外吸收。若试剂含有杂质，如丙烯酸、某些金属离子等，则凝胶聚合不均一，或聚合时间延长甚至不聚合。

自然光、超声波及 γ 射线均可引起 Acr 本身聚合或形成亚胺桥而交联，造成试剂失效。配制的 Acr 及 Bis 储存液的 pH 应为 4.9～5.2，当 pH 的改变大于 0.4pH 单位时则不能使用，因为在偏酸或偏碱的环境中，Acr 及 Bis 可不断水解生成丙烯酸和 NH_3，丙烯酸和 NH_4^+ 会导致 pH 改变，从而影响凝胶聚合。因此，配制的 Acr 及 Bis 储存液应置于棕色试剂瓶中，4℃储存，存放期不超过 2 个月。

（2）其他各种试剂的纯度：APS、核黄素、TEMED 均应选用分析纯的试剂。APS 为白色粉末，核黄素为黄色粉末，均应在干燥、避光的条件下保存，其水溶液应于棕色试剂瓶中 4℃储存。通常 APS 溶液仅能储存一周。TEMED 为淡黄色油状液体，原液应密封储存于 4℃。

（3）配制试剂应用去离子水，以防其他杂质的影响。

（四）聚丙烯酰胺凝胶电泳的分离原理

根据有无浓缩效应，聚丙烯酰胺凝胶电泳可以分为连续系统和不连续系统两类。根据聚合凝胶的形状，可以分为圆盘电泳和板状电泳。目前，实验室大多采用不连续的垂直板状聚丙烯酰胺凝胶电泳。

该电泳体系由于采用的凝胶浓度不同，缓冲液离子成分、pH 不同以及电场强度的不连续性，带电颗粒在电场中的泳动不仅受电荷效应、分子筛效应的影响，还有样品浓缩效应的影响，分离条带更清晰，分辨率更高。例如，人血清蛋白用纸电泳只能分离出 5～7 个组分，而在这种不连续的聚丙烯酰胺凝胶电泳系统中可分离出几十个清晰的组分。

常用的垂直板状聚丙烯酰胺凝胶电泳以夹在两玻璃板间隙的不同浓度的凝胶为支持物，凝胶的上下分别接通电泳仪的负极和正极，电泳槽中加入足量的 pH8.3 Tris-甘氨酸电极缓冲液，接通电源即可进行电泳。

1. 样品的浓缩效应

（1）凝胶孔径的不连续性：浓缩胶为大孔胶，分离胶为小孔胶。在电场中，蛋白质颗粒在浓缩胶中遇到的阻力小，移动速度快，当进入分离胶时，泳动突然受到较大的阻力，移动速度减慢。在两层凝胶的交界处，由于凝胶孔径的不连续性，样品受阻而压缩成很窄的区带。

（2）缓冲体系的离子成分及 pH 的不连续性：在两种凝胶中均有 Tris 和 HCl。Tris 的作用是维持溶液的 pH，是缓冲配对离子。HCl 在任何 pH 的溶液中均易解离出 Cl^-，在电场中迁移最快，称为前导离子（leading ion）或快离子。在电极缓冲液中，除有 Tris 外，还有 Gly，其 pI 为 6.0，在浓缩胶 pH6.7 缓冲体系中，Gly 的解离度最小，仅为 0.1%～1.0%，因而在电场中迁移很慢，称为尾随离子（trailing ion）或慢离子。血清样品中，大多数蛋白质 pI 为 5.0 左右，在 pH6.7 缓冲体系中均带负电荷，在电场中都向正极移动，其有效迁移率（有效迁移率以 $m\alpha$ 表示，m 为迁移率，α 为解离度）介于快离子和慢离子之间，于是蛋白质样品就在快离子、慢离子形成的界面处被浓缩成为极窄的区带。它们在浓缩胶中的有效迁移率排列顺序为：$m\alpha_{Cl^-} > m\alpha_{蛋白质} > m\alpha_{Gly}$。当进入 pH8.9 的分离胶时，Gly 的解离度增加，解离出的 $NH_2CH_2COO^-$ 增多，其有效迁移率超过蛋白质，因此，Cl^- 及 $NH_2CH_2COO^-$ 沿着离子界面继续前进，蛋白质分子由于分子量大，被留在后面，再根据分子筛作用分成多个区带。由于浓缩胶与分离胶之间 pH 的不连续性，控制了 Gly 慢离子的解离度，进而控制其有效迁移率。在浓缩胶中，慢离子较所有待分离样品的有效迁移率低，使样品夹在快、慢离子之间而被浓缩。进入分离胶后，慢离子的有效迁移率增大，使样品不再受离子界面的影响，从而得以分离。

（3）电场强度的不连续性：电场强度的高低与电泳速度的快慢有关，因为电泳速度（v）等于电场强度（E）与迁移率（m）的乘积（$v=Em$）。迁移率低的离子，在高电场强度中，可以具有与高迁移率而处于低电场强度的离子相似的速度，即 $E_{高} \times m_{低} \approx E_{低} \times m_{高}$。在不连续系统中，电场强度的差异是自动形成的。电泳开始后，由于快离子的迁移率最大，它会很快超过蛋白质，因此，在快离子后面形成一个低电导区。由于 $E=J/\sigma$（其中 E 为电场强度，J 为电流密度，σ 为电导率），E 与 σ 成反比，所以低电导区就有了高电场强度。这就使得蛋白质和慢离子在快离子后面加速移动。当快离子、慢离子和蛋白质的迁移率与电场强度的乘积彼此相等时，则 3 种离子的移动速度相同。当快离子和慢离子的移动速度相等的稳定状态建立之后，两者之间就形成一个稳定而不断向正极移动的界面。由于蛋白质的有效迁移率恰好在快、慢离子之间，因此，就聚集在这个移动的界面附近，被浓缩形成一个狭小的中间层。

2. 分子筛效应　　分子量不同或分子大小、形状不同的蛋白质通过一定孔径的分离胶时，因受阻滞的程度不同而表现出不同的迁移率，这就是分子筛效应。

经浓缩效应后，快离子、慢离子及蛋白质均进入 pH8.9 的同一孔径的分离胶中。在均一的电场强度下，由于 Gly 的解离度增加，加之其分子量小，所以有效迁移率增加，赶上并超过各种蛋白质组分。而各蛋白质组分的泳动与其分子量、分子形状密切相关，分子量小且为球形的蛋白质分子所受阻力小，移动快，走在前面；反之，移动慢，走在后面。

3. 电荷效应　　蛋白质样品进入 pH8.9 的分离胶后，各组分所带净电荷不同，迁移率不同。表面电荷多，则迁移快；反之，则迁移慢。蛋白质样品电泳前后在凝胶中的分布见图 7-3。

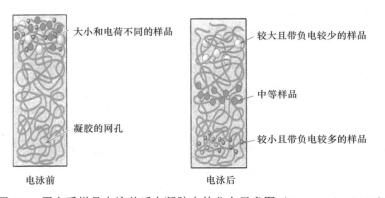

图 7-3　蛋白质样品电泳前后在凝胶中的分布示意图（Berg et al.，2019）

（五）聚丙烯酰胺凝胶电泳的特点

与其他凝胶电泳相比，聚丙烯酰胺凝胶电泳具有以下优点。①在一定浓度时，凝胶透明，有弹性，机械性能好。②化学性能稳定，与被分离物不起化学反应。③对 pH 和温度变化不敏感。④几乎无电渗作用。只要 Acr 纯度高，操作条件一致，则样品分离重复性好。⑤样品不易扩散，且用量小，其灵敏度可达 10^{-6}g。⑥凝胶孔径可调节。根据被分离物的分子量选择合适的凝胶浓度，通过改变单体及交联剂的浓度调节凝胶的孔径。⑦分辨率高，尤其在不连续凝胶电泳中，集浓缩效应、分子筛效应和电荷效应为一体，因而较醋酸纤维素膜电泳、琼脂糖凝胶电泳等有更高的分辨率。

因此，聚丙烯酰胺凝胶电泳应用范围广，可用于蛋白质（如血清蛋白、脂蛋白）、酶、核酸等生物分子的分离、定性、定量、极少量的制备，还可测定分子量、等电点等。目前已广泛应用于生命科学、农业、医药及临床诊断等领域。

（六）SDS-聚丙烯酰胺凝胶电泳

在聚丙烯酰胺凝胶电泳系统中，加入一定量的十二烷基硫酸钠（sodium dodecylsulfate，SDS）和β-巯基乙醇（β-mercapto-ethanol），此时带电颗粒的电泳迁移率主要取决于其分子量，而与所带净电荷和分子形状无关，这种电泳称为 SDS-聚丙烯酰胺凝胶电泳（SDS-PAGE）。

按照凝胶电泳系统中的缓冲液、pH 和凝胶孔径的差异，SDS-PAGE 可分为 SDS-连续系统电泳和 SDS-不连续系统电泳；按照所制成的凝胶形状和电泳方式，SDS-PAGE 可分为 SDS-PAGE 垂直柱型电泳和 SDS-PAGE 垂直板型电泳。无论哪种电泳方式，其基本原理相同，操作方法相似。现多采用 SDS-PAGE 不连续垂直板型电泳测定蛋白质的分子量。

SDS 是一种阴离子去污剂，在水溶液中，它以单体和分子团的混合形式存在，能破坏蛋白质分子中的氢键和疏水相互作用，使蛋白质变性而改变原有的空间构象。β-巯基乙醇是一种强还原剂，可使蛋白质分子中的二硫键还原，使蛋白质分子解聚成单个亚单位。在 SDS 和 β-巯基乙醇存在时，单体蛋白质或蛋白质亚基多肽链处于伸展状态。SDS 以其疏水烃链与蛋白质分子暴露的疏水侧链结合成复合体。在一定条件下，SDS 与大多数蛋白质的结合比为 1.4g SDS：1g 蛋白质，相当于每两个氨基酸残基结合一个 SDS 分子。

SDS 与蛋白质结合产生两个结果：①SDS 带有大量的负电荷，与蛋白质结合后使多肽链覆盖上相同密度的负电荷，该荷电量远远超过蛋白质分子原有的荷电量，因而掩盖了不同蛋白质分子之间原有的电荷差别，结果所有的 SDS-蛋白质复合体电泳时以相同的电荷/质量（荷质比）向正极移动；②SDS 改变了蛋白质单体分子的构象（图 7-4），一般认为 SDS-蛋白质复合体在水溶液中的形状是近似雪茄烟的长椭圆棒状，不同 SDS-蛋白质复合体的短轴长度都是一样的，即直径相同，约 1.8nm，而长轴长度则随着蛋白质的分子量大小成正比例变化。

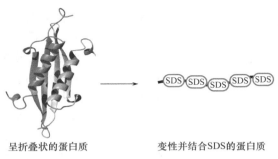

呈折叠状的蛋白质　　　　　　变性并结合SDS的蛋白质

图 7-4　蛋白质与 SDS 结合前后的构象改变

不同蛋白质的 SDS-蛋白质复合体具有几乎相同的荷质比，并具有相同的构象，它们的净电荷量与摩擦系数之比都接近一个定值（具有相近的迁移率），即不受蛋白质原有的电荷、分子形状等因素的影响，所以，在 SDS-PAGE 中，蛋白质的迁移率只与蛋白质的分子量有关。相对迁移率等于条带迁移距离除以指示剂迁移距离（图 7-5）。

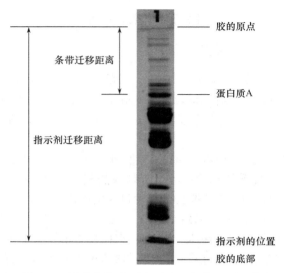

图 7-5 凝胶电泳中蛋白质分子的相对迁移率

当蛋白质的分子质量为 15 000～200 000Da 时，电泳迁移率与分子量的对数呈线性关系，符合下列方程式。

$$lgM_r = -b \times m_R + K$$

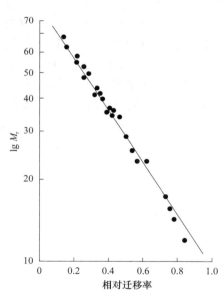

图 7-6 标准蛋白质的分子量对数与相对迁移率关系图（Berg et al., 2019）

式中，M_r 为蛋白质的分子量；m_R 为相对迁移率；b 为斜率；K 为截距。在条件一定时，b 和 K 均为常数。

将一组已知分子量的标准蛋白质（Marker）的相对迁移率对其分子量的对数作图，可根据各散点拟合出直线方程，即标准曲线。将待测蛋白质在相同条件下电泳，根据其相对迁移率即可计算出待测蛋白质的分子量的对数，进而获知其分子量（图 7-6）。由于影响蛋白质迁移率的因素很多，在制胶和电泳过程中，很难将每次的各项条件控制得完全一致，因此，必须将待测蛋白质和标准蛋白质在同一块胶上进行电泳。

采用 SDS-PAGE 测定蛋白质的分子质量具有简便、快速、重复性好、用样量少（微克）的优点，且不需要昂贵的仪器设备。在 15 000～200 000Da 的分子质量范围内，该法测得的结果与用其他方法测得的结果相比误差一般不超过 10%。

凝胶的浓度应根据待测物的分子质量选择。通常，5%凝胶适合分离 25 000～200 000Da 的蛋白质，10%凝胶适合分离 10 000～70 000Da 的蛋白质，15%凝胶适合分离 10 000～50 000Da 的蛋白质。目前有低、中、高分子质量标准蛋白质 Marker 可供选择，每一种 Marker 含有数种分子质量不同的蛋白质，其相对迁移率在 0.2～0.8 之间均匀分布。

许多蛋白质是多亚基的，在 SDS 和 β-巯基乙醇作用下，解离成多个亚基，SDS-PAGE 测定的只是每个亚基的分子量，而不是完整蛋白质的分子量。为了得到待测蛋白质更全面的信息，还需用其他方法（如分子筛层析、梯度凝胶电泳）进行测定，与 SDS-PAGE 结果相互验证。

SDS-PAGE 并不能准确测定所有蛋白质的分子量，该法不能准确测定某些电荷异常或构象异常的蛋白质、带有较大辅基的蛋白质如糖蛋白及一些结构蛋白等的分子量。

（七）聚丙烯酰胺凝胶等电聚焦电泳

等电聚焦电泳（isoelectric focusing electrophoresis，IEF）是利用一种特殊的缓冲液（两性电解质）在电泳介质内形成一个 pH 梯度，电泳时待分离的两性分子在这种 pH 梯度中迁移，最终聚集于与其等电点相同的区域，形成一个很窄的区带。

$$P \overset{NH_3^+}{\underset{COOH}{\diagup\diagdown}} \longleftrightarrow P \overset{NH_3^+}{\underset{COO^-}{\diagup\diagdown}} \longleftrightarrow P \overset{NH_2}{\underset{COO^-}{\diagup\diagdown}}$$

$$pH < pI \qquad pH = pI \qquad pH > pI$$

蛋白质分子是典型的两性电解质分子，在大于其等电点的 pH 环境中解离成带负电荷的离子，在小于其等电点的 pH 环境中解离成带正电荷的离子。

在电场中，荷电的蛋白质分子分别向与其荷电性相反的方向泳动，当处在等于其等电点的 pH 环境中，即蛋白质所带的净电荷为零时这种泳动即停止。如果在一个有 pH 梯度的环境中，对各种不同等电点的蛋白质混合样品进行电泳，不管这些蛋白质分子的原始分布如何，在电场作用下，各种蛋白质分子将按照它们各自的等电点大小在 pH 梯度中相对应的位置处进行聚焦，经过一定时间的电泳以后，不同等电点的蛋白质分子便分别聚焦于不同的位置，呈现白色沉淀线（图 7-7）。电泳时间越长，蛋白质聚焦的区带越集中、越狭窄。因此等电聚焦电泳不仅可以测定等电点，而且能对不同等电点的生物大分子混合物进行分离和鉴定。

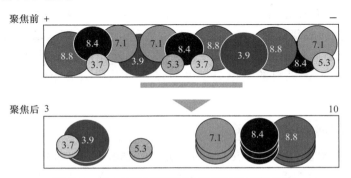

图 7-7　蛋白质样品聚焦前后在凝胶中的分布

等电聚焦电泳可以分辨等电点只相差 0.001pH 单位的生物分子。由于分辨率高，重复性好，样品容量大，操作简便迅速，其在生物化学、分子生物学及临床医学研究中得到广泛的应用，特别适用于分子量相近或相同而等电点不同的生物大分子的分离。

（八）聚丙烯酰胺凝胶双向电泳

双向电泳（two-dimensional electrophoresis，2D-PAGE）又称二维电泳或 2D 电泳，于 1975 年由 O'Farrel P H 和 Klose J 发明。双向电泳由第一向聚丙烯酰胺凝胶等电聚焦电泳（IEF-PAGE）和第二向 SDS-聚丙烯酰胺凝胶电泳（SDS-PAGE）组成。第一向 IEF-PAGE 利用等点聚焦的方法使等电点不同的蛋白质得以分离，再将第一向电泳的凝胶转移到 SDS-PAGE 平板的顶部，进行第二向 SDS-PAGE，这一次按照蛋白质的分子量大小来分离。两向结合即可得到高分辨率的蛋白质电泳图谱。

聚丙烯酰胺凝胶双向电泳具有其他类型电泳无法比拟的高分辨率，已发展为生命科学研究领域的一项常用实验技术，广泛应用于蛋白质、核酸酶解片段及核糖体蛋白质的分离和精细分析，是蛋白质组学研究领域最有效的一种电泳技术。ExPASy（http://expasy.hcuge.ch/）已建立了双向电泳数据库，该数据库含有多种类型的细胞和组织的蛋白质双向电泳图谱。

第三节　电泳常用的染色方法

经滤纸、醋酸纤维素膜、琼脂糖凝胶和聚丙烯酰胺凝胶电泳分离的各种生物分子需用染色法使其在支持物相应位置上显示出谱带，从而检测其纯度、含量及生物活性等。不同的生物分子所使用的染色方法不同，现分述如下。

一、蛋白质染色

蛋白质染色液种类很多，其染色原理不同，灵敏度各异，使用时可根据需要加以选择。常用的染料如下。

（一）氨基黑 10B

氨基黑 10B（amino black 10B）或称萘黑 10B，分子式为 $C_{22}H_{14}O_9N_6S_2Na_2$，分子质量为 616.5Da，$\lambda_{max}$ 为 616～620nm，是含有 2 个磺酸基团的酸性染料。其磺酸基与蛋白质的碱性基团反应形成复合盐。氨基黑 10B 染色不同蛋白质时，着色度不等、色调不均一，导致蛋白质定量时的误差增大，需要对各种蛋白质作出蛋白质-染料量标准曲线后进行蛋白质定量。由于该染料的染色灵敏度较低，目前已被灵敏度更高的考马斯亮蓝所替代。

（二）考马斯亮蓝 R-250

考马斯亮蓝 R-250（Coomassie brilliant blue R-250，CBB R-250）是三苯基甲烷衍生物，分子式为 $C_{45}H_{44}O_7N_3S_2Na$，分子量为 826.0，λ_{max} 为 560～590nm，染色灵敏度比氨基黑高 5 倍。该染料通过范德瓦耳斯力与蛋白质的碱性基团相结合，在蛋白质浓度为 15～25μg/mL 范围内，染料的结合量与蛋白质含量呈线性关系。当蛋白质浓度过高时其染色不符合 Beer 定律，做定量分析时应注意此点。

（三）考马斯亮蓝 G-250

考马斯亮蓝 G-250（CBB G-250），又名二甲花青亮蓝（xylene brilliant cyanin G），分子式为 $C_{47}H_{48}N_3NaO_7S_2$，比 CBB R-250 多两个甲基。分子量为 854.0，λ_{max} 为 590～610nm。染色灵敏度比氨基黑高 3 倍，但不如 CBB R-250。该染料的优点是在三氯乙酸中不溶而成胶体，能特异性使蛋白质着色而几乎无本底色，故常用于需要重复性好和稳定性强的染色，适于做定量分析。

（四）荧光染料

（1）丹磺酰氯（2,5-二甲氨基萘磺酰氯，dansyl chloride，DNS-Cl）：在碱性条件下与氨基酸、肽、蛋白质的末端氨基发生反应，使它们获得荧光性质，可在波长 320nm 或 280nm 的紫外灯下观察染色后的各区带或斑点。蛋白质与肽经丹磺酰化不影响电泳迁移率，因此，少量丹磺酰化的样品还可用作无色蛋白质分离的标记物。而且，丹磺酰化不阻止蛋白质的水解，分离后从凝胶上洗脱下来的丹磺酰化的蛋白质仍可进行肽的分析，不受蛋白酶干扰。

（2）荧光胺（fluorescamine）：其作用与丹磺酰氯相似。由于自身及分解产物均不显示荧光，因此，染色后没有荧光背景。检测灵敏度高，可检测出 1ng 的蛋白质。

（五）银染色法

1979 年 Switzer R C 和 Merril C R 首先提出了染色灵敏度比 CBB R-250 高两个数量级的银染色法。该方法经不断改进，可检测低至 10^{-15}g（飞克，femtogram）的蛋白质。银染的机制是将蛋白质带上的硝酸银（银离子）还原成金属银，以使银颗粒沉积在蛋白质带上。用银染蛋白质的吸光度对其浓度作图呈现不同的斜率，表明染色的程度与蛋白质中的一些特殊基团有关，但银染的详细机制尚不清楚。

目前，银染色法有化学显色和光显色两大类。化学显色分为双胺银染法和非双胺银染法。双胺银染法是用氢氧化铵形成银-双胺复合物。将电泳后固定的凝胶浸泡于此溶液中，并通过酸化（通常用柠檬酸）使其显色，现在被广泛使用。非双胺银染法是将电泳后固定的凝胶浸泡于酸性的硝酸银溶液中，当蛋白质与硝酸银作用后，在碱性条件下，用甲醛将银离子还原为金属银而得以显色。通常用柠檬酸或乙酸终止显色。若用碳酸钠处理凝胶则可增加染色的强度。

光显色是利用光能在酸性条件下将银离子还原成金属银使蛋白质带显色。光显色法的优势为固定后的凝胶只需使用单一的染色液即可显色，而不像化学染色法至少需要两种溶液。

二、糖蛋白染色

糖蛋白可以通过蛋白质或糖的染色来检测。上述的蛋白质染色法均适用于电泳后糖蛋白的检测。此外，还有一些与糖的部分反应的染色方法。过碘酸-Schiff 试剂（periodic acid-Schiff's reagent）染色法（简称 PAS 染色法）是较为常用的一种方法。该方法先用过碘酸氧化糖蛋白的糖基，然后用 Schiff 试剂染色。经改良的 PAS 染色法，检测灵敏度可达 40ng 糖蛋白。

外源凝集素和糖的专一相互作用是检测糖蛋白的一种温和方法。该方法使用异硫氰酸荧光素（fluorescein isothiocyanate，FITC）标记外源凝集素。电泳后的凝胶在约 pH7.0 的含 FITC-外源凝集素的缓冲液中于室温浸染 12h，再用相同的缓冲液脱色。在 4℃，一个月内均可在紫外灯下观察到荧光蛋白，灵敏度约为 100ng 糖蛋白。

三、核酸染色

核酸染色通常先将凝胶用三氯乙酸、甲酸-乙酸混合液、氯化汞、乙酸等固定，再用染料染色；或将相关染料与上述溶液混合在一起，同时固定与染色。

溴化乙锭（ethidium bromide，EB），化学名称为溴化-3,8-二氨基-5-乙基-6 苯基菲啶嗡，是一种高度灵敏的荧光染色剂，可用于观察琼脂糖凝胶电泳中的 RNA、DNA 带。EB 能插入核酸分子中的碱基对之间与核酸结合。超螺旋 DNA 与 EB 的结合能力小于双链闭环 DNA，而双链闭环 DNA 与 EB 的结合能力又小于线状 DNA。DNA 吸收 254nm 处的紫外线并传递至 EB，而结合的 EB 本身在 302nm 和 366nm 也有光吸收，两者均可在可见光谱红橙区以 590nm 波长发射出来。EB 染色后可以使用紫外分析灯在 253nm 下观察荧光。

EB 染色操作简便、快速。凝胶可用 0.5～1μg/mL 的 EB 染色，染色时长取决于凝胶浓度的高低，低于 1%琼脂糖的凝胶，染色 15min 即可。凝胶上多余的 EB 染料不干扰在紫外灯下检测荧光。若将染料直接加到核酸样品中进行电泳，可以随时用紫外灯追踪样品的迁移情况。EB 染料灵敏度高，对 10ng RNA、DNA 均可呈橙红色荧光。因具有以上优点，EB 染料被广泛应用于核酸的检测。

需特别注意的是，EB 是一种强烈的诱变剂，操作时应注意防护，务必戴聚乙烯手套，观察时应戴上防护面罩或防护眼镜。

第八章　蛋白质印迹技术

蛋白质印迹（Western blotting）又称免疫印迹，是利用 SDS-聚丙烯酰胺凝胶电泳（SDS-PAGE）将样品中分子质量大小不同的蛋白质分开，然后通过电转移的方法将凝胶中的蛋白质转移到固相膜上，再利用抗原抗体的特异性结合反应，特殊的抗体标记技术以及相应的检测方法，对目的蛋白进行定性、相对定量检测的技术。由于蛋白质印迹技术具有 SDS-PAGE 的高分辨率和固相免疫测定的高特异性和敏感性，现已成为蛋白质分析的一种常规技术。

蛋白质印迹常用于检测目的蛋白的有无、不同细胞或组织中的表达量差异、鉴定某种蛋白质，以及对蛋白质进行定性和半定量分析。

蛋白质印迹实验一般包括 4 个步骤（图 8-1）。

（1）蛋白质在固相基质上固定化，一般从聚丙烯酰胺凝胶转移到固相基质上。

（2）用非特异性、非反应活性分子封闭固相基质上未吸附蛋白质的区域。

（3）免疫杂交，即利用抗原抗体特异性反应检出固相基质上的目的蛋白。

（4）显色分析。

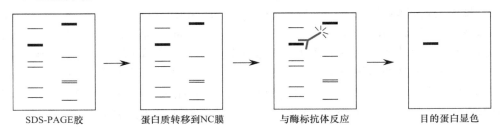

SDS-PAGE胶　　　蛋白质转移到NC膜　　　与酶标抗体反应　　　目的蛋白显色

图 8-1　蛋白质印迹的基本步骤

一、几种印迹方法介绍

蛋白质印迹有 4 种基本方法：斑点印迹、扩散印迹、溶剂流印迹（毛细管印迹）和电泳印迹。

1. 斑点印迹　　斑点印迹（dot blotting）通常用微量移液器把小体积（＜2μL）的样品溶液直接加在固相膜上。斑点印迹可用于摸索新的印迹条件或测定蛋白质浓度。

2. 扩散印迹　　扩散印迹（diffusion blotting）是将凝胶放在两张固相膜之间，浸在缓冲液中，使分子自由扩散，分子扩散是多向的，扩散 2～3d，便得到两张镜像对称的转移谱。由于扩散与温度正相关，此技术又称为"温度印迹"。扩散印迹方法适合于大孔凝胶。该方法简便，但耗时长，且分辨率较低。

3. 溶剂流印迹　　溶剂流印迹（solvent flow blotting）由 DNA 转移的毛细管印迹发展而来，适于低分子量蛋白质和大孔凝胶。凝胶与固相膜靠近，膜上加一叠滤纸，滤纸上面加 1～2kg 重的玻璃板，缓冲液借助毛细管流从贮液腔中通过凝胶和固相膜，带动凝胶中的蛋白质垂直向上运动而滞留在膜上。

4. 电泳印迹　　电泳印迹（electrophoretic blotting）又称电泳转移，是目前广泛使用的印迹方法，由 Towbin 等于 1979 年提出。该方法通过电场将凝胶中的蛋白质转移到膜上，转移速度快，转移效率高，转移条件容易控制，重复性好，并可保持凝胶的分辨率。其转移效率取决于分离蛋白质的凝胶系统和蛋白质的分子量。

二、固定化膜的选择

用于固定蛋白质的固相基质通常称为固定化膜（immobilizing membrane）。固定化膜应具有如下性质：膜能与目的蛋白分子相结合；蛋白质固定于膜之后，对随后的检测无影响；膜应准确反应电泳分离的结果。现在常用的固定化膜有硝酸纤维素膜、尼龙膜、聚偏二氟乙烯膜等。

1. 硝酸纤维素膜　　硝酸纤维素膜（nitrocellulose membrane，NC 膜）是蛋白质印迹实验最常用的固相支持物。在低离子强度转移缓冲液的环境下，大多数带负电荷的蛋白质会与 NC 膜发生疏水相互作用而结合在一起，易于封闭，因而得到了广泛的应用。

2. 尼龙膜　　尼龙膜（nylon membrane）软且结实，比硝酸纤维素膜容易操作，也能用于蛋白质和核酸的转移。尼龙膜的灵敏度高，结合蛋白质的能力强，蛋白质结合量达 $480\mu g$ 蛋白质/cm^2。缺点是背景深，不能用阴离子染料在带正电的尼龙膜上做专一性染色。带正电的尼龙膜能有效地结合低浓度的小分子蛋白质、酸性蛋白质、糖蛋白和蛋白多糖。

3. 聚偏二氟乙烯膜　　聚偏二氟乙烯（polyvinylidenefluoride，PVDF）膜可以结合蛋白质，结合强度比 NC 膜高 6 倍。因为 NC 膜在 Edman 试剂中会降解，而 PVDF 膜稳定、耐腐蚀，因此转移到 PVDF 膜上的多肽可以直接进行氨基酸序列分析。与 NC 膜相比，PVDF 膜有很高的机械强度，操作方便，化学稳定性好，适用于各种溶剂配制的样品，特别适合于糖蛋白的转移、检测和蛋白质测序。PVDF 膜在使用之前必须先用 100% 甲醇浸润 5s，再用去离子水浸泡。PVDF 膜与 NC 膜性状对比见表 8-1。

表 8-1　PVDF 膜与 NC 膜比较

PVDF 膜	NC 膜	PVDF 膜	NC 膜
机械强度高，质地柔韧，易于保存	脆而易碎	需要甲醇等溶液浸泡预湿活化	不需要预湿处理
蛋白质结合能力相对较高	蛋白质结合能力相对较低	价格较高	价格较低
可用于多次剥离和杂交	不利于多次剥离和杂交		

选到合适材质的膜之后，还需要根据待测蛋白质的分子质量大小，选择合适的膜孔径。Western blotting 转移膜通常有 $0.2\mu m$ 和 $0.45\mu m$ 两种规格，膜孔径越小，膜对低分子质量蛋白质的结合越牢固，$0.2\mu m$ 的膜特别适合小于 20kDa 的蛋白质，推荐用于低丰度蛋白质检测。$0.45\mu m$ 的膜更加常用，适合分子质量大于 20kDa 的蛋白质。若待检测蛋白质分子质量小于 7kDa，可选择孔径为 $0.1\mu m$ 的膜。

三、样品制备

1. 裂解液的选择　　根据目的蛋白提取的难易度选择合适的裂解液，确保目的蛋白能被顺利溶解出来（表 8-2）。

表 8-2　不同位置的蛋白质裂解方法

蛋白质定位	推荐的裂解液	蛋白质定位	推荐的裂解液
全细胞	NP-40 或者 RIPA	细胞核	RIPA 或者使用标准的细胞核组分方法
可溶性的细胞质	Tris-HCl	线粒体	RIPA 或者使用标准的线粒体组分方法
膜结合	NP-40 或者 RIPA		

注：RIPA（radio-immunoprecipitation assay）裂解液是一种常用的裂解液，适用于细胞和组织样本的裂解。其主要包括，溶液 A，含盐类、缓冲剂、EDTA 和吐温-20 等；溶液 B，含 SDS、甘油和 Tris-HCl 缓冲液等。

NP-40（nonidet P-40）裂解液是一种温和的裂解液，适用于细胞膜的裂解

2．如何防止蛋白质降解　　不同细胞一般会含有多种不同种类的蛋白酶，在裂解细胞抽提蛋白质的过程中，这些蛋白酶也会被一起释放出来，混入蛋白质样品中，对蛋白质样品造成降解。

动物组织：丝氨酸蛋白酶、半胱氨酸蛋白酶及金属蛋白酶，有些也会混有天冬氨酸蛋白酶。

植物组织：大量的丝氨酸蛋白酶及半胱氨酸蛋白酶。

细菌：丝氨酸蛋白酶及金属蛋白酶等。

注意：样本裂解过程同时加入适量蛋白酶抑制剂来减少蛋白酶的水解作用，磷酸化蛋白的提取还需要加入蛋白磷酸酶抑制剂。

3．蛋白质定量　　选择合适的蛋白质定量方法，确保各样品中的蛋白质上样量均等，常见的蛋白质定量方法见表 8-3。

表 8-3　4 种蛋白质定量方法比较

方法	吸收波长	原理	灵敏度	时间	优点	缺点
分光光度法	280nm	酪氨酸和色氨酸吸收光	50～100μg	5～10min	样本最小、快速、成本低	不兼容去污剂和变性剂
BCA 法	562nm	铜还原	1～10μg	10～20min	兼容去污剂和变性剂	不兼容还原剂
Braford 法	595nm	考马斯亮蓝与蛋白质形成复合物	1～5μg	5～15min	兼容还原剂	低兼容去污剂，如 SDS
Lorry 法	750nm	蛋白质还原铜离子	5～100μg	40～60min	高灵敏度和准确性	不兼容去污剂和还原剂，时间长

四、电泳转移

电泳转移包括 SDS-PAGE 和转移两部分。

转移是将电泳后分离的蛋白质从凝胶中转移到固相载体上的过程。转移方式主要有湿转和半干转两种。它们原理相同，只是用于固定胶/膜叠层及施加电场的仪器不同（表 8-4）。在 Western blotting 实验中，常用的是湿转。

表 8-4　两种转移系统对比

湿转移系统	半干转移系统
小分子、大分子蛋白质均可轻松转移	适合转移小分子蛋白质
转移时间一般较长	转移时间一般较短
主要靠虹吸作用	主要靠电压电流

　　湿转是一种传统方法，将转移槽的负极板（黑色）朝下，依次叠放转移缓冲液浸泡过的海绵、滤纸、凝胶、膜、滤纸、海绵（图 8-2），各层接触后均用玻璃棒赶出其间的气泡，正极板朝上，合上转移槽的正负极板。务必使凝胶一侧面向负极，膜一侧面向正极，以保证带负电的蛋白质向正极转移到膜上，将叠放好的胶/膜三明治放入转移电泳槽的缓冲液内，在 4℃冰箱中进行转移电泳。经过电泳转移之后，蛋白质样品固定于膜上。该法花费时间长，需要大量缓冲液，湿转一般在恒压下进行。

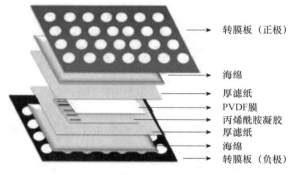

　　→ 转膜板（正极）
　　→ 海绵
　　→ 厚滤纸
　　→ PVDF膜
　　→ 丙烯酰胺凝胶
　　→ 厚滤纸
　　→ 海绵
　　→ 转膜板（负极）

彩图

图 8-2　转移"三明治"叠放示意图

　　半干式转移是用浸透缓冲液的多层滤纸代替缓冲液的转移方式，所加电场强度大，可以转移大小不同的蛋白质，尤其适应于 2-D 胶的转移。该法转移速度快，缓冲液用量少，一般在恒流下进行，转移过程中电压逐渐升高。

五、封闭

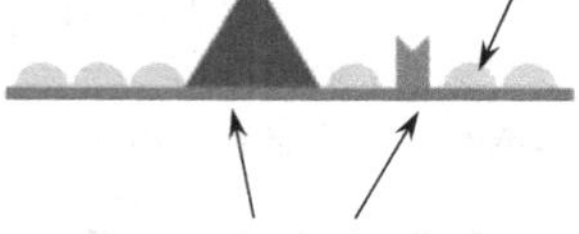

BSA封闭膜上自由区

转移到膜上的蛋白质

图 8-3　封闭示意图

　　蛋白质从凝胶转移到膜上之后，为了减少探针的非专一性结合，需要封闭（block）膜上的自由结合区，将膜在封闭液中孵育，封闭液用来遮盖膜上所有暴露位点（图 8-3），如未经封闭，这些暴露位点将会与抗体结合，在膜上产生高背景。通常将膜放在如下溶液系统中：0.5%～5%牛血清白蛋白（BSA）溶液、0.05%～0.3%去污剂溶液和 1%～3%脱脂奶粉溶液。最常用也是效果最好的封闭液是 3%牛血清白蛋白溶液，几乎所有蛋白质转移后的膜都可用牛血清白蛋白溶液封闭，而磷酸化蛋白转移后的膜不能用脱脂奶粉溶液封闭。

六、探针杂交

　　很多蛋白质和配体可作为探针以标记转移到膜上能与之特异性结合的蛋白质，如外源凝集素能检测糖蛋白上的糖结构信息，配体能用于探测它们相应的受体，核酸能检测相应的结合蛋白，抗体能检测抗原等。在蛋白质印迹实验中，探针通常是待测蛋白质抗原的单克隆抗体或多克隆抗体。探针结合时所用缓冲液应适合目的蛋白与探针的专一性结合，同时使非专一性结合降低到最小程度。

（一）杂交

待测蛋白质转移到固相膜，经过封闭之后，即可用专一的抗体孵育，称为杂交（图 8-4）。杂交所用抗体是以待测蛋白质（或蛋白标签）为抗原免疫动物（小鼠或兔等）获得的抗体，称为第一抗体（一抗）。漂洗除去多余的一抗后，再用第二抗体孵育。第二抗体通常是高度纯化，并用放射性同位素或金属胶体或酶进行标记的，称为标记二抗，可从试剂公司购买。购买时切记，若以免疫小鼠制备一抗，则二抗需是抗鼠抗体，若以免疫兔制备一抗，则二抗需是抗兔抗体。

图 8-4　探针（抗体）杂交示意图

（二）抗体的标记

天然的抗体本身均不带任何标记，抗原和抗体的反应结果无法显示，因此，必须对抗体进行相应的标记，以指示抗原抗体的特异性反应。采用生物化学方法将蛋白质（抗原或抗体）与酶蛋白、铁蛋白、荧光素、化学发光物质、生物素、同位素等结合成稳定且有特殊效应的显示复合物，称为标记化合物。标记化合物主要是标记具有抗体活性的免疫球蛋白，在免疫化学中称为标记抗体。比较常见的标记物主要有放射性同位素（如 ^{125}I）、荧光素、酶和生物素等。

1. 放射性同位素标记技术　　用于标记抗体的放射性同位素主要是 ^{125}I，因为 ^{125}I 衰变时可发出易于检测的低能 γ 射线和 α 射线，而且 ^{125}I 的半衰期是 60d，适用于实验室科学研究。用同位素标记抗体进行免疫分析具有很高的灵敏度，但由于同位素对人体存在潜在的危害，其应用受到一定限制。

2. 荧光素标记技术　　荧光素（fluorescein）是在蓝色光或紫外线照射下发出绿色荧光的一种染料。用于抗体标记的荧光素应具备能与蛋白质分子形成稳定共价键的化学基团，荧光效率高，标记抗体后不影响抗原抗体反应，标记方法简便，游离的荧光素易与标记后的抗体分离等特点。目前用于标记抗体的荧光素主要有异硫氰酸荧光素、四甲基异硫氰酸罗丹明、藻红蛋白等。

3. 酶标记技术　　酶标记抗体技术是蛋白质标记中发展快、应用广的技术之一。

常用于抗体标记的酶主要有辣根过氧化物酶（horseradish peroxidase，HRP）、碱性磷酸酶（alkaline phosphatase，AP）等。

辣根过氧化物酶是从辣根植物中提取得到的过氧化物酶，由酶蛋白和辅基（正铁血红素 K）结合而成，能催化过氧化物 （如 H_2O_2）对某些物质的氧化。反应过程中释放出的氧将无色的供氢体如邻苯二胺（OPD）、四甲基联苯胺（tetramethylbenzidine，TMB）、二氨基联苯胺（diaminobenzidine，DAB）氧化成有色的产物。以酶标记抗体，使抗原抗体反应的特异性与酶促反应有机结合起来，酶促显色反应产物的色泽即可体现抗原抗体反应的情况。

碱性磷酸酶主要存在于动物组织和微生物细胞中，它可以水解各种磷酸酯，生成醇、酚和胺类。作用机制是 AP 作用于底物，形成磷酰基-酶的中间产物，再进一步将磷酰基转变为无机磷（Pi）。底物一般为对硝基苯磷酸盐（p-nitrophenyl phosphate，PNPP）或四唑氮蓝（nitro-blue tetrazolium，NBT）。碱性磷酸酶与 PNPP 反应后，形成黄色产物。与 NBT 反应时需要有 BCIP（即 5-溴-4-氯-3-吲哚-磷酸盐，5-bromo-4-chloro-3-indolyl-phosphate），NBT 为深蓝色无定形微溶物质，在碱性磷酸酶作用下，BCIP 会被水解产生强反应性的产物，该产物会和 NBT 发生反应，形成显微镜下可见的蓝色或紫蓝色沉淀。常用于免疫组化显色、蛋白质印迹、原位杂交等膜显色，以及细胞或组织内源性的碱性磷酸酯酶显色。

4. 生物素标记技术　　生物素（biotin）也称辅酶 R 或维生素 H，是有机体内许多羧化酶的辅酶。生物素通过侧链上的羧基与抗体分子上的 ε-氨基形成酰胺键连接。一般生物素标记抗体的偶联率高，不影响抗体的生物活性。生物素化的分子可用酶标-亲和素或荧光染料-链霉亲和素复合物显色。

七、显色

蛋白质印迹显色方法有放射自显影法（autoradiography）、增强化学发光法（enhanced chemiluminescence，ECL）、底物显色法（ substrate colorimetric method）。实验室常用增强化学发光法和底物显色法。

在增强化学发光法中，最常用的标记二抗的酶是辣根过氧化物酶，发光底物常用鲁米诺（luminol，氨基苯二酰一肼）。在 H_2O_2 存在情况下，鲁米诺被氧化形成激发态产物，其在衰变至基态过程中会释放出波长 425nm 的荧光。在化学增强剂（如对 2 碘苯酚）的存在下，光强度可以增强 1000 倍。通过将膜放在 X 胶片上感光，即可检测出辣根过氧化物酶的存在。

底物显色法最常用的为辣根过氧化物酶法和碱性磷酸酶法。碱性磷酸酶可以将无色的底物 BCIP 转化成蓝色产物。辣根过氧化物酶可以 H_2O_2 为底物，将二氨基联苯胺（DAB）或四甲基联苯胺（TMB）氧化成褐色产物，也可以将 4-氯萘酚（4-chloro-1-naphthol）氧化成蓝色产物。此方法使用简单、方便，一般实验室常用。

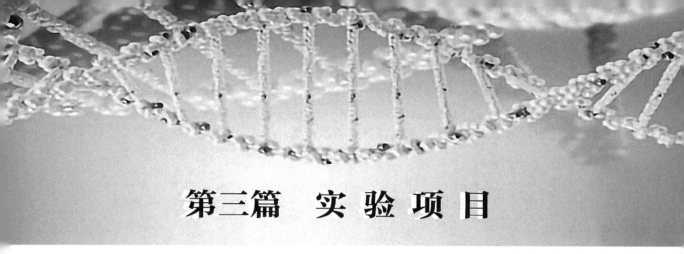

第三篇　实　验　项　目

第九章　基础实验项目

实验一　蛋白质及氨基酸的呈色反应

一、实验目的

（1）了解构成蛋白质的基本结构单位及其主要连接方式。
（2）了解蛋白质和某些氨基酸的呈色反应原理。
（3）学习几种常用的鉴定蛋白质和氨基酸的方法。

二、实验原理

1. 双缩脲反应　　当尿素加热到180℃时，两分子尿素缩合，放出一分子氨，形成双缩脲（biuret）。双缩脲在碱性溶液中与铜离子（Cu^{2+}）结合生成复杂的紫红色化合物，该反应称为双缩脲反应（biuret reaction）。反应产物在540nm处有最大光吸收。

蛋白质是由氨基酸以肽键连接而成的，二肽以上的多肽分子中，含有多个与双缩脲结构相似的肽键，因此，能发生双缩脲反应，生成紫红色或蓝紫色的化合物。化合物颜色深浅与蛋白质的含量成正相关，可用于蛋白质的定性和定量测定。含有—CS—NH_2、—CH_2—NH_2、—CRH—NH_2、—CH_2—NH—$CHNH_2$—CH_2OH、—CHOH—CH_2NH_2等基团的物质，或过量的铵盐对双缩脲反应有干扰。

紫红色铜双缩脲复合物的结构如图9-1所示。

蛋白质酸水解过程中，肽键不断被打开，最终生成氨基酸混合物。双缩脲反应可以用来检测蛋白质的水解程度。

2. 茚三酮反应　　蛋白质和各种氨基酸分子上都具有α-氨基和α-羧基（脯氨酸为亚氨基），在弱酸性溶液中（pH5.0～7.0），茚三酮与α-氨基酸共热，使氨基酸氧化脱氨、脱羧，茚三酮本身被还原。茚三酮再与氨、还原型茚三酮发生反应，形成蓝紫色（罗曼紫，Ruhemann's purple）物质，此反应

图 9-1　双缩脲反应复合物的结构

称为茚三酮反应（ninhydrin reaction），如图 9-2 所示。反应产物在 570nm 有最大光吸收。茚三酮反应可用于定性、定量测定氨基酸和蛋白质。

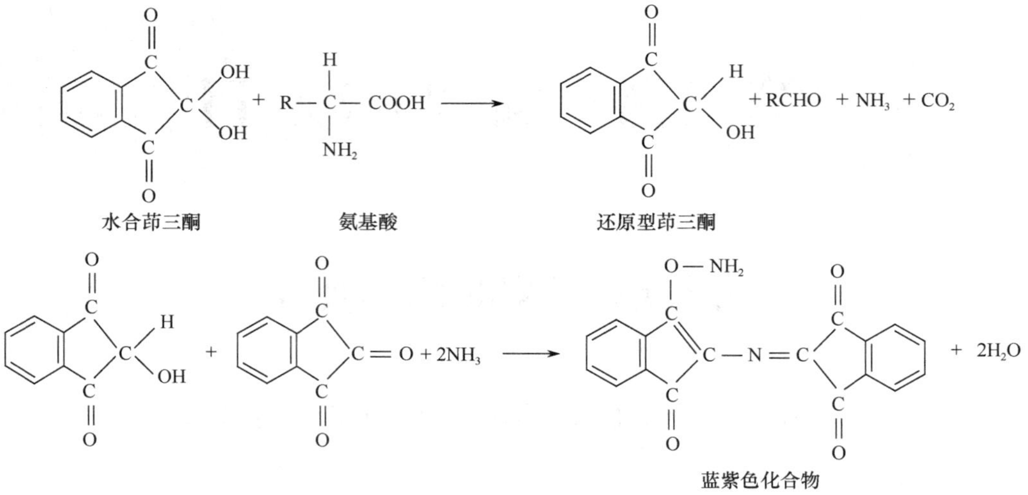

图 9-2　氨基酸的茚三酮反应（王镜岩等，2002）

茚三酮反应灵敏度达 1∶1 500 000（pH5.0～7.0）。无 α-氨基的脯氨酸和羟脯氨酸与茚三酮反应生成黄色物质。

氨、β-丙氨酸和许多一级胺都呈正反应。脲、马尿酸、二酮吡嗪和肽键上的亚氨基呈负反应。

在分离氨基酸时，茚三酮可作为显色剂定性或定量分析氨基酸，全自动氨基酸分析仪就是基于阳离子色谱分离、柱后茚三酮显色、分光光度法测定的原理设计的。在法医学上，使用茚三酮反应可采集嫌疑犯在犯罪现场留下来的指纹。

3. 黄色反应　　　凡含有苯基的化合物都能与浓硝酸发生硝化反应，生成黄色的硝基苯衍生物，该化合物在碱性溶液中进一步形成橙黄色的邻硝醌酸钠（图 9-3）。绝大多数蛋白质含有带苯环的氨基酸，如酪氨酸、色氨酸和苯丙氨酸（苯丙氨酸的苯环较难硝化），因此，蛋白质都有黄色反应（xanthoprotein reaction）。皮肤、指甲和毛发等遇浓硝酸变黄，原因也在于此。

图 9-3　苯基化合物与浓硝酸反应式

由于多数蛋白质含有侧链带苯环结构，如酪氨酸和色氨酸，故蛋白质的黄色反应也可以用来定性鉴定蛋白质。

三、器材

试管（18mm×180mm），移液器（1mL）或吸量管（0.5mL、1mL），移液器吸头（1mL），

滴管，药匙，试管夹，酒精灯，试管架，纱布，玻璃棒等。

四、试剂

（1）稀释 5 倍、10 倍、20 倍和 50 倍的鸡蛋清溶液。

（2）5g/L、0.5g/L 甘氨酸溶液。

（3）100g/L 氢氧化钠溶液。

（4）10g/L 硫酸铜溶液。

（5）尿素。

（6）5g/L 茚三酮乙醇溶液。

（7）5g/L 脯氨酸溶液。

（8）3g/L 酪氨酸溶液。

（9）浓硝酸。

五、操作步骤

1. 双缩脲反应

（1）取 1 支干燥洁净试管，加少许尿素至试管底部，酒精灯加热使之熔化（形成双缩脲，有 NH_3 放出），冷却至室温，加 1mL 100g/L 氢氧化钠溶液，振荡，使双缩脲溶解，加 2 滴 10g/L 硫酸铜溶液，摇匀，观察颜色变化（紫红色）。

（2）取 3 支干燥洁净试管编号，分别加入 0.5mL 稀释 5 倍鸡蛋清溶液、稀释 20 倍的鸡蛋清溶液和 5g/L 甘氨酸溶液，向每支试管各加 0.5mL 100g/L 氢氧化钠溶液和 2 滴 10g/L 硫酸铜溶液，摇匀，观察每支试管中溶液的颜色变化。

2. 茚三酮反应　取 5 支洁净干燥试管，分别加入 1mL 稀释 10 倍鸡蛋清溶液、稀释 50 倍鸡蛋清溶液、5g/L 甘氨酸溶液、0.5g/L 甘氨酸溶液、5g/L 脯氨酸溶液，向每支试管内各加入 2 滴 5g/L 茚三酮乙醇溶液，摇匀，酒精灯加热 1~2min，观察每支试管溶液的颜色变化。

3. 黄色反应　取两支洁净干燥试管，分别加入 0.5mL 稀释 5 倍的鸡蛋清溶液和 3g/L 酪氨酸溶液，再分别各加入 1mL 浓硝酸，混匀，酒精灯加热，观察是否有沉淀形成及颜色变化。

向两支试管中分别逐滴加入 100g/L 氢氧化钠溶液，边加边摇匀，直至溶液呈碱性，观察颜色变化。

六、结果与分析

（1）比较双缩脲反应的 4 支试管溶液的颜色，比较 2 号试管和 3 号试管颜色深浅，并对结果进行分析。

（2）比较不同浓度蛋白质溶液、不同浓度氨基酸溶液的茚三酮反应产物的颜色，比较不同种类氨基酸茚三酮反应产物的颜色，并对结果进行解释和分析。

（3）观察比较蛋白质溶液与氨基酸溶液的黄色反应产物的颜色。

七、注意事项

（1）避免 $CuSO_4$ 过量，否则生成 $Cu(OH)_2$，其蓝色将遮盖紫红色。

（2）茚三酮试剂应该当天配制。

（3）不要把茚三酮试剂滴到皮肤上，否则皮肤将被染成蓝紫色。

（4）茚三酮反应时，鸡蛋清溶液须新鲜配制，且不可太浓，否则加热时发生变性沉淀。使用前测定其 pH，若偏碱性，需调节到 pH5.0～7.0。

（5）黄色反应时，鸡蛋清的浓度不可太稀，否则颜色反应不明显。

（6）逐滴加入氢氧化钠溶液时，注意刚滴加到溶液中时，只有局部显橙黄色，摇动之后变为黄色，其原因是溶液只有局部显碱性，继续滴加氢氧化钠溶液，边加边摇匀，至试管中溶液为碱性时，溶液显橙黄色。

八、思考题

（1）如何用双缩脲法检测蛋白质的酸水解程度？

（2）双缩脲反应中，氢氧化钠溶液和硫酸铜溶液先后顺序能否颠倒，可否混合在一起添加？

（3）氨基酸自动分析仪测定蛋白质中氨基酸组成的显色原理是什么？

（4）黄色反应中，刚开始时滴入氢氧化钠溶液局部为橙黄色，摇匀之后橙黄色消失，为什么？

（5）为何大部分蛋白质都有黄色反应？

实验二　酪蛋白的制备

一、实验目的

（1）掌握等电点沉淀法提取蛋白质的原理。

（2）学习从牛奶中分离酪蛋白的原理和方法。

二、实验原理

蛋白质是由氨基酸组成的高分子化合物。虽然蛋白质分子中大多数的 α-氨基和 α-羧基结合成肽键，但仍有 N 端的氨基和 C 端的羧基存在，同时侧链上还有一些可解离基团。因此，蛋白质和氨基酸一样是两性电解质。调节蛋白质溶液的 pH，可使蛋白质带上正电荷或负电荷；在某一 pH 时，其分子中所带的正电荷和负电荷相等，净电荷为零，此时溶液的 pH 称为该蛋白质的等电点，蛋白质的溶解度最小，溶液中蛋白质以兼性离子形式存在。在外加电场中蛋白质分子既不向正极移动也不向负极移动。在等电点附近，蛋白质的溶解度最小，分子相互之间的斥力最小，导致蛋白质分子聚集在一起，形成絮状沉淀，这种聚集使溶液变得浑浊不透明，这种现象称为等电点沉淀。不同的蛋白质，因氨基酸的组成不同具有不同的等电点。

酪蛋白是哺乳动物包括牛、羊和人乳中的主要蛋白质，等电点为 pH4.7。酪蛋白在牛奶中含量最高，约占牛奶总蛋白质的 80%。

牛奶的 pH 为中性，以酸调节其 pH，当达到酪蛋白等电点 pH4.7 时，酪蛋白则会沉淀析出。用乙醇洗涤沉淀物，脱脂就可得到纯的酪蛋白。

三、器材

低速离心机，酸度计，水浴锅，温度计，烧杯等。实验材料为牛奶。

四、试剂

（1）乙酸-乙酸钠缓冲溶液（pH4.7）。
（2）0.1mol/L 乙酸。
（3）95%乙醇。
（4）乙醚。

五、操作步骤

（1）先将牛奶和乙酸-乙酸钠缓冲溶液分别放入 40℃水浴到恒温。烧杯中加入 100mL 牛奶，边搅拌边慢慢加入 100mL 预热的乙酸-乙酸钠缓冲溶液（pH4.7）。用酸度计检验液体的 pH，根据实际情况加 0.1mol/L 乙酸调节 pH 到 4.7。静置冷却至室温，5000r/min 离心 3～5min，倾出上清液，得酪蛋白粗品。

（2）于离心管中加入 5mL 蒸馏水，用玻璃棒充分搅拌，使酪蛋白沉淀充分悬浮，洗涤除去其中的水溶性杂质（如乳清蛋白、乳糖以及残留的缓冲溶液），5000r/min 离心 3～5min，弃去上清液，再用蒸馏水洗两次。

（3）于离心管中加入 5mL 95%乙醇，充分搅拌，洗涤除去脂类物质，5000r/min 离心 3～5min，弃去乙醇溶液，用乙醇-乙醚混合液（1：1）洗 2 次，最后再用乙醚洗 2 次，以进一步除去脂类物质，且有助于样品干燥。

（4）将酪蛋白沉淀物晾干，称重，记为 Xg。

六、结果与分析

（1）测得的酪蛋白含量＝Xg/0.1L
（2）得率＝测得的酪蛋白含量/35g/L×100%
注：35g/L 为牛奶中酪蛋白含量的理论值。
根据结果分析得率高低的原因。

七、注意事项

（1）由于本法是应用等电点沉淀法来制备蛋白质，故调节牛奶液的等电点一定要准确。最好用酸度计测定。
（2）精制过程用乙醚是挥发性、有毒的有机溶剂，最好在通风橱内操作。

八、思考题

（1）酪蛋白提取过程中，分别用水、乙醇、乙醇-乙醚混合液、乙醚洗涤酪蛋白粗品，从操作角度分析其顺序能否颠倒？
（2）本实验中，是否可以用浓盐酸替代乙酸调节 pH？

实验三　蛋白质的沉淀作用和等电点测定

一、实验目的

（1）加深对蛋白质两性解离性质的认识。

（2）了解测定蛋白质等电点的基本方法。

二、实验原理

1. 沉淀作用　　在水溶液中的蛋白质分子由于表面生成水化层和双电层而成为稳定的亲水胶体颗粒，在一定的理化因素影响下，蛋白质颗粒可因失去电荷和脱水而沉淀。蛋白质的沉淀作用可分为可逆沉淀作用和不可逆沉淀作用两类。

1）可逆沉淀作用　　在发生沉淀作用时，虽然蛋白质已经沉淀析出，然而其分子内部结构并没发生明显的改变，仍保持原有的结构和性质。如除去沉淀因素，蛋白质可重新溶解在原来的溶剂中。因此，这种沉淀作用称为可逆沉淀作用。

属于此类的有盐析作用，低温下丙酮、乙醇使蛋白质沉淀的作用，以及利用等电点的沉淀。

（1）盐析作用：用大量中性盐使蛋白质从溶液中析出的过程。在高浓度的中性盐影响下，蛋白质分子的水化膜被剥夺；同时蛋白质分子所带的电荷被中和，因而破坏了蛋白质溶胶的稳定因素，使蛋白质沉淀析出。但中性盐并不破坏蛋白质的分子结构和性质，因此，若除去中性盐或降低盐的浓度，蛋白质就会重新溶解。

（2）有机溶剂沉淀蛋白质：水溶性有机溶剂如丙酮、乙醇等，具有介电常数比较小、与水的亲和力大、能以任何比例与水相溶等特点。当向蛋白质水溶液中加入适量这类溶剂时，它能夺取蛋白质颗粒表面的水化膜，同时，还能降低水的介电常数，增加蛋白质颗粒间的静电相互作用，导致蛋白质分子聚集絮结沉淀。

2）不可逆沉淀作用　　一些物理化学因素往往会导致蛋白质分子结构，尤其是空间结构破坏，因而失去其原来的性质，这种蛋白质沉淀不能再溶解于原来的溶剂中。重金属盐、有机酸、过酸、过碱、加热、振荡、超声波等都能使蛋白质发生不可逆沉淀。

（1）重金属盐类沉淀：当溶液 pH>pI 时，蛋白质颗粒带负电荷，易与重金属离子（Hg^{2+}、Pb^{2+}、Cu^{2+}、Ag^{+} 等）结合，生成不溶性盐类，沉淀析出。

$$H_2N—Pr—COO^- + M^+ \longrightarrow H_2N—Pr—COOM \downarrow$$

（2）有机酸沉淀：当溶液 pH<pI 时，蛋白质分子以阳离子形式存在，易与有机酸作用，生成不溶性盐沉淀，并伴随发生蛋白质分子变性。

$$^+H_3N—Pr—COOH + X^- \longrightarrow XH_3N—Pr—COOH \downarrow$$

2. 等电点　　蛋白质和氨基酸都是两性电解质。调节蛋白质溶液的 pH，可使蛋白质分子侧链或末端携带不同的电荷；在某一 pH 时其分子中的正电荷与负电荷数目相等，即净电荷为零，该 pH 称为蛋白质的等电点。在等电点时蛋白质的溶解度往往较低，容易沉淀析出。本实验借助观察在不同 pH 溶液中的溶解度以测定酪蛋白的等电点。

三、器材

剪刀，纱布，大试管（20mm×200mm），量筒（10mL），吸量管（1mL、2mL、5mL），精密 pH 试纸（3.8～5.4），烧杯（100mL），试管架，漏斗等。

四、试剂

（1）pH4.7 乙酸-乙酸钠的缓冲溶液。
（2）5%硝酸银溶液。
（3）5%三氯乙酸溶液。
（4）95%乙醇。
（5）饱和硫酸铵溶液。
（6）硫酸铵结晶粉末。
（7）0.1mol/L 盐酸溶液。
（8）0.1mol/L 氢氧化钠溶液。
（9）0.05mol/L 碳酸钠溶液。
（10）0.01mol/L、0.1mol/L 乙酸溶液。
（11）1mol/L 磷酸溶液。
（12）4g/L 酪蛋白乙酸钠溶液。
（13）甲基红。
（14）5%鸡蛋清溶液。

五、操作步骤

1. 蛋白质的沉淀反应

1）盐析　　加 5%鸡蛋清溶液 5mL 于试管中，再加等量的饱和硫酸铵溶液，加入 1mol/L 磷酸溶液（10 滴）混匀后使混合溶液的 pH 处于 4.5 左右，静置数分钟则析出球蛋白的沉淀。倒出少量浑浊沉淀，加少量水，观察是否溶解，思考原因。将管中内容物过滤，向滤液中添加硫酸铵粉末到不再溶解为止，此时析出的沉淀为清蛋白。

取出部分清蛋白，加少量蒸馏水，观察沉淀的再溶解。

2）重金属离子沉淀蛋白质　　取 1 支试管，加入 5%鸡蛋清溶液 2mL，再加 5%硝酸银溶液 1～2 滴，振荡试管，有沉淀产生。放置片刻，倾去上清液，向沉淀中加入少量水，观察沉淀是否溶解。为什么？

3）有机酸沉淀蛋白质　　取 1 支试管，加入 5%鸡蛋清溶液 2mL，再加 1mL 5%三氯乙酸溶液，振荡试管，观察沉淀的生成。放置片刻，倾出上清液，向沉淀中加入少量水，观察沉淀是否溶解。

4）有机溶剂沉淀蛋白质　　取 1 支试管，加入 2mL 5%鸡蛋清溶液，再加入 2mL 95%乙醇。观察沉淀的生成。

5）乙醇引起的变性与沉淀

（1）取 3 支试管并编号，依表 9-1 按顺序加入试剂。

表 9-1 乙醇引起的变性与沉淀加样表

试剂	管号		
	1	2	3
5%鸡蛋清溶液/mL	1	1	1
0.1mol/L 氢氧化钠溶液/mL	—	1	—
0.1mol/L 盐酸溶液/mL	—	—	1
95%乙醇/mL	1	1	1
pH4.7 乙酸-乙酸钠缓冲液/mL	1	—	—

（2）振摇混匀后，观察各管有何变化。放置片刻，向各管内加水 8mL，然后在第 2、3 号管中各加一滴甲基红，再分别用 0.1mol/L 乙酸溶液及 0.05mol/L 碳酸钠溶液中和之。观察各管颜色的变化和沉淀的生成。每管再加 0.1mol/L 盐酸溶液数滴，观察沉淀的再溶解。解释各管发生的全部现象。

2. 酪蛋白等电点的测定

（1）取同样规格的试管 4 支，按照表 9-2 顺序分别精确加入各试剂，然后混匀。

表 9-2 酪蛋白等电点测定

试剂	管号			
	1	2	3	4
蒸馏水/mL	8.4	8.7	8.0	7.4
0.01mol/L 乙酸溶液/mL	0.6	—	—	—
0.1mol/L 乙酸溶液/mL	—	0.3	1.0	—
0.1mol/L 乙酸溶液/mL	—	—	—	1.6

（2）向以上试管中各加酪蛋白乙酸钠溶液 1mL，加一管，摇匀一管。此时 1、2、3、4 管的 pH 依次为 5.9、5.3、4.7、3.5，观察各管溶液的浑浊度。静置 10min 后，再观察其浑浊度，并用"＋""－"表示沉淀的多少。最浑浊一管的 pH 即酪蛋白的等电点。

六、结果与分析

1. 蛋白质的沉淀反应　解释沉淀形成、溶解的原因。

2. 酪蛋白等电点的测定　用"－""＋""＋＋""＋＋＋"等符号表示各管的浑浊度。根据浑浊度判断酪蛋白的等电点。溶液最浑浊管的 pH 即酪蛋白的等电点。

七、注意事项

等电点测定实验要求各种试剂的浓度和加入量必须相当准确。

八、思考题

（1）维持蛋白质胶体稳定性的因素是什么？
（2）实验中判断等电点的标准是什么？

实验四　蛋白质透析法脱盐

一、实验目的

（1）了解透析袋的使用方法。

（2）学习透析的基本原理和方法。

二、实验原理

蛋白质是生物大分子，溶液具胶体性质，不能透过透析膜，而小分子物质可以自由透过。蛋白质分离纯化中常用盐析、有机溶剂等方法沉淀蛋白质，这些高浓度的盐或有机溶剂对后续纯化有一定的影响，需要除去，常用透析法脱盐或脱去有机溶剂。

透析是利用小分子能通过，而大分子不能通过半透膜的原理，把分子质量不同的物质彼此分开的一种手段。透析过程中因蛋白质分子体积很大，不能通过半透膜，而溶液中的无机盐小分子则能通过半通膜进入水中，不断更换透析用水即可将蛋白质与小分子物质完全分开。

如果透析时间较长，可在低温条件下（如放 4℃冰箱中）进行，以防止微生物滋长、样品变质或降解。透析袋材料通常有火棉胶、商品化透析袋等。

三、器材

烧杯，透析袋（透析值 12 000～14 000Da），玻璃棒，试管，量筒，试管架，磁力搅拌器，脱脂纱布等。

四、试剂

（1）饱和氯化钠溶液。

（2）鸡蛋清溶液。

（3）1% $AgNO_3$ 溶液。

（4）1% $CuSO_4$ 溶液。

（5）10% NaOH 溶液。

五、操作步骤

1．透析袋的处理　　根据要透析的溶液多少将透析袋剪裁成合适长度，然后将透析袋放入盛有蒸馏水的烧杯中，等软化后取出透析袋，同时检查透析袋的完好性。

2．制备鸡蛋清氯化钠溶液　　用 3 个除去卵黄的鸡蛋清与 700mL 水和 300mL 饱和氯化钠溶液混合后，用数层干纱布过滤。

3．透析　　先用皮筋扎紧透析袋一端，把 10mL 鸡蛋清氯化钠溶液注入透析袋内，再扎紧透析袋另一端，系于一横放在盛有蒸馏水的烧杯的玻璃棒上，调节水位使透析袋完全浸没于蒸馏水中。将烧杯置于磁力搅拌器上，打开开关，调节合适的转速。

4．透析情况检验

（1）检验无机盐是否透出透析袋：透析 10min 后，自烧杯中取透析用水 2mL 于试管中，用 1%AgNO₃ 溶液检验氯离子是否被透析出。

（2）检验蛋白质是否透出透析袋：自烧杯中另取透析用水 2mL 于试管中，加入 2mL 10%NaOH 溶液，摇匀，再加 1%CuSO₄ 溶液数滴，进行双缩脲反应，检验蛋白质是否被透析出。

（3）不断更换烧杯中的蒸馏水以加速透析。经数小时后烧杯中的水不再有氯离子检出，则表明透析完成。因为鸡蛋清溶液中的清蛋白不溶于纯水，此时可观察到透析袋中有蛋白质絮状沉淀出现。

六、结果与分析

记录并解释实验现象。

七、注意事项

（1）把需要透析的样品盛于透析袋内，袋内留有挤去空气的空余部分，以防溶剂渗入造成样品体积增加而使透析袋胀破。

（2）为了获得较快的透析速度，常常采取一些措施保持膜两侧浓度具有最大差，如经常更换透析外液、连续搅动外液。

八、思考题

（1）影响透析的因素有哪些？
（2）常用的半透膜材质有哪些？

实验五　氨基酸的纸层析分离

相关实验
操作视频

一、实验目的

（1）学习分配层析的原理，理解氨基酸纸层析分离的原理。
（2）掌握纸层析操作技术。

二、实验原理

纸层析法分离氨基酸是以滤纸作为惰性支持物的分配层析。滤纸纤维上的羟基吸附的一层水为固定相，有机溶剂为流动相。流动相流经支持物时，与固定相之间连续冲刷，待分离的氨基酸分子在两相间不断分配从而得到分离。

纸层析中影响 R_f 值的因素很多，其中，物质的结构与极性是主要的影响因素。

组成蛋白质的氨基酸根据其侧链的极性不同可分为非极性 R 基氨基酸、极性但不解离 R 基氨基酸、酸性氨基酸和碱性氨基酸。根据相似相溶原理，极性组分易溶于极性溶剂中，非极性组分易溶于非极性溶剂中，纸层析法分离氨基酸混合物时，非极性 R 基氨基酸的 R_f 值最大，极性但不解离 R 基氨基酸的 R_f 值居中，酸性或碱性氨基酸的 R_f 值与所选展层剂系统的酸碱性直接相关。

本实验在室温（25℃）条件下，采用上行单向层析法分离混合氨基酸。

三、器材

电热鼓风干燥箱，新华 1 号滤纸，层析缸，培养皿（Φ9cm），毛细管，微量进样器，一次性手套，裁纸刀，直尺，铅笔，量筒（50mL），吸量管（10mL），吹风机等。

四、试剂

（1）展层系统：含有 3.3g/L 茚三酮的正丁醇∶80%甲酸∶水（$V/V/V$）＝15∶3∶2。

（2）标准氨基酸溶液：Lys、Phe、Ala、Asp、Val、Pro 溶液（均为 5g/L）。

（3）待测样品液（5g/L）。

五、操作步骤

1. 滤纸的选择及处理　　选用新华 1 号滤纸。戴上一次性手套，将滤纸裁剪成 15cm×20cm，在距滤纸底边 2cm 处，用铅笔轻轻画一条线，于线上每隔 2.5cm 画"十"字，作为点样点（图 9-4）。

2. 点样　　定性分析可用普通毛细管点样，定量分析用微量进样器点样。吸取一定量的样品溶液按从左到右依次是 Phe、Val、Pro、待测、Ala、Asp、Lys 的顺序点样。必须在第一次样品干后再点第二次（可用吹风机冷风吹干），点样点的扩散直径控制在 0.5cm 之内。点样量与样品的性质、滤纸的厚度及长度有关。本实验采用新华 1 号滤纸，点样量以 5μL 为宜。将点好样的滤纸两侧比齐，用订书机订成筒状（图 9-5）。注意滤纸的两边不能接触，以免边缘的毛细现象使溶剂沿两边移动较快而造成溶剂前沿不齐，影响 R_f 值。

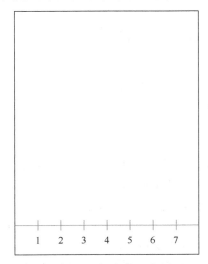

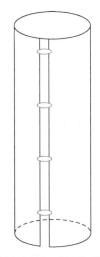

图 9-4　纸层析点样示意图　　　　　　图 9-5　层析滤纸订成圆筒状示意图

3. 平衡　　将滤纸和层析缸用展层系统的蒸气饱和称为"平衡"。滤纸筒直立在层析缸中，本实验展层剂中的有机溶剂不能与水完全混溶，可将展层剂盛于小烧杯中，放入层析缸，盖上层析缸盖子，使层析缸中的空气和滤纸被展层剂蒸气所饱和，直至达到平衡，饱和时间一般为 0.5～1h。

4. 展层　　将培养皿放入层析缸的底部，展层剂加入培养皿中，展层剂的厚度不超过 1cm，饱和后的滤纸筒点样端向下垂直浸入展层剂，注意必须使点样点在展层剂液面之上，盖紧层析缸的盖子。展层时要防止滤纸与滤纸、滤纸与层析缸内壁贴在一起以及滤纸歪斜。

5. 显色　　当溶剂前沿上行至距离滤纸的上沿约 1cm 时（约 2.5h），从层析缸中取出滤纸，用铅笔在溶剂前沿画一标记。放干燥箱中 60℃干燥 10min。氨基酸与茚三酮反应显现出紫红色斑点（脯氨酸为黄色）。

六、结果与分析

（1）拍照层析图谱。计算各标准氨基酸和待测样品斑点的 R_f 值。

（2）待测样品中可能含有哪些氨基酸？混合氨基酸样品分离效果如何？对结果加以分析。

七、注意事项

（1）不要直接用手拿层析用滤纸，因为手表面汗液中的氨基酸、蛋白质类物质会影响显色结果。

（2）点样时要控制点样点的直径不超过 0.5cm，否则层析斑点扩散严重。

（3）层析环境（温度）尽可能保持恒定。

八、思考题

（1）分配层析法分离氨基酸的原理是什么？

（2）纸层析法分离氨基酸的影响因素有哪些？

实验六　　分子筛层析法脱盐

相关实验
操作视频

一、实验目的

掌握分子筛层析法脱盐的原理及基本操作方法。

二、实验原理

在生化物质的分离纯化过程中，经常用盐析的方法来分离蛋白质或浓缩样品液的体积，此步操作使样品含有大量的盐，如硫酸铵、氯化钠等，这些盐类将影响随后的纯化，所以在后续操作前必须除去这些盐类，此过程称为脱盐（desalting）。与透析法脱盐相比较，分子筛层析法脱盐速度更快、更完全，蛋白质样品损失小。分子筛层析法脱盐的基本原理是利用被分离物质分子大小不同，以及固定相介质（凝胶）具有分子筛的特点，被分离物质中小分子的盐类进入介质的内部，而大分子蛋白质不能进入凝胶内部，从凝胶介质的颗粒间隙流出，从而将蛋白质和盐分开。

葡聚糖凝胶可分离的分子大小从几百到数十万道尔顿，可根据被分离物质的分子大小及分离目的选择使用不同型号的凝胶（见附录四）。一般来说，Sephadex G-10、G-15、

G-25 通常用于分离肽及脱盐，Sephadex G-75、G-100、G-150、G-200 用于分离各类分子大小不同的蛋白质。

本实验选用 Sephadex G-25 作为脱盐介质。

三、器材

电子天平，核酸蛋白检测仪，分部收集器，蠕动泵，铁架台，蝴蝶夹，层析柱（1.0cm×30cm），硅胶管，水止，试管及试管架，烧杯（100mL），量筒（10mL），储液瓶（200mL），漏斗，三角瓶，吸量管（1mL），胶头滴管等。

四、试剂

（1）Sephadex G-25。

（2）1%血红蛋白溶液。

（3）1%细胞色素 c-硫酸铜溶液（100mL 苯尼迪克特试剂中加 2.0g 硫酸铜）。

（4）0.02%叠氮化钠。

（5）0.5mol/L NaOH-0.5mol/L NaCl 溶液。

（6）蓝色葡聚糖-2000（10mg/mL）：称取 10mg 蓝色葡聚糖-2000 溶于 1mL0.9%氯化钠溶液中。

五、操作步骤

1. 凝胶型号的选择及处理　　选用 Sephadex G-25。称取 4g Sephadex G-25，加水溶胀 6h 以上（或沸水浴 2h），浮选法除去细小颗粒。

2. 装柱及平衡　　将层析柱垂直固定于铁架台上，柱中加 2/3 高度的去离子水，可以在柱的顶部插一个小漏斗作为简易装柱器，将充分溶胀好的 Sephadex G-25 加入漏斗内，缓慢均匀搅拌漏斗中的凝胶悬浮液，同时打开柱子下部的出水口水止，使凝胶均匀沉降在层析柱内，凝胶面缓慢上升，自然沉降到高度 25cm 左右。用蠕动泵使 3～5 倍柱体积的去离子水流过凝胶柱，以平衡凝胶柱，调整蠕动泵的流速，使洗脱速度控制在 1.0～1.5mL/min，柱床上方应始终保持至少 2～3cm 高度的去离子水，以防层析过程中干柱。层析柱平衡好之后，用水止夹紧柱下端的硅胶管。

3. 凝胶柱检查　　打开柱下端的硅胶管，使柱床上方的去离子水流入柱床内，立即取 0.5mL 蓝色葡聚糖-2000 加在柱床上，使之渗透进入凝胶柱床，此时夹紧柱下端的硅胶管，在凝胶柱床上方重新加入 2～3cm 高的去离子水，再打开柱下端的硅胶管，不断地向层析柱内添加去离子水，使蓝色葡聚糖通过层析柱。蓝色葡聚糖在均匀的凝胶柱内应以狭窄整齐的色带从上往下移动，若色带不整齐，需重新装柱，直到符合要求位置。装柱合格之后，将柱子的下端连接核酸蛋白检测仪的进样口，出样口用废液杯收集废液。

4. 制样　　用吸量管量取 0.5mL 血红蛋白溶液、0.5mL 细胞色素 c-硫酸铜溶液，混匀，此为待脱盐的蛋白质溶液，呈棕色。

5. 上样　　脱盐时加样量一般为柱床体积的 25%～40%。打开柱下部的水止，使凝胶床上面的水流出（不要使凝胶表面干了），用滴管将样品小心加到凝胶表面，不要扰动胶面，要沿柱壁滴加。打开水止，使样品渗入胶面，再用少量水洗一下凝胶表面和接触过的柱壁，使之流入柱床，在胶面上滴加去离子水至 2cm 液高。

6. 洗脱　　用去离子水洗脱。调整蠕动泵，使洗脱流速为 0.5～1.0mL/min，核酸蛋白检测仪的出样口连接分部收集器，设定每管收集 2.0mL。洗脱过程中，观察洗脱液的颜色变化，同时记录对应于每收集管的 A_{280}，直至蓝色硫酸铜溶液完全洗脱下来。

7. 凝胶的洗涤及保存　　将层析后的凝胶倒入烧杯中，用过量的去离子水漂洗，在布氏漏斗中抽洗，除去盐和其他可溶性杂质。如果凝胶仍有颜色，说明杂质未除尽，需用 0.5mol/L NaOH-0.5mol NaCl 溶液处理 0.5h，再用水洗涤至凝胶恢复原来的颜色。在凝胶中加入 0.02%叠氮化钠湿态保存。

六、结果与分析

（1）在分部收集器上标记出对应于各种物质的收集管号，计算各管的洗脱体积。以洗脱体积为横坐标、对应的 A_{280} 为纵坐标绘制洗脱曲线。

（2）分析洗脱曲线，第一、第二及第三洗脱峰分别对应什么物质？这些峰是否完全分开或有重叠？对结果进行分析，并提出改进建议。

（3）根据实验操作，分析按峰收集和按体积收集的优缺点。

七、注意事项

（1）凝胶的溶胀要彻底，装柱之前需沸水浴除去凝胶颗粒中的空气。

（2）注意样品的上样量与柱床体积的匹配。

（3）进行蛋白质样品脱盐时，由于蛋白质溶液去除电解质后因溶解度显著下降，以致沉淀析出，从而吸附在柱上不能被洗脱下来。在实验过程中可以先使用含有挥发性盐类的缓冲液平衡层析柱，然后加入样品并用同种缓冲液洗脱，收集的样品可以通过冷冻干燥法除去挥发性的盐类。经常使用的挥发性盐类有甲酸铵、乙酸铵等。

八、思考题

（1）如果分离几种分子质量大于 2000Da 的蛋白质，需要选用什么型号的凝胶？

（2）哪些因素影响分子筛脱盐的效果？

（3）分子筛脱盐、超滤脱盐和透析脱盐的优缺点及适用范围分别是什么？

实验七　分子筛层析法分离纯化蛋白质及分子质量的测定

一、实验目的

（1）加深理解分子筛层析法的基本原理。

（2）掌握用分子筛层析法测定蛋白质分子质量的原理和操作方法。

二、实验原理

有关分子筛层析法的原理参见第四章理论部分。

以交联葡聚糖分离不同大小的蛋白质混合物时，对同一种类型的大分子化合物的洗脱特征与组分的分子质量有关，分子质量大的先被洗脱下来，分子质量小的后被洗脱下来。蛋白质的洗脱体积不直接取决于其分子质量，而是其斯托克半径。如果蛋白质与一理想的非水化球体在相同的凝胶柱中分离时具有相同的洗脱体积，则认为该蛋白质与此球体具有相同的斯托克半径。因此，利用分子筛层析测定蛋白质分子质量时，待测蛋白质必须与标准蛋白质具有相同的分子形状（均接近球体），否则不能准确测定。

1966 年，Andrews 根据实验结果提出一个经验公式：

$$V_e/V_o = a - b \lg M_r$$

式中，V_e 为洗脱体积；V_o 为凝胶柱的外水体积；M_r 为分子量；a、b 为常数。

改变上式形式，得：

$$\lg M_r = a/b - 1/b \times (V_e/V_o)$$

从上式可以看出，蛋白质的分子量的对数与其洗脱体积呈线性关系，因此，只要测得几种已知分子量的标准蛋白质的 V_e，并以它们分子量的对数对 V_e 作图，可得一标准曲线，再在相同条件下测得待测蛋白质的 V_e，即可根据标准曲线方程计算出其分子量的对数，进一步求出分子量（图 9-6）。

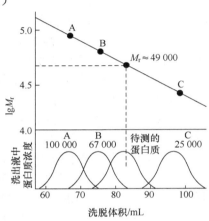

利用分子筛层析测定蛋白质的分子量还有其他优点：①待测样品可以是不纯的，只要初步纯化即可，根据待测样品的特有生物学活性就可以确定其洗脱峰的位置；②待测样品经过分子筛层析后依然保持其原有特性，没有被破坏，可以收集洗脱液进行其他研究。

图 9-6 分子筛层析中洗脱体积与分子量的关系（王镜岩等，2002）

三、器材

电子天平，恒流蠕动泵，分部收集器，核酸蛋白检测仪，可见分光光度计，紫外分光光度计，循环水真空泵，层析柱（Φ0.9～1.2cm、长 100～150cm），铁架台，蝴蝶夹，吸量管（1mL），烧杯（100mL），三角瓶（50mL），试管等。

四、试剂

（1）Sephadex G-50。

（2）洗脱液：0.9%氯化钠溶液。

（3）标准蛋白质（细胞色素 c、卵清蛋白、牛血清白蛋白、γ-球蛋白，分子质量分别为 11.7kDa、43kDa、68kDa、165kDa）溶液：称上述标准蛋白质各 5mg，分别溶于 0.5mL 0.9%氯化钠溶液，为标准蛋白质溶液。

（4）蓝色葡聚糖-2000（10mg/mL）：称取 10mg 蓝色葡聚糖-2000 溶于 1mL 0.9%氯化钠溶液中。

（5）待测蛋白质样品（2mg/mL）：鸡血红蛋白（红色，分子质量约 64.5kDa）和二硝基苯-胰蛋白酶（黄色，分子质量 24kDa）各 2mg，溶于 1mL 0.9%氯化钠溶液中（两种蛋白质浓度比为 1：1）。

（6）叠氮化钠：0.02%叠氮化钠溶液 200mL。

五、操作步骤

1．凝胶的溶胀　　根据层析柱的体积和所选用凝胶的得水值（每克凝胶溶胀后的床体积），称取所需凝胶干粉 Sephadex G-50，加适量去离子水，室温充分溶胀 2～3d，或沸水浴溶胀 5h，以除去颗粒中的空气。待溶胀平衡后，小心倾倒上清液以去掉漂浮的细小颗粒（注意不要过分搅拌，以防颗粒破碎）。装柱前将溶胀的凝胶减压抽气 10min，以除尽凝胶中的空气。

2．装柱并连接仪器　　将合适长度的层析柱安装在铁架台的蝴蝶夹上，使之垂直。柱下端的硅胶管与核酸蛋白检测仪的样品池入口连接，出口与分部收集器连接。在层析柱内加入去离子水，使去离子水缓慢流出，排除层析系统内气泡，柱中保留柱高 1/3～1/2 的去离子水量，关闭螺旋水止。打开核酸蛋白检测仪电源，波长置于 280nm 处，预热 30min 后调节量程和灵敏度。分部收集器设定每管收集 1mL。

在凝胶中加入适当体积的去离子水，用玻璃棒轻轻搅匀成浆状，一次性倒入漏斗中，缓慢搅拌下使之自然沉降。待柱底部凝胶沉积达 3～5cm 后，打开柱下端水止，继续搅拌漏斗中的凝胶，直至沉降到所需高度（以 Φ2～2.5cm 层析柱为例，装柱高度约为 40cm），关闭柱下端的水止。

装好的凝胶柱要求床体均匀，床面平整，无气泡，无断层。如床面不平整，可用玻璃棒将局部轻轻搅起，使凝胶重新沉降。在整个操作过程中需注意不要使柱内液面低于凝胶床表面，否则将出现气泡和断层，影响液体在柱内的流动，影响分离效果。

3．平衡　　先用少量去离子水洗柱，柱床稳定后吸除上层去离子水。将恒流蠕动泵的吸液端连接洗脱液，出液端连接柱上端硅胶管，打开柱下端的水止，调整泵的流速，使洗脱速度为 0.5mL/min，凝胶柱床表面保持 3～5cm 液层，平衡 20min 或 3 倍柱体积。

4．凝胶床的检验及外水体积的测定　　剪一片圆形滤纸放在凝胶柱床表面，防止加样时凝胶被冲起。

用细长滴管将 0.5mL 蓝色葡聚糖溶液慢慢加到凝胶床面中央，避免样品从柱壁滑下，待其刚刚流入柱床内时再加入少量 0.9%氯化钠溶液，使床面上液面高度保持 3～5cm。打开恒流蠕动泵，保持流速为 0.5mL/min，分部收集器收集洗脱液（上完样后立即开始收集）。注意观察蓝色区带向下移动的情况，如果区带狭窄且均匀，说明凝胶柱均匀，可以使用。

在蓝色葡聚糖全部流出后，用可见分光光度计测定各管收集液的 A_{610}（以 0.9%氯化钠溶液为空白调 0），蓝色葡聚糖的洗脱体积（从洗脱开始至 A_{610} 最大值管的洗脱液体积）即柱外水体积 V_o。

5．标准蛋白质的层析　　取标准蛋白质溶液 1mL，重复步骤 4 分别上样、洗脱、收集，根据核酸蛋白检测仪的 A_{280} 变化，标记分部收集器的试管，记录各标准蛋白质的 A_{280} 最高值，根据流速计算各标准蛋白质的洗脱体积 V_e。

6．待测蛋白质样品的层析　　用滴管吸取 0.5mL（2mg/mL）待测样品，小心加到凝胶床面中央，打开柱下端水止，待大部分样品进入胶床时，用滴管加入少量洗脱液，使剩余样品进入凝胶床面，再加入 3～5cm 高的洗脱液，在洗脱过程中应始终保持该液面高度不变。

　　打开蠕动泵，调整洗脱液流速恒定在 0.5mL/min。可以观察到红色的鸡血红蛋白首先被洗脱下来，随后是黄色的胰蛋白酶。根据核酸蛋白检测仪 A_{280} 的变化，标记分部收集器的试管，记录两种蛋白质样品的 A_{280} 最高值，根据流速计算两种待测蛋白质的 V_e。（若没有核酸蛋白检测仪，也可比较两种待测蛋白质收集管的颜色深浅，找出颜色最深的管号，计算两种待测蛋白质的 V_e）。

　　7. 凝胶柱的处理　　用 2～3 倍柱体积的洗脱液继续清洗凝胶柱，直至柱内有色物质被全部洗脱干净，保留凝胶柱重复使用或回收凝胶。为了防止凝胶染菌，可在一次层析后加入 0.02%叠氮化钠溶液防腐，在下次层析前将防腐剂洗脱除去。若长时间不用凝胶柱，可从柱中取出凝胶，用不断增加乙醇浓度的方法使凝胶逐步脱水，得到干燥的凝胶，保存。

六、结果与分析

　　1. 凝胶柱外水体积　　以 A_{610} 为纵坐标、洗脱体积为横坐标，画出蓝色葡聚糖的洗脱曲线，求出 V_0。

　　2. 绘制标准蛋白的洗脱曲线　　以 A_{280} 为纵坐标、各标准蛋白质的洗脱体积为横坐标，画出标准蛋白质的洗脱曲线，求出各自的 V_e 和 V_e/V_0。

　　以标准蛋白质分子量的对数为纵坐标、V_e/V_0 为横坐标，绘制标准曲线，得标准曲线公式。

　　3. 待测样品洗脱曲线绘制及分子质量计算　　以 A_{280} 为纵坐标、洗脱体积为横坐标，绘制鸡血红蛋白和胰蛋白酶的洗脱曲线，计算二者的 V_e/V_0，根据标准曲线公式求出分子量的对数，再换算出各自的分子质量。

七、注意事项

　　（1）装柱要均匀，流速不宜过快（本实验流速为 0.5mL/min），避免压紧凝胶；但也不宜过慢，使柱装得太松，导致层析过程中，凝胶床高度下降。

　　（2）加样量不能太大，一般为柱体积的 1%～2%，不超过 5%。

　　（3）样品溶液的浓度和黏度要合适。样品浓度过高，黏度过大，样品上柱后，因运动受限制，进出凝胶孔隙受到影响，洗脱峰形显得宽而矮，有些本来可以分开的组分也因此重叠。

　　（4）血红蛋白与二硝基苯-胰蛋白酶溶液最好临用前配制，否则可能区带不清。

　　（5）切记始终保持柱内液面高于凝胶表面 3～5cm，若干柱，则凝胶床混入大量气泡，影响液体在柱内的流动，导致分离效果不好。

八、思考题

　　（1）简述葡聚糖凝胶层析分离纯化蛋白质混合物的原理。

　　（2）葡聚糖凝胶层析操作时应注意哪些问题？

实验八　Folin-酚试剂法测定蛋白质浓度

相关实验
操作视频

一、实验目的

（1）学习 Folin-酚试剂法测定蛋白质含量的原理和操作。

（2）学会可见分光光度计的使用。

二、实验原理

Folin-酚试剂法（Lowry 法）是目前生化实验中常用的蛋白质含量测定的方法之一。Folin-酚试剂由试剂甲与试剂乙组成。试剂甲由碳酸钠、氢氧化钠、硫酸铜及酒石酸钾钠组成，试剂乙由磷钼酸和磷钨酸组成。蛋白质分子中含有酪氨酸和色氨酸残基，能与 Folin-酚试剂起氧化还原反应。反应过程分为两步：首先，在碱性溶液中，蛋白质分子中的肽键与碱性铜试剂中的 Cu^{2+} 作用生成蛋白质-Cu^{2+} 复合物；然后，蛋白质-Cu^{2+} 复合物中所含的酪氨酸或色氨酸残基还原试剂乙中的磷钼酸和磷钨酸，生成蓝色的化合物。该呈色反应在 30min 内即接近极限，并至少可稳定几小时，在一定浓度范围内，蓝色的深浅与蛋白质含量呈线性关系，故可用比色的方法确定蛋白质的含量。

Folin-酚试剂法操作简便，灵敏度较高，可测定蛋白质浓度范围为 25～250μg/mL。此法也适用于测定酪氨酸、色氨酸含量。

此反应不足之处是受多种因素干扰。在测试时应排除干扰因素或做空白实验消除。由于试剂甲相当于双缩脲试剂，因此凡干扰双缩脲反应的基团，如—CO—NH_2、—CH_2—NH_2、—CS—NH_2，在性质上是氨基酸或肽的缓冲剂，如 Tris 缓冲剂，以及蔗糖、硫酸铵、巯基化合物均可干扰 Folin-酚反应。此外，所测的蛋白质样品中，若含有酚类及柠檬酸，均对此反应有干扰作用。而浓度较低的尿素（0.5%左右）、胍（0.5%左右）、硫酸钠（1%）、硝酸钠（1%）、三氯乙酸（0.5%）、乙醇（5%）、乙醚（5%）、丙酮（0.5%）对显色虽无影响，但这些物质在所测样品中含量较高时，则需做校正曲线。若所测样品中含硫酸铵，则需增加碳酸钠-氢氧化钠浓度方可显色测定。若样品酸度较高，也需提高碳酸钠-氢氧化钠浓度 1～2 倍，这样可纠正显色后色浅的弊病。

本实验采用 Folin-酚法测定鸡蛋清中蛋白质含量。

三、器材

恒温水浴锅，722 型可见分光光度计，试管（18mm×180mm），试管架，吸量管（0.5mL、1mL）等。

四、试剂

（1）标准蛋白质溶液：250μg/mL 牛血清白蛋白溶液。

（2）Folin-酚试剂。

试剂甲：①4%碳酸钠溶液；②0.2mol/L 氢氧化钠溶液；③1%硫酸铜溶液；④2%酒石酸钾钠溶液。临用前先将①与②等体积配制成碳酸钠-氢氧化钠溶液，③与④等体积配制成硫酸铜-酒石酸钾钠溶液，再将这两种溶液按 50：1 的比例混合，即成 Folin-酚试剂甲。

试剂乙：称钨酸钠（$Na_2WO_2 \cdot 2H_2O$）100g、钼酸钠（$Na_2MoO_4 \cdot 2H_2O$）25g 置 2000mL 磨口回流装置内，加去离子水 700mL、85%磷酸 50mL 和浓盐酸 100mL，充分混匀，使其溶解。小火加热，回流 10h（烧瓶内加小玻璃珠数颗，以防溶液爆沸），再加入硫酸锂（$LiSO_4$）150g、去离子水 50mL 及溴水数滴。在通风橱中开口煮沸 15min，以除去多余的溴。冷却后定容至 1000mL，过滤即成 Folin-酚试剂乙储存液，此液应为鲜黄色，不带任何绿色。置棕色瓶中，可在冰箱长期保存。若此储存液使用过久，颜色由黄变绿，可加几滴液溴，煮沸数分钟，恢复原色仍可继续使用。试剂乙储存液在使用前应确定其酸度。用其滴定标准氢氧化钠溶液（1mol/L 左右），以酚酞为指示剂，当溶液颜色由红→紫红→紫灰→墨绿时即为滴定终点。该试剂的浓度应为 2mol/L 左右，将之稀释至相当于 1mol/L 浓度。

（3）待测蛋白质溶液：稀释 400 倍的鸡蛋清溶液。

五、操作步骤

取 14 支洁净干燥试管，分两组按表 9-3 平行操作，1～6 号试管为标准品测定，7 号试管为样品测定。

表 9-3　标准蛋白质和样品 Folin-酚试剂反应加样表

试剂	管号						
	1	2	3	4	5	6	7
标准蛋白质溶液/mL	0	0.2	0.4	0.6	0.8	1.0	0
去离子水/mL	1.0	0.8	0.6	0.4	0.2	0	0
蛋白质浓度/（μg/mL）	0	50	100	150	200	250	—
待测样品/mL	0	0	0	0	0	0	1.0
Folin-酚试剂甲/mL	5.0	5.0	5.0	5.0	5.0	5.0	5.0
混匀，于 20～25℃放置 10min							
Folin-酚试剂乙/mL	0.5	0.5	0.5	0.5	0.5	0.5	0.5
迅速混匀，于 30℃（或室温 20～25℃）水浴保温 30min							
$\bar{A}_{640}$	0						

保温 30min 后，在 722 分光光度计上 640nm 处比色，以 1 号试管溶液调零，记录各试管的 A_{640}，平行样品间取平均值。

六、结果与分析

（1）绘制标准曲线：以 1～6 号试管 $\bar{A}_{640}$ 值为纵坐标、对应的标准蛋白质浓度为横坐标，Excel 软件绘制标准曲线，得标准曲线方程。

（2）样品蛋白质浓度计算：依据 7 号试管的 $\bar{A}_{640}$，利用标准曲线方程计算待测样品液中的蛋白质浓度，再根据稀释倍数求出鸡蛋清的蛋白质含量。

（3）分析两组平行操作出现误差的可能原因。

七、注意事项

（1）Folin-酚试剂甲必须临用前配制，一天内有效。

（2）Folin-酚试剂乙在酸性条件下较稳定，而 Folin-酚试剂甲在碱性条件下与蛋白质作用生成碱性的铜–蛋白质溶液。当 Folin-酚试剂乙加入后，应迅速摇匀（加一管摇一管）使还原反应在磷钼酸–磷钨酸试剂被破坏之前进行。

八、思考题

（1）说明 Folin-酚法测定蛋白质含量的优缺点。
（2）如何使用 Folin-酚法测定蛋白酶活力？

实验九　紫外吸收法测定蛋白质浓度

一、实验目的

（1）学习紫外吸收法测定蛋白质含量的原理。
（2）掌握紫外分光光度计的使用方法。

二、实验原理

由于蛋白质分子中的苯丙氨酸、酪氨酸和色氨酸残基侧链中的芳香族基团含有共轭双键，因此，蛋白质溶液具有紫外吸收的性质，在 280nm 处的紫外光区具有最大的吸收峰。在一定浓度范围内，蛋白质溶液的吸光度值（A_{280}）与其含量成正比，利用这一特性可定量测定蛋白质的含量。

利用紫外线吸收法测定蛋白质含量的优点是迅速、简便、不消耗样品，低浓度盐类不干扰测定。因此，在蛋白质和酶的生化制备中（特别是柱层析分离中）广泛应用。该方法的缺点是：①对于测定那些与标准蛋白质中酪氨酸和色氨酸含量差异较大的蛋白质有一定的误差；②若样品中含有嘌呤、嘧啶等吸收紫外光的物质，会出现较大的干扰。不同的蛋白质和核酸的紫外吸收是不同的，即使经过校正，测定结果也还存在一定的误差。但可作为初步定量的依据。

紫外吸收法可测定 0.1～1mg/mL 的蛋白质溶液。

三、器材

紫外分光光度计，高速冷冻离心机，试管（18mm×180mm），试管架，吸量管，离心管，石英比色皿，研钵，手术剪，容量瓶等。实验材料为赤子爱胜蚓。

四、试剂

（1）0.01mol/L pH8.0 磷酸盐缓冲液。
（2）标准蛋白质溶液：准确称取经微量凯氏定氮法定氮的干酪素，配制成浓度 1mg/mL 的溶液。

五、操作步骤

1. 样品制备　　称取两条赤子爱胜蚓（5g），剪碎，放入研钵中，加入 2.0mL 0.01mol/L

pH8.0 磷酸盐缓冲液，匀浆，倒入 10mL 离心管中，再用 2.0mL 0.01mol/L pH8.0 磷酸盐缓冲液洗净研钵，洗涤液也倒入离心管。4℃、8000r/min 离心 10min，上清液转移至 10mL 容量瓶，用相同缓冲液定容，为蚯蚓蛋白提取液，稀释 10 倍用以测定蛋白质含量。

2．标准曲线制备及样品测定　　取 18 支洁净干燥试管，分两组按表 9-4 平行操作。1～8 号试管为标准蛋白质管，9 号试管为待测样品管。以 1 号管调零，测定其余各管的 A_{280}，平行样品间取平均值。

表 9-4　标准蛋白质和样品紫外吸收测定加样表

试剂	管号								
	1	2	3	4	5	6	7	8	9
标准蛋白质溶液/mL	0	0.5	1.0	1.5	2.0	2.5	3.0	4.0	0
蚯蚓蛋白稀释液/mL	0	0	0	0	0	0	0	0	1
去离子水/mL	4	3.5	3.0	2.5	2.0	1.5	1.0	0	3
蛋白质浓度/（mg/mL）	0	0.125	0.25	0.375	0.50	0.625	0.75	1.0	—
					混匀				
$\overline{A}_{280}$	0								

若样品管的吸光度值超出标准蛋白质的吸光度值范围，应适当稀释，重新取 1mL 稀释液进行测定。

六、结果与分析

（1）绘制标准曲线：以 1～8 号试管 $\overline{A}_{280}$ 的值为纵坐标、对应的蛋白质浓度为横坐标，Excel 软件绘出标准曲线，得标准曲线方程。

（2）计算样品的蛋白质含量：根据样品测定液的 $\overline{A}_{280}$，根据标准曲线方程求出样品液的蛋白质浓度（mg/mL）。

（3）分析结果产生偏差的原因。

七、注意事项

（1）紫外分光光度计为贵重仪器，使用时需多加注意。

（2）比色皿为石英材料，要小心拿放。

（3）为保证未知浓度溶液的 A_{280} 在标准曲线范围内，样品溶液要稀释适当的倍数。

八、思考题

（1）紫外吸收法测定蛋白质浓度有何优缺点？

（2）如果样品中含有干扰因素，如何对实验结果进行校正？

实验十　考马斯亮蓝染色法测定蛋白质浓度

一、实验目的

（1）学习和掌握考马斯亮蓝染色法测定蛋白质含量的原理和方法。

（2）学会可见分光光度计的使用。

二、实验原理

考马斯亮蓝 G-250 为一种常用的蛋白质染色剂，在酸性游离状态下呈棕红色，最大光吸收在 465nm；当它与蛋白质结合后变为蓝色，该复合物在 595nm 波长下有最大光吸收，且具有很高的消光系数，在 0~100μg/mL 浓度范围内，其吸光度与蛋白质含量成正比，因此，该法可测定含有微量蛋白质的样品。

考马斯亮蓝 G-250 与蛋白质结合反应十分迅速，在 2min 左右达到平衡，且复合物在室温下 1h 内保持稳定，常用于对微量蛋白质进行快速测定。考马斯亮蓝染色法具有以下优点：①灵敏度高，据估计比 Folin-酚试剂法约高 4 倍。②相比 Folin-酚试剂法，测定快速、简便，只需加一种试剂，反应时间约 2min，颜色在 1h 内保持恒定。③干扰物质较少。考马斯亮蓝染色法的缺点是染料主要与蛋白质中的碱性氨基酸和芳香族氨基酸残基相结合，各种蛋白质中的碱性和芳香族氨基酸的含量不同，测定时有较大的偏差。在制作标准曲线时通常选用牛血清白蛋白为标准蛋白质，以减少这方面的偏差。

三、器材

电子天平，722 型可见分光光度计，低速离心机，研钵，吸量管（1mL、5mL），容量瓶（10mL），量筒（10mL），试管（18mm×180mm），试管架，离心管。实验材料为绿豆芽、大蒜等新鲜材料。

四、试剂

（1）标准蛋白质溶液：1mg/mL 牛血清白蛋白溶液。

（2）考马斯亮蓝 G-250 试剂：称取 100mg 考马斯亮蓝 G-250，溶于 50mL 95%乙醇中，加入 85%（m/V）磷酸 100mL，最后用去离子水定容至 1000mL。此溶液在常温下可放置一个月。

五、操作步骤

1. 待测样品液制备　称取 0.2g 绿豆芽下胚轴（或大蒜）于研钵中，加 2mL 去离子水研磨成匀浆，转移至离心管中，用 6mL 去离子水分次清洗研钵并收集于同一离心管，放置 0.5~1h 充分提取后，4000r/min 离心 20min，将上清液转入 10mL 容量瓶中，用去离子水定容至刻度，颠倒混匀，即待测样品提取液。

2. 蛋白质含量的测定　取 14 支洁净干燥试管，按表 9-5 准确加入各试剂，分两组平行操作。1~6 号试管为标准蛋白质管，7 号试管为样品管。

表 9-5　考马斯亮蓝法测定蛋白质浓度加样表

试剂	管号						
	1	2	3	4	5	6	7
标准蛋白质溶液/mL	0	0.02	0.04	0.06	0.08	0.1	0
去离子水/mL	0.1	0.08	0.06	0.04	0.02	0	0

续表

试剂	管号						
	1	2	3	4	5	6	7
蛋白质含量/μg	0	20	40	60	80	100	—
待测样品/mL	0	0	0	0	0	0	0.1
考马斯亮蓝 G-250/mL	5	5	5	5	5	5	5
	混匀，室温放置 2min						
$\overline{A}_{595}$	0						

充分混匀，室温下放置 2min。在 595nm 波长下比色，用 1cm 光径的比色皿以 1 号试管为空白，记录各试管溶液的吸光度值 A_{595}，平行样品间取平均值。

六、结果与分析

（1）标准曲线的制作：以 1～6 号试管的 $\overline{A}_{595}$ 值为纵坐标、对应的蛋白质含量为横坐标，利用 Excel 绘制标准曲线，得标准曲线方程。

（2）样品蛋白质含量计算：7 号试管为待测样品，根据其 $\overline{A}_{595}$ 值，在标准曲线上查得或按标准曲线方程计算 0.1mL 样品液中蛋白质的含量，并取其平均值 X（μg）。

按下式计算绿豆芽（或大蒜）中蛋白质含量：

$$样品蛋白质含量（μg/g鲜重）=\frac{X（μg）\times\dfrac{提取液总体积（mL）}{测定时取样体积（mL）}}{样品鲜重（g）}$$

式中，提取液总体积为 10mL；测定时取样体积为 0.1mL；样品鲜重为 0.2g。

七、注意事项

（1）光吸收的测定需在 1h 内完成。最好在试剂加入后的 5～20min 内测定完成，因为在这段时间颜色是最稳定的。各管从加入试剂到测定完成的时间亦应保持相同。

（2）测定中，蛋白质-染料复合物会有少部分吸附于比色皿壁上，实验证明此复合物的吸附量是可以忽略的。由于石英比色皿吸附的染料不易清洗，应用玻璃比色皿。测定完样品后可用乙醇将比色皿清洗干净。

八、思考题

（1）待测样品的 A_{595} 值应处于标准曲线范围内，若你的测定结果不符合要求，请给出实验改进方案。

（2）与其他方法相比，考马斯亮蓝染色法测定蛋白质含量的优点是什么？

实验十一　醋酸纤维素膜电泳分离血清蛋白

一、实验目的

（1）理解醋酸纤维素膜电泳的基本原理。
（2）掌握醋酸纤维素膜电泳的技术方法。

二、实验原理

醋酸纤维素膜由纤维素的羟基经乙酰化而制成，具有均一的泡沫样结构，呈三维立体状，厚度约 120μm，有很强的渗透性，对分子移动阻力很小，对样品的吸附作用小，作为电泳支持物具有简便、快速、样品用量少、蛋白质谱带分离清晰、没有吸附现象等优点，目前广泛应用于血清蛋白、脂蛋白、糖蛋白、血红蛋白和同工酶的分离鉴定和免疫电泳。

血清中蛋白质种类较多，测定血清中各蛋白质含量具有一定的临床意义。肾病、弥漫性肝损害、肝硬化、原发性肝癌、多发性骨髓瘤、慢性炎症、妊娠等均会导致清蛋白含量下降。肾病时 α_1-球蛋白、α_2-球蛋白、β-球蛋白升高，γ-球蛋白降低。肝硬化时 α_2-球蛋白、β-球蛋白降低，而 α_1-球蛋白、γ-球蛋白升高。

用醋酸纤维素膜电泳可分离出清蛋白和球蛋白的 α_1-球蛋白、α_2-球蛋白、β-球蛋白、γ-球蛋白。血清中各蛋白质的等电点及分子大小各不相同，在电场中的泳动速度不同，在 pH8.6 的条件下，其泳动速度排序为：清蛋白＞α_1-球蛋白＞α_2-球蛋白＞β-球蛋白＞γ-球蛋白。在一定范围内，各条带蛋白质含量与染料结合量基本成正比。将各条带剪开，分别用碱性溶液（0.4mol/L 氢氧化钠溶液）浸洗下来，用分光光度法可测得各种蛋白质的含量，并计算出相对百分数；也可将染色后的膜条直接用光密度计测定。

三、器材

水平电泳槽，直流稳压电泳仪，脱色摇床，可见光分光光度计，醋酸纤维素膜（2cm×8cm，厚 120μm），1.5cm 点样器，滤纸，玻璃板，镊子，剪刀，培养皿（Φ12cm，浸泡、染色及脱色用），试管（18mm×180mm），试管架，比色皿，擦镜纸等。实验材料为人或动物血清（新鲜，无溶血）。

四、试剂

（1）巴比妥-巴比妥钠缓冲液（pH8.6，0.075mol/L，离子强度 0.07）：称取巴比妥钠 15.45g、巴比妥 2.76g，加入 800mL 去离子水溶解，用 1mol/L HCl 或 NaOH 将 pH 调至 8.6，以去离子水定容至 1000mL。

（2）氨基黑 10B 染色液：氨基黑 10B 0.25g、甲醇 50mL、冰醋酸 10mL、去离子水 40mL 混合均匀，可重复使用。

（3）漂洗液：95%乙醇：冰醋酸：去离子水（$V/V/V$）＝9：1：10。

（4）0.4mol/L 氢氧化钠溶液：称取氢氧化钠 16g，加入适量去离子水溶解，待溶液冷却至室温后，以去离子水定容至 1000mL。

五、操作步骤

1. 预处理 用镊子夹取 1 张醋酸纤维素膜，辨识膜面和光面。在膜面距一端 2cm 处用铅笔轻画横线标记点样位置（图 9-7），膜面向下放入巴比妥-巴比妥钠缓冲液中浸泡 20～30min。

2. 点样 取出薄膜，夹在两层滤纸中间，轻轻吸去表面多余的液体，膜面向上，将薄膜平铺在玻璃板上，用点样器蘸取血清，轻轻落在点样线上，点好的样品应呈细条状。

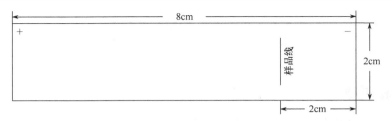

图 9-7 醋酸纤维素膜点样示意图

3．电泳 在电泳槽两边加入巴比妥-巴比妥钠缓冲液，使两个电泳槽内的液面等高，取双层滤纸条以巴比妥-巴比妥钠缓冲液充分润湿，并除去气泡，将滤纸附着在电泳槽的支架上，使它的一端与支架的前沿对齐，紧贴在支架上，另一端浸入电泳槽的缓冲液内，作为滤纸桥（图9-8）。

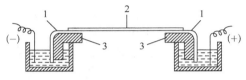

图 9-8 醋酸纤维素膜电泳装置示意图
1. 滤纸桥；2. 醋酸纤维素膜；3. 电泳槽支架

将薄膜上点样的一端靠近负极（点样线不得触及滤纸桥），两端拉紧贴于电泳槽架的滤纸桥上。盖上电泳槽盖，打开电泳仪电源开关，依据 25V/cm 膜宽（或电流 0.4～0.6mA/cm 膜宽）调节电压，电泳约 25min。

4．染色 电泳完毕后先切断电源，再取下薄膜，置于氨基黑 10B 染色液中浸泡 10min。

5．脱色 取出薄膜，用漂洗液在脱色摇床上漂洗 3～4 次，每次 5min，至背景无色，即可得到清晰的蛋白质电泳图谱（图 9-9）。

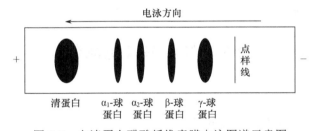

图 9-9 血清蛋白醋酸纤维素膜电泳图谱示意图

六、结果与分析

1．电泳图谱定性分析 观察薄膜上的蛋白质条带，画出或扫描电泳图谱，根据各血清蛋白的等电点和分子量判断电泳图谱中蛋白质的区带分别对应哪种血清蛋白。

2．血清蛋白的定量分析 将漂净的薄膜用滤纸吸干，剪下各蛋白质条带，并剪取相同大小的无色带膜条作为空白对照，分别置于盛有 4mL 0.4mol/L 氢氧化钠溶液的试管中浸洗 30min。色泽浸出后，以空白膜条洗出液为空白调零，用可见光分光光度计测定各蛋白质溶液的 A_{650} 值。

根据 A_{650}，按下列公式计算各血清蛋白组分的百分含量。

$$A_总 = A_清 + A_{\alpha_1} + A_{\alpha_2} + A_\beta + A_\gamma$$

$$清蛋白_{百分含量} = A_清 / A_总 \times 100\%$$

$$\alpha_1\text{-球蛋白}_{百分含量} = A_{\alpha_1} / A_总 \times 100\%$$

$$\alpha_2\text{-球蛋白}_{\text{百分含量}}＝A_{\alpha_2}/A_{\text{总}}\times 100\%$$

$$\beta\text{-球蛋白}_{\text{百分含量}}＝A_{\beta}/A_{\text{总}}\times 100\%$$

$$\gamma\text{-球蛋白}_{\text{百分含量}}＝A_{\gamma}/A_{\text{总}}\times 100\%$$

七、注意事项

（1）选膜：市售醋酸纤维素膜均为干膜片，选用前需先将干膜片漂浮于电极缓冲液表面 15～30s，观察膜片吸水情况。若有白斑点或条纹，提示膜片厚薄不均，应舍去不用。

（2）浸润：让漂浮于缓冲液的薄膜吸满缓冲液后自然下沉，这样可将膜片上聚集的小气泡赶走。浸泡 30min 以保证膜片上有一定量的缓冲液，并使其恢复到原来多孔的网状结构。

（3）点样：点样前，应将薄膜表面多余的缓冲液用滤纸吸去，防止样品扩散；但也不宜太干，使得样品不易进入膜内，导致点样起始点参差不齐，影响分离效果。每厘米加样线加样量不超过 1μL，相当于 60～80μg 蛋白质。

（4）电泳：应选择合适的电流强度，一般电流强度为 0.4～0.6mA/cm 膜宽。电流强度高，热效应高；电流强度过低，样品泳动速度慢且易扩散。

（5）操作过程应佩戴手套，避免指纹污染。

八、思考题

（1）醋酸纤维素膜作为电泳支持物有什么优点？

（2）电泳时为什么要将点样的一端靠近负极？

（3）根据血清中各蛋白质组分的性质，如何预测它们在 pH8.6 巴比妥-巴比妥钠电泳缓冲液中的相对迁移速度？

实验十二　聚丙烯酰胺凝胶电泳分离卵清蛋白

一、实验目的

（1）学习不连续聚丙烯酰胺凝胶电泳的原理。

（2）掌握不连续聚丙烯酰胺凝胶电泳分离蛋白质样品的操作技术。

二、实验原理

不连续聚丙烯酰胺凝胶电泳的分离原理详见第二篇第七章。不连续聚丙烯酰胺凝胶电泳具有很高的分辨率，如采用纸电泳分离人血清样品，只能分离出 5～7 个组分，而采用不连续聚丙烯酰胺凝胶电泳系统分离人血清样品，可分离出几十个清晰的条带。

卵清蛋白是蛋清中的主要蛋白质组分，占蛋清蛋白总量的 54%～69%。卵清蛋白是一种球蛋白，分子质量为 44.5kDa，等电点 4.5，为含磷糖蛋白。蛋清中除卵清蛋白外，还包括卵转铁球蛋白、类卵黏蛋白、卵黏蛋白、溶菌酶、球蛋白 G2、球蛋白 G3 等。

三、器材

垂直板电泳槽，电泳仪电源，脱色摇床，凝胶成像分析仪（或扫描仪），成套玻璃板

（尺寸 120mm×85mm，玻璃隔条厚 1mm），十齿样品梳（厚度 1mm），吸量管，烧杯，长滴管，微量进样器，培养皿，滤纸，电泳剥胶铲等。

四、试剂

（1）胶母液：为 30%Acr-0.8%Bis 储存液，将 Acr 30g、Bis 0.8g 用超纯水溶解，定容至 100mL，如有不溶物，应过滤，于棕色试剂瓶中 4℃保存，可放置 1 个月左右。

（2）10%过硫酸铵（APS）：100mg APS 溶于 1mL 去离子水，4℃储存，可用一周。

（3）pH8.9 Tris-HCl 缓冲液：18.4g Tris、1mol/L HCl 24mL，去离子水溶解，定容至 100mL，加 TEMED 0.5mL。

（4）pH6.7 Tris-HCl 缓冲液：6.0g Tris、1mol/L HCl 48mL，去离子水溶解，定容至 100mL，加 TEMED 0.5mL。

（5）pH8.3 Tris-Gly 电极缓冲液：3.0g Tris、14.4g Gly，去离子水溶解，定容至 1000mL。

（6）2 倍上样缓冲液：pH6.7 Tris-HCl 缓冲液 5mL、甘油 2mL，加溴酚蓝少许，定容至 10mL。

（7）考马斯亮蓝 R-250 染色液：0.25g 考马斯亮蓝、50mL 甲醇、10mL 冰醋酸，去离子水定容至 100mL。

（8）脱色液：7%冰醋酸溶液。

（9）标准蛋白质溶液：5μg/μL 卵清蛋白溶液。

（10）鸡蛋清溶液：取新鲜鸡蛋的蛋清，溶于去离子水中，制成不同稀释倍数的水溶液。

五、操作步骤

1．垂直板电泳槽的安装　取 1 套洁净干燥的玻璃板，将高玻璃板和矮玻璃板底端对齐，高玻璃板向外、矮玻璃板向内装入垂直板电泳架。使玻璃板底端与电泳架底座的硅胶条完全贴合并固定好。在两玻璃板之间加满去离子水，3～5min 如不漏液，则弃去去离子水，用滤纸吸干玻璃板内壁残留的水分，准备灌胶。

2．凝胶的制备

1）分离胶的制备　本实验采用 12%分离胶。配制方法见表 9-6。

表 9-6　分离胶的配制方法

试剂	用量
胶母液/mL	2.00
pH8.9 Tris-HCl 缓冲液/mL	1.25
去离子水定容至/mL	5.00
混匀后加入 10% APS/μL	50.00

配胶时应按表 9-6 顺序加入各种试剂，当加入过硫酸铵后，快速混匀，用长滴管将胶溶液沿壁加入玻璃板之间的缝隙内，直至液面高度达整个玻璃板高度的 2/3 左右。然后慢慢在胶面上加一薄层水（约 100μL）以隔绝空气，防止氧气抑制胶的聚合。室温静置 30min 左右，当看到水与聚合的胶面之间有折射率不同的分界线时，表明胶已聚合。用滤纸条吸去胶面上的水分，注意不要碰扰胶面。

2）浓缩胶的制备　　当分离胶聚合之后，再配制 4.0%浓缩胶。配制方法见表 9-7。

表 9-7　浓缩胶的配制方法

试剂	用量
胶母液/mL	0.26
pH6.7 Tris-HCl 缓冲液/mL	0.50
去离子水定容至/mL	2.00
混匀后加入 10% APS/μL	20.00

配胶时应按表 9-7 顺序加入各种试剂，当加入过硫酸铵后，快速混匀，用长滴管将胶溶液加到分离胶的上部，胶面距矮玻璃板凹边约 2mm 处为宜。轻轻将样品梳插入玻璃板之间，注意梳齿的边缘不能带入气泡。在室温下静置 30min 左右，观察到梳齿附近凝胶中呈现光线折射的波纹时，表明浓缩胶聚合。轻轻垂直拔出样品梳，此时可见浓缩胶上出现一排整齐的上样井。

取下电泳架底座，将垂直板电泳架置于电泳槽内。矮玻璃板向内，形成负极槽。在矮玻璃板之间添加电极缓冲液至没过矮玻璃板。

3．制样与上样　　将不同稀释倍数的鸡蛋清溶液、卵清蛋白标准溶液与等体积上样缓冲液混合制样。用微量进样器将鸡蛋清溶液和卵清蛋白标准溶液分别加入上样井中，每井上样 30μL，样品质量为 10～20μg。记录点样顺序。

4．电泳　　在电泳槽内加入电极缓冲液至没过电极丝，此为正极。盖上电泳槽盖，电极线分别与电泳仪电源的正负极输出相连。打开电泳仪开关，选择恒压或恒流进行电泳。如选择恒压，样品在浓缩胶时选择恒压 100V，待样品进入分离胶后，将电压调至 150V。如选择恒流，样品在浓缩胶时选择恒流 20mA，待样品进入分离胶后，再调节电流至 40mA。

当溴酚蓝指示剂迁移到距凝胶底部约 0.5cm 时，将电压（或电流）调节到零，关闭电源，拔下电极线。分别回收正极槽和负极槽的电极缓冲液。

5．染色与脱色　　取下玻璃板，将电泳剥胶铲插入两块玻璃板之间，轻轻旋转一个角度，撬开两块玻璃板。此时，凝胶留在其中一块玻璃板上，用剥胶铲切下浓缩胶并弃去，在分离胶的下端一侧切下一小角，以标记点样顺序，将凝胶转移到培养皿中。

在培养皿中加入考马斯亮蓝 R-250 染色液，至凝胶能够悬浮为宜，室温染色 10min。回收染色液，用自来水洗去凝胶表面的浮色，加入脱色液，置于脱色摇床上脱色，其间需多次更换脱色液，至蛋白质条带清晰为止。

6．扫描或凝胶成像分析　　脱色后的凝胶可以用扫描仪扫描电泳图谱，也可以用凝胶成像分析电泳图谱，或用手机拍照。

六、结果与分析

（1）扫描电泳图谱，量取鸡蛋清溶液泳道中各个条带及标准卵清蛋白的迁移距离和溴酚蓝指示剂的迁移距离，计算各条带的相对迁移率。

（2）对比标准卵清蛋白条带，辨识出鸡蛋清蛋白中分离的卵清蛋白，并比较不同稀释倍数对卵清蛋白分离效果的影响，选出最优稀释条件。

（3）与其他实验组的结果比较，分析本组实验中蛋白质样品分离效果如何？分析影响结果的各种因素。

七、注意事项

（1）Acr 和 Bis 均为神经毒剂，对皮肤有刺激作用，操作时应注意防护，佩戴手套和口罩。

（2）Acr 和 Bis 的储存液在保存过程中，由于水解作用而形成丙烯酸和氨。虽然溶液保存在棕色试剂瓶中，低温能防止部分水解，也只能储存 1～2 个月。

（3）制胶前应确保玻璃板、样品梳、电泳槽等器材清洁。

（4）浓缩胶聚合后，应放置 30min 左右，使其老化后，再轻轻拔出样品梳，以得到形状整齐的样品井，否则电泳后区带易扭曲。

（5）样品中盐离子强度过高或上样量太大，都会造成区带拖尾。因此，含盐量高的样品，应先透析或经分子筛脱盐。上样量不要超过 100μg 蛋白质。

（6）电极缓冲液可重复使用 2～3 次，通常，回收的电极缓冲液只用于正极，而负极应使用新配制的电极缓冲液。

八、思考题

（1）简述不连续聚丙烯酰胺凝胶电泳分离样品的原理。

（2）上样缓冲液中的甘油（或蔗糖）和溴酚蓝各起什么作用？

（3）为什么电泳时，负极通常使用新的电极缓冲液，而正极可以使用回收的电极缓冲液？

实验十三　不连续 SDS-聚丙烯酰胺凝胶电泳测定蛋白质的分子质量

一、实验目的

（1）学习 SDS-聚丙烯酰胺凝胶电泳的基本原理。

（2）掌握 SDS-聚丙烯酰胺凝胶电泳测定蛋白质分子质量的操作方法。

相关实验
操作视频

二、实验原理

SDS-聚丙烯酰胺凝胶电泳（SDS-PAGE）是聚丙烯酰胺凝胶电泳的一种特殊形式，相关理论见第二篇第七章。

在电泳系统中加入一定量 SDS，样品经 SDS 变性以后，样品的相对迁移率只与其分子量有关。在一定的凝胶浓度下，当蛋白质的分子质量在 15 000～200 000Da 时，电泳迁移率与分子质量的对数呈线性关系。测定未知蛋白质的分子质量时，通常要将未知蛋白质与已知分子质量的标准蛋白质在同一块凝胶上进行 SDS-PAGE，然后将标准蛋白质的相对迁移率对分子质量对数作图，获得一条标准曲线，根据未知蛋白质的相对迁移率即可在标准曲线上求得分子质量。蛋白质的相对迁移率（R_f）为每个条带的迁移距离与溴酚蓝前沿的迁移距离的比值。

本实验采用不连续 SDS-PAGE 测定枯草芽孢杆菌蛋白酶的分子质量。

三、器材

电磁炉，其他参见实验十二。

四、试剂

（1）枯草芽孢杆菌蛋白酶溶液（1mg/mL）。

（2）牛血清白蛋白（BSA）溶液（0.5mg/mL）。

（3）低分子质量标准蛋白质（Marker）：兔磷酸化酶 B（97.4kDa）、牛血清白蛋白（66.2kDa）、兔肌动蛋白（43kDa）、牛碳酸酐酶（31kDa）、胰蛋白酶抑制剂（201kDa）、鸡蛋清溶菌酶（144kDa）。

（4）胶母液、10%过硫酸铵（APS）、考马斯亮蓝 R-250 染色液、脱色液，参见实验十二。

（5）pH8.9 Tris-HCl 缓冲液与 pH6.7 Tris-HCl 缓冲液分别加入 SDS，使其终浓度为 1‰。

（6）pH8.3 Tris-Gly 电极缓冲液：3.0g Tris、14.4g Gly、1g SDS，加去离子水溶解，定容到 1000mL。

（7）2 倍上样缓冲液：pH6.7 Tris-HCl 缓冲液 5mL、甘油 2mL、10%SDS 2mL、β-巯基乙醇 200μL，加溴酚蓝少许，定容到 10mL。

五、操作步骤

1. 安装垂直板　　同实验十二。

2. 配胶

1）分离胶的制备　　本实验采用 12%分离胶。配制方法见表 9-6。

2）浓缩胶的制备　　当分离胶聚合之后，再配制 4.0%浓缩胶。配制方法见表 9-7。SDS-PAGE 中分离胶与浓缩胶的配制注意事项与实验十二相同。

3. 待测蛋白质与标准蛋白质（Marker）的样品制备及上样　　取 3 支 1.5mL 离心管，各加入 60μL 待测枯草芽孢杆菌蛋白酶溶液、20μL BSA 溶液和 10μL 低分子质量标准蛋白质（Marker），再分别加入等体积 2 倍上样缓冲液，混合均匀，沸水浴 3～5min，冷却，用微量进样器将各个样品加入样品井内。上样顺序及上样量见表 9-8。

表 9-8　SDS-PAGE 上样表

样品	井号及上样量									
	1	2	3	4	5	6	7	8	9	10
枯草杆菌蛋白酶溶液/μL	20	15	10	5	—	—	5	10	15	20
Marker/μL	—	—	—	—	20	—	—	—	—	—
BSA 溶液/μL	—	—	—	—	—	20	—	—	—	—

4. 电泳、染色、脱色、扫描或凝胶成像分析　　以上操作同实验十二。

六、结果与分析

（1）扫描电泳图谱，量取枯草芽孢杆菌蛋白酶、Marker 及 BSA 条带的迁移距离和溴酚蓝指示剂的迁移距离，计算各个条带的相对迁移率，填入表 9-9。

表 9-9　标准蛋白质及枯草芽孢杆菌蛋白酶的相对迁移率

样品	条带	迁移距离/cm	指示剂前沿/cm	R_f值
枯草杆菌蛋白酶				
Marker	兔磷酸化酶 B			
	牛血清白蛋白			
	兔肌动蛋白			
	牛碳酸酐酶			
	胰蛋白酶抑制剂			
	鸡蛋清溶菌酶			
BSA				

（2）以标准蛋白质的分子质量的对数为纵坐标、对应相对迁移率为横坐标，Excel 软件绘制标准曲线，得标准曲线方程。

（3）根据枯草芽孢杆菌蛋白酶条带的相对迁移率，从标准曲线上查出或依据公式计算出分子质量的对数，再换算出分子质量。

七、注意事项

（1）SDS 与蛋白质分子的结合程度：SDS 与蛋白质的结合是按重量成比例的，在 SDS 浓度大于 1mmol/L 时，大多数蛋白质以 1.4g SDS/1g 蛋白质的比例结合，大致相当于一个 SDS 分子结合 2 个氨基酸残基。如果 SDS-蛋白质复合物不能达到该比例，就不能得到准确的结果。影响 SDS 与蛋白质结合的因素有以下 3 个：①二硫键是否完全被还原，只有蛋白质分子内的二硫键被彻底还原，SDS 才能定量结合到蛋白质分子上去，并使之具有相同的构象，一般以 β-巯基乙醇或二硫苏糖醇为还原剂；②溶液中 SDS 的浓度常常比蛋白质的量高 3 倍，一般要达到 10 倍以上；③溶液的离子强度应较低，这时，SDS 单体具有较高的平衡浓度，SDS 分子团浓度较低，而 SDS 结合到蛋白质分子上的量仅决定于 SDS 单体的浓度。

（2）SDS-PAGE 不能在低温下进行，以防 SDS 析出。

八、思考题

（1）SDS 上样缓冲液中的各种试剂起什么作用？

（2）如何选择标准蛋白质和凝胶浓度？

实验十四　唾液淀粉酶的动力学性质

一、实验目的

（1）了解外界因素对酶活性及酶促反应速度的影响。

（2）加深对酶的性质的认识。

二、实验原理

多数酶的化学本质是蛋白质，它极易受外界条件的影响而改变其构象及性质，因而也必然会影响其催化活性。酶对温度、pH、酶浓度以及某些离子浓度等变化均很敏感。

1. 温度对酶活性的影响　酶的催化受温度的影响。在最适温度下，酶的反应速度最高。大多数动物酶的最适温度为 37～40℃，植物酶的最适温度为 50～60℃。

超过最适温度，酶活性开始下降甚至变性失活。低温能降低或抑制酶的活性，但不能使酶失活。淀粉和可溶性淀粉遇碘呈蓝色。糊精按其分子的大小，遇碘可呈：蓝色（糖链残基≥60）、紫色（30＜糖链残基＜60）、暗褐色（20＜糖链残基＜30）、红色或紫红色（10＜糖链残基＜20）、红色或粉红色（6＜糖链残基＜10）。最简单的糊精（小于 6 个葡萄糖残基）遇碘不呈颜色。在不同温度下，淀粉被唾液淀粉酶水解的程度可由水解混合物遇碘呈现的颜色来判断。

2. pH 对酶活性的影响　酶活性受环境 pH 的影响极为显著。不同酶的最适 pH 不同。本实验观察 pH 对唾液淀粉酶活性的影响，唾液淀粉酶的最适 pH 约为 6.8。

3. 唾液淀粉酶的激活和抑制　酶的活性受活化剂或抑制剂的影响。氯离子为唾液淀粉酶的活化剂，铜离子为其抑制剂。

三、器材

恒温水浴锅，大试管（20mm×200mm），量筒（10mL），锥形瓶（250mL），容量瓶（100mL），吸量管（1mL、2mL、5mL），烧杯（100mL），精密 pH 试纸（pH3.8～5.4、pH5.4～7.0、pH7.6～8.5），试管架，白瓷板等。实验材料为新鲜唾液。

四、试剂

（1）3g/L NaCl 的 2g/L 淀粉溶液。
（2）1g/L 淀粉溶液。
（3）碘化钾（KI）-碘（I$_2$）溶液：称取 KI 2.0g、I$_2$ 10g，溶于蒸馏水，并定容至 100mL，使用前稀释 10 倍。
（4）0.2mol/L 磷酸氢二钠溶液。
（5）0.1mol/L 柠檬酸溶液。
（6）10g/L 氯化钠溶液。
（7）10g/L 硫酸铜溶液。
（8）10g/L 硫酸钠溶液。

五、操作步骤

1. 唾液淀粉酶的制备　口含去离子纯净水 3min，转移至烧杯，将含酶液体进行 1、10、20、50 倍稀释，分别取 1.5mL 淀粉溶液，加入 1.0mL 不同稀释倍数的稀释唾液，置 37℃ 5～7min，取水解溶液于白瓷板测酶活性。

2. 温度对酶活性的影响　取 3 支试管编号，按表 9-10 顺序加入各试剂。

表 9-10　温度对酶活性的影响加样表

试剂	管号		
	1	2	3
3g/L NaCl 的 2g/L 淀粉溶液/mL	1.5	1.5	1.5
稀释唾液/mL	1.0	1.0	1.0
立即处理温度/℃	37	0	40
每隔 1min 从 1 号试管中取出一滴检验至完全水解			
分别从 1、2、3 号试管中取出一滴在白瓷板上用碘液检验结果			
2、3 号试管改变处理温度/℃		37	37
作用时间：至 2 号试管完全水解			
分别从 2、3 号试管中取出一滴在白瓷板上用碘液检验结果			

3．pH 对酶活性的影响

（1）磷酸氢二钠-柠檬酸缓冲溶液的配制：按表 9-11 配制缓冲液。

表 9-11　磷酸氢二钠-柠檬酸缓冲溶液的配制表

试剂	管号			
	1	2	3	4
pH	5.0	5.8	6.8	8.0
0.2mol/L 磷酸氢二钠溶液/mL	5.15	6.05	7.72	9.72
0.1mol/L 柠檬酸溶液/mL	4.85	3.95	2.28	0.28

（2）取 4 支洁净试管，分别编号后，按表 9-12 操作。

表 9-12　pH 对酶活性的影响加样表

试剂	管号			
	1	2	3	4
pH	5.0	5.8	6.8	8.0
表 9-11 配制的相应 pH 缓冲液/mL	3.0	3.0	3.0	3.0
3g/L NaCl 的 2g/L 淀粉溶液/mL	2.0	2.0	2.0	2.0
稀释唾液/mL	2.0	2.0	2.0	2.0
37℃保温，每隔 1min 检验一次。当 3 号试管反应液遇碘液呈淡黄色时，立即向 4 支管中加碘液				
碘液/滴	2	2	2	2
实验结果				

（3）唾液淀粉酶的激活和抑制：取 4 支洁净试管，分别编号后，按表 9-13 操作。

表 9-13　唾液淀粉酶的激活和抑制加样表

试剂	管号			
	1	2	3	4
1g/L 淀粉溶液/mL	1.5	1.5	1.5	1.5
稀释唾液/mL	1.0	1.0	1.0	1.0
10g/L 硫酸铜溶液/mL	0.5	—	—	—

续表

试剂	管号			
	1	2	3	4
10g/L 氯化钠溶液/mL	—	0.5	—	—
10g/L 硫酸钠溶液/mL	—	—	0.5	—
蒸馏水/mL	—	—	—	0.5
37℃保温，每隔 1min 检验一次。当 2 号试管反应液遇碘液呈淡黄色时，立即 4 支管中加碘液				
碘液/滴	2	2	2	2
实验现象				

六、结果与分析

1．唾液淀粉酶的制备　　利用碘液检验唾液淀粉酶的活性，结果呈现浅黄色，说明淀粉完全水解，需增加稀释倍数；结果呈现蓝色，说明酶活性太低，需降低稀释倍数；结果呈现黑褐色，说明淀粉被部分水解，此时稀释倍数最为合适。

2．温度、pH、激活剂和抑制剂对酶活性影响　　不同温度、pH 条件下，酶活性不同，最适温度和最适 pH 使酶活性升高。激活剂和抑制剂分别促进和抑制酶的活性。

七、注意事项

（1）因各人的唾液淀粉酶活性有所差异，若某一碘液检验结果为全部变为淡黄色，或无一变为淡黄色，则需增大或减少唾液稀释倍数，或者改变酶作用时间。

（2）配制缓冲液时，吸量要准确。

（3）检验离子对酶活性影响时，切勿吸错或污染试剂。

八、思考题

（1）什么是酶的最适温度及其应用意义？

（2）什么是酶促反应的最适 pH？对酶活性有什么影响？

（3）什么是酶的抑制剂？与变性剂有何区别？

实验十五　胰蛋白酶的制备及酶活力测定

一、实验目的

（1）掌握从生物材料中制备酶的方法。

（2）掌握酶活力和比活测定的常用方法。

二、实验原理

1．胰蛋白酶的基本性质

（1）存在形式：胰蛋白酶通常是以胰蛋白酶原的形式存在于动物的胰脏或其他组织中。在 Ca^{2+} 的作用下，酶原的 N 端水解去掉 6 肽，转变成具有活性的胰蛋白酶。

（2）等电点与分子质量。

胰蛋白酶原的 pI＝10.8，分子质量为 24 000Da。

胰蛋白酶的 pI＝8.9，分子质量为 23 700Da。

（3）稳定性：胰蛋白酶在酸性环境中很稳定，在碱性环境中容易自溶，在提取的过程中要注意溶液的 pH，Ca^{2+} 对胰蛋白酶有稳定作用。当溶液的 pH＜2.0 容易变性，pH＝3.0 生物活性最稳定，最适 pH 为 7.6～8.0。

2. 蛋白质含量测定

消光系数的定义：在蛋白质分子中含有芳香族氨基酸，芳香族氨基酸在 280nm 处有最大吸收峰。蛋白质分子中含有芳香族氨基酸的数量以及分子的紧密程度有差异，在 280nm 处的光吸收强弱不同。在一定的条件下，一种纯的蛋白质在 280nm 处的吸光度是一个常数。因此酶以纯的蛋白质形式在 280nm 处都有一个消光系数 A_{280}。用符号表示为 $E_{1cm}^{1\%}$。这个符号的定义是指在浓度为 1%（m/V）的蛋白质溶液中，测定光程为 1cm 的条件下，该蛋白质的吸光度值。

例如，胰蛋白酶的 $E_{1cm}^{1\%}$ 是 13.5，是指胰蛋白酶的浓度为 1%（1g/100mL），光程为 1cm 时吸光度 $A_{280}＝13.5$。当胰蛋白酶的浓度为 0.1%（100mg/100mL）时，光程为 1cm，吸光度 A_{280} 是 1.35。在计算时大多数使用的蛋白浓度都是 100mg/100mL，即浓度为 1mg/1mL。计算出来的蛋白质浓度单位可以用 mg/mL 表示。

3. 胰蛋白酶活力测定　　胰蛋白酶能催化蛋白质的水解，对于由碱性氨基酸（精氨酸、赖氨酸）的羧基与其他氨基酸的氨基所形成的键具有高度的专一性。此外，还能催化由碱性氨基酸和羧基形成的酰胺键或酯键，其高度专一性仍表现为对碱性氨基酸一端的选择。因此，可利用含有这些键的酰胺或酯类化合物作为底物来测定胰蛋白酶的活力。酶活力单位的规定常因底物及测定方法而异。

本实验以酪蛋白为底物测定胰蛋白酶活性，以加入酶为零点，测定在 10min 内的递增吸光质值，通过酶活性的定义求出酶活力。

胰蛋白酶活力单位的定义：测定条件下，吸光度值每分钟改变 0.001，相当 1 个胰蛋白酶活力单位。

三、器材

高速组织匀浆机，恒温水浴锅，紫外分光光度计，剪刀，纱布，大试管（20mm×200mm），量筒（10mL），吸量管（1mL、2mL、5mL），烧杯（100mL），试管架，漏斗等。实验材料为猪的胰脏。

四、试剂

（1）0.05mol/L Tris-HCl 缓冲液（pH8.0）（内含 0.2% $CaCl_2$）。

（2）1%（m/V）酪蛋白溶液。

（3）5%三氯乙酸溶液。

（4）$CaCl_2$。

（5）结晶胰蛋白酶。

五、操作步骤

1. 胰蛋白酶原的制备

（1）匀浆：取约 50g 猪胰脏，剥去结缔组织和脂肪，剪成碎块。按 $1:5$（m/V）加入预冷的 0.05mol/L Tris-HCl 缓冲液（pH8.0），高速组织匀浆机匀浆。

（2）提取：匀浆转移到小烧杯中，4℃抽提 1h。

（3）过滤：取一块纱布，折叠成 4 层，用水润湿，放在玻璃漏斗上，将胰蛋白酶原提取液过滤，收集滤液。

2. 胰蛋白酶原的激活　加入固体 $CaCl_2$ 使溶液的 Ca^{2+} 终浓度达到 0.1mol/L，然后加入少许结晶胰蛋白酶，混匀，在室温下激活 1h。

3. 胰蛋白酶的活力测定　分别取 1mL 上清液测定胰蛋白酶的浓度及活性。

1）胰蛋白酶浓度测定　取 1mL 样品液，以 Tris-HCl 缓冲液为空白，于 280nm 处测定吸光度值，并计算酶浓度值。

2）胰蛋白酶活力测定

样品管：加入 37℃预热过的 1%酪蛋白溶液 1mL，并加入 1.0mL 酶液，混匀，于 37℃保温 10min，立即加入 3mL 5%三氯乙酸，迅速摇匀，于室温放置 30min。过滤，收集滤液。

空白管：加入 1%酪蛋白溶液 1mL 和 5%三氯乙酸 3mL，摇匀后，再加入 1.0mL 酶液，混匀后在 37℃保温 10min，于室温放置 30min。过滤，收集滤液。

两管于 280nm 处测定吸光度。

六、结果与分析

1. 胰蛋白酶浓度计算

$$胰蛋白酶浓度（mg/mL）= \frac{A_{280} \times 稀释倍数}{1.35}$$

2. 胰蛋白酶活力计算

$$酶活力单位 = \frac{\Delta A_{280}}{0.001 \times t} \times N$$

式中，ΔA_{280} 为样品管吸光度（A_1）－空白管吸光度（A_2）；t 为保温时间（min）；N 为稀释倍数。

3. 胰蛋白酶比活计算

$$比活（U/mg）= \frac{测得的酶活力单位（U/mL）}{胰蛋白酶浓度（mg/mL）\times 加入体积（mL）}$$

七、注意事项

（1）胰脏必须是刚屠宰的新鲜组织或立即低温存放的，否则可能因组织自溶而导致实验失败。

（2）胰蛋白酶原在室温 14～20℃条件下 8～12h 可激活完全，激活时间过长，因酶本身自溶而会使比活降低。

八、思考题

酶原激活在体内有何意义？

实验十六　温度、pH 对糖化酶活力的影响

一、实验目的

（1）了解温度、pH 对酶促反应速度的影响。
（2）掌握糖化酶活力测定方法。

二、实验原理

糖化酶全称葡萄糖淀粉酶（glucoamylase），又叫 γ-淀粉酶，能催化淀粉水解，从淀粉分子非还原末端开始，水解 α-1,4 糖苷键生成葡萄糖，反应生成的葡萄糖可用次亚碘酸盐法定量测定，以表示糖化酶的活力。

I_2 与 NaOH 作用可生成次碘酸钠（NaIO），次碘酸钠可将葡萄糖（$C_6H_{12}O_6$）分子中的醛基定量地氧化为羧基。未与葡萄糖作用的次碘酸钠在碱性溶液中歧化生成 NaI 和 $NaIO_3$，当酸化时 $NaIO_3$ 又恢复成 I_2 析出，用 $Na_2S_2O_3$ 标准溶液滴定析出的 I_2，从而可计算出葡萄糖的含量。涉及的反应如下。

（1）I_2 与 NaOH 作用生成 NaIO 和 NaI。
$$I_2+2NaOH \longrightarrow NaIO+NaI+H_2O$$
（2）$C_6H_{12}O_6$ 和 NaIO 定量作用。
$$C_6H_{12}O_6+NaIO \longrightarrow C_6H_{12}O_7+NaI$$
（3）未与葡萄糖作用的 NaIO 在碱性溶液中歧化成 NaI 和 $NaIO_3$。
$$3NaIO \longrightarrow NaIO_3+2NaI$$
（4）在酸性条件下，$NaIO_3$ 又恢复成 I_2 析出。
$$5NaI+NaIO_3+3H_2SO_4 \longrightarrow 3Na_2SO_4+3I_2+3H_2O$$
（5）用 $Na_2S_2O_3$ 滴定析出的 I_2。
$$I_2+2Na_2S_2O_3 \longrightarrow Na_2S_4O_6+2NaI$$
总反应式为：$I_2+C_6H_{12}O_6+2NaOH \longrightarrow C_6H_{12}O_7+2NaI+H_2O$

因为 1mol 葡萄糖与 1mol I_2 作用，而 1mol NaIO 可产生 1mol I_2，所以，糖化酶催化产生的葡萄糖多，I_2 的消耗多，滴定需要的 $Na_2S_2O_3$ 少，反之，需要的 $Na_2S_2O_3$ 多。

糖化酶活力单位定义：在 40℃、pH4.6 的条件下，1mL 酶液 1h 分解淀粉产生 1mg 葡萄糖的所需酶量为一个酶活力单位（U）。

三、器材

电磁炉，恒温水浴锅，磨口具塞试管（25mL），试管架，量筒（25mL），吸量管（10mL、5mL、2mL、1mL、0.5mL），碘量瓶（200mL），碱式滴定管（25mL）等。

四、试剂

（1）0.1mol/L pH 4.6 乙酸钠缓冲液。

（2）2%淀粉溶液。

（3）糖化酶溶液：质量浓度 0.2%，比活为 50 000U/g，0.1mol/L pH4.6 乙酸钠缓冲液溶解。

（4）20% NaOH 溶液。

（5）0.1mol/L 碘液：36g 碘化钾溶解于 100mL 水，加入 12.691g 碘，搅拌溶解，稀释定容至 1000mL，棕色瓶保存。

（6）0.1mol/L NaOH 溶液。

（7）1mol/L H_2SO_4 溶液。

（8）0.05mol/L 硫代硫酸钠溶液：12.41g $Na_2S_2O_3 \cdot 5H_2O$ 溶于煮沸冷却的去离子水（含 0.1g 碳酸钠），定容至 1000mL，于棕色瓶中密闭保存一周，标定后使用。

（9）pH 分别为 2.2、3.2、4.6 的乙酸钠缓冲液，pH6.0 磷酸二氢钠-磷酸氢二钠缓冲液，pH8.0 磷酸氢二钠-磷酸二氢钾缓冲液，配制见附录二。

五、操作步骤

1. 温度对糖化酶反应速度的影响

（1）取 6 支 25mL 磨口具塞的试管，分别加入 2%淀粉溶液 12.5mL，加入 0.1mol/L pH4.6 乙酸钠缓冲液 2.5mL。

（2）将 1～5 号试管分别置于室温、40℃、60℃、80℃水浴锅及 100℃沸水浴中，6 号试管放于 40℃水浴锅（空白对照），预热 3～5min。

（3）1～5 号试管加入 1mL 糖化酶溶液，6 号试管加入 1mL 去离子水，在各自的温度下准确反应 0.5h，立即加入 0.1mL 20% NaOH 溶液终止反应，取出试管冷却至室温（表 9-14）。

表 9-14　不同温度下的糖化酶作用加样表

试剂	管号					
	1	2	3	4	5	6（空白）
2%淀粉溶液/mL	12.5	12.5	12.5	12.5	12.5	12.5
乙酸钠缓冲液/mL	2.5	2.5	2.5	2.5	2.5	2.5
保温温度/℃	室温	40	60	80	100	40
糖化酶溶液/mL	1	1	1	1	1	0
去离子水/mL	0	0	0	0	0	1
混匀，各自温度下水浴 30min						
20% NaOH 溶液/mL	0.1	0.1	0.1	0.1	0.1	0.1

（4）分别取上述各管反应液 5mL 于碘量瓶中，准确加入 0.1mol/L 碘液 10mL（观察、记录颜色），再边摇边加入 0.1mol/L NaOH 15mL（观察、记录颜色），黑暗条件下静置 15min，最后加入 2mL 1mol/L H_2SO_4（观察、记录颜色），用 0.05mol/L 硫代硫酸钠溶液滴定至溶液由蓝色变为无色时为滴定终点，记录消耗硫代硫酸钠溶液体积，为 $V_{样}$，见表 9-15。

表 9-15　酶促反应产物碘量反应及滴定加样表

试剂	管号及加量					
	1	2	3	4	5	6（空白）
表 9-14 各管反应液/mL	5	5	5	5	5	5
0.1mol/L 碘液/mL	10	10	10	10	10	10
0.1mol/L NaOH 溶液/mL	15	15	15	15	15	15
	黑暗处静置 15min					
1mol/L H₂SO₄ 溶液/mL	2	2	2	2	2	2
	以 0.05mol/L 硫代硫酸钠溶液滴定					

用 1mL 去离子水代替糖化酶液、40℃保温的 6 号试管为空白，滴定反应液消耗的硫代硫酸钠溶液体积，为 $V_{空}$。

2. pH 对糖化酶反应速度的影响

（1）取 6 支 25mL 磨口具塞的试管，分别加入 2%淀粉 12.5mL，不同 pH 的缓冲液 2.5mL（其中 3 号和 6 号试管均加入 pH4.6 乙酸钠缓冲液）。

（2）放入 60℃水浴锅中，预热 3～5min。

剩余步骤与最适温度测定一样。具体操作见表 9-16、表 9-17。

表 9-16　不同 pH 下糖化酶作用加样表

试剂	管号					
	1	2	3	4	5	6（空白）
2%淀粉溶液/mL	12.5	12.5	12.5	12.5	12.5	12.5
不同 pH 缓冲液/mL	2.5	2.5	2.5	2.5	2.5	2.5
	（pH2.2）	（pH3.2）	（pH4.6）	（pH6.0）	（pH8.0）	（pH4.6）
温度/℃	60	60	60	60	60	60
糖化酶溶液/mL	1	1	1	1	1	0
去离子水/mL	0	0	0	0	0	1
	混匀，60℃水浴 30min					
20%NaOH 溶液/mL	0.1	0.1	0.1	0.1	0.1	0.1

表 9-17　酶促反应产物碘量反应及滴定加样表

试剂	管号					
	1	2	3	4	5	6（空白）
表 9-16 各管反应液/mL	5	5	5	5	5	5
0.1mol/L 碘液/mL	10	10	10	10	10	10
0.1mol/L NaOH 溶液/mL	15	15	15	15	15	15
	黑暗处静置 15min					
1mol/L H₂SO₄ 溶液/mL	2	2	2	2	2	2
	以 0.05mol/L 硫代硫酸钠溶液滴定					

六、结果与分析

1. 糖化酶活力计算

$$糖化酶活力（U/mL）=(V_{空}-V_{样})\times 0.05\times 90.05\times \frac{16.1}{5}\times \frac{1}{0.5}$$

式中，$V_{空}$ 为滴定空白对照所消耗的硫代硫酸钠的毫升数；$V_{样}$ 为滴定样品所消耗的硫代硫酸钠的毫升数；0.05 为硫代硫酸钠的摩尔浓度；90.05 为 1mL 1mol/L 硫代硫酸钠所相当的葡萄糖毫克数；16.1 为反应液总体积的毫升数；5 为吸取反应液的毫升数；0.5 为反应时间为 0.5h；1 为换算成酶活力单位定义的反应时间 1h。

注：$V_{空}-V_{样}$ 的值最好为 3～6mL。若该值低于 3，或高于 6，测得的酶活力不准确，需酌情加减酶的用量。

2．温度对糖化酶活力影响　　根据上述公式计算 1mL 酶液在 pH4.6 缓冲液、不同温度下的活力，以温度为横坐标、对应的酶活力为纵坐标，绘制酶活力-温度曲线，从曲线上查出糖化酶的最适温度。

3．pH 对糖化酶活力影响　　根据上述公式计算 1mL 酶液在 60℃、不同 pH 下的活力，以 pH 为横坐标、对应的酶活力为纵坐标，绘制酶活力-pH 曲线，从曲线上查出糖化酶的最适 pH。

七、注意事项

（1）糖化酶的浓度和加量一定要合适，以保证酶促反应体系中有足够的底物，反应结束后有剩余的底物。购买的每一批次的糖化酶比活不同，实验前一定要进行预实验，以确定糖化酶的用量。

（2）硫代硫酸钠溶液需要提前一周配制，使用前需用标准重铬酸钾溶液标定。

八、思考题

（1）什么是酶促反应动力学？说出几种影响酶促反应速度的因素。

（2）根据糖化酶的反应机制和酶活力测定的原理，试说出还有哪些方法可以用来测定糖化酶活力。

（3）为什么硫代硫酸钠溶液需要放置至少一周后才能标定使用？放置过程发生哪些反应？

实验十七　果蔬中维生素 C 的定量测定（2,6-二氯酚靛酚滴定法）

一、实验目的

（1）掌握用 2,6-二氯酚靛酚滴定法测定植物材料中维生素 C 含量的原理与方法。
（2）了解常见蔬菜水果中的维生素 C 的含量。

二、实验原理

维生素（vitamin）是人体内不能合成，但维持生命活动必需的一类有机化合物。维生素 C 是一种水溶性维生素，人体缺乏维生素 C 会患坏血病，因此维生素 C 又称抗坏血酸（ascorbic acid）。它有两种形式，一种是烯醇式的还原形式，另一种是酮式的氧化形式。维生素 C 在自然界中分布很广，植物的绿色部分及许多水果中其含量丰富，果蔬的种类、品种、栽培条件、成熟度及加工贮藏方法都会影响果蔬中维生素 C 含量。

还原型维生素 C 具有许多重要的生理功能，如防治坏血病、促进胶原蛋白的合成、保证谷胱甘肽的还原性、维持酶分子上巯基的还原性等。人体只有摄食足够的维生素 C，才能保持健康。水果和蔬菜是人体日常膳食维生素 C 的主要来源。

有多种方法可以定量测定维生素 C，如碘量法、分光光度法、2,6-二氯酚靛酚滴定法等。

2,6-二氯酚靛酚是一种染料，其氧化形式在碱性溶液中呈蓝色，在酸性溶液中呈红色，其还原形式为无色。在中性或微酸性环境中，还原型维生素 C 与氧化型 2,6-二氯酚靛酚发生氧化还原反应，形成氧化型维生素 C 和还原型 2,6-二氯酚靛酚（图 9-10）。

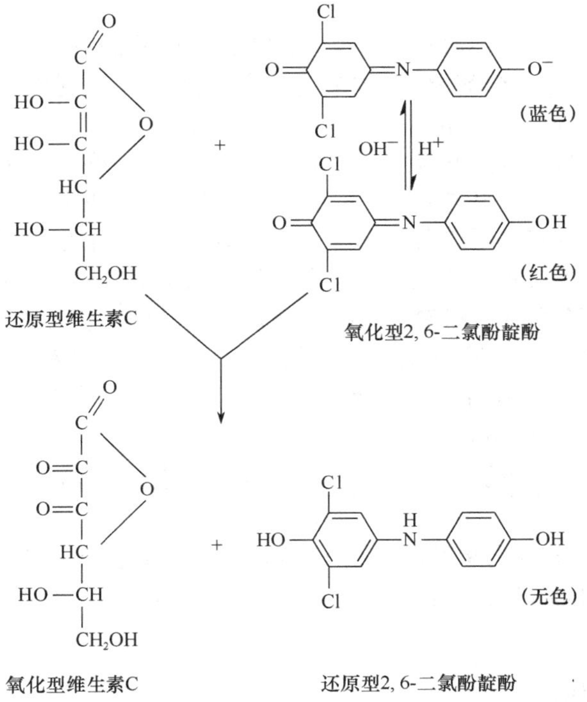

图 9-10　2,6-二氯酚靛酚与还原型维生素 C 的反应（萧能庚等，2005）

当用碱性氧化型 2,6-二氯酚靛酚溶液滴定含有维生素 C 的酸性果蔬提取液时，在维生素 C 尚未全部被氧化之前，滴下的 2,6-二氯酚靛酚均被还原成无色，当提取液中的维生素 C 全部被氧化，再滴入的一滴 2,6-二氯酚靛酚仍以氧化形式存在，其在酸性条件下呈红色。因此，当溶液由无色转变成微红色时，说明维生素 C 刚刚全部被氧化，此时达到滴定终点，可以根据标准 2,6-二氯酚靛酚的用量计算果蔬提取液还原型维生素 C 的含量。

三、器材

电子天平（50g/1mg），恒温水浴锅，容量瓶（500mL、1000mL），烧杯（100mL、500mL），玻璃漏斗，定性滤纸，棕色试剂瓶，研钵，石英砂，量筒（50mL、100mL），三角瓶（100mL），吸量管（1ml、5mL、10mL），微量滴定管（10mL）等。实验材料为新鲜的水果或蔬菜。

四、试剂

（1）2%草酸溶液。

（2）标准维生素 C 溶液（0.1mg/mL）：精确称取 50.0mg 维生素 C，用 1%草酸溶液溶解并定容至 500mL，临用现配。

（3）0.05% 2,6-二氯酚靛酚溶液：500mg 2,6-二氯酚靛酚溶于 300mL 含 104mg 碳酸氢钠（AR）的热水中，冷却后再用去离子水稀释至 1000mL，滤去不溶物，贮于棕色瓶内，滴定样品前用标准抗坏血酸标定（4℃保存一周有效）。

五、操作步骤

1. 样品的提取　　每组称取不同种类的新鲜水果或蔬菜样品（橘子 10g、冬枣 2g、青椒 2g、尖椒 2g、柠檬 5g、白菜 10g、香菜 5g、猕猴桃 2g），分别放在研钵中，加入 2%草酸溶液少许和少量石英砂，研磨成匀浆，倒入 50mL 量筒中，以 2%草酸溶液洗涤研钵，洗涤液倒入量筒，再加 2%草酸溶液至刻度，将提取液倒入干净的 100mL 烧杯，混匀，将玻璃漏斗置于 100mL 量筒上，用定性滤纸过滤，弃果蔬渣子，滤液为样品维生素 C 提取液。

2. 空白滴定　　取 2%草酸溶液 10mL 放入 100mL 三角瓶中，用 2,6-二氯酚靛酚溶液（染料）滴定，当溶液变为淡红色 15s 不褪色，记录消耗染料的体积，记作 $V_{空}$。

3. 2,6-二氯酚靛酚溶液的标定　　准确吸取 1.0mL 维生素 C 标准液（含 0.1mg 维生素 C）于 100mL 三角瓶中，加 9mL 2%草酸溶液，混匀，用 2,6-二氯酚靛酚滴定至淡红色（15s 内不褪色）。记录所用染料溶液的体积，记作 $V_{标}$。计算出 1mL 染料溶液所能氧化维生素 C 的量，记作 T（mg）。

$$T=\frac{标准维生素C的浓度（mg/mL）\times 所取标准维生素C的体积（mL）}{V_{标}-V_{空}}$$

4. 样品滴定　　分别取果蔬维生素 C 提取液 10mL 置于两个三角瓶中，用已经标定过的 2,6-二氯酚靛酚溶液滴定至淡红色 15s 不褪色为止，记录所消耗染料的体积，取平均值，记作 $V_{样}$。

六、结果与分析

（1）计算 100g 样品中维生素 C 的含量。

$$维生素C含量（mg/100g样品）=\frac{(V_{样}-V_{空})\times T\times 50}{W\times 10}\times 100$$

式中，T 为每毫升染料所能氧化抗坏血酸毫克数；$V_{样}$ 为滴定 10mL 样品提取液消耗染料的体积（mL）；$V_{空}$ 为滴定 10mL 草酸溶液消耗染料的体积（mL）；50 为样品提取液体积（mL）；10 为滴定时吸取样品提取液体积（mL）；W 为样品重量（g）；100 为换算成 100g 样品的系数。

（2）将本组的结果与其他实验组结果相比较，列出测定的几种果蔬维生素 C 含量由高到低的顺序。

七、注意事项

（1）由于各种果蔬维生素 C 提取液的颜色不同，滴定终点颜色的判定也有差异。例如，青椒、尖椒、香菜的提取液为绿色，可用白陶土脱色。

（2）样品提取液定容时若泡沫过多，可加几滴辛醇或丁醇消泡。

（3）市售 2,6-二氯酚靛酚质量不一，以 1mL 左右的染料氧化 0.2mg 维生素 C 为宜，可根据滴定结果调整染料溶液浓度。

（4）样品提取液制备和滴定过程，要尽量迅速，防止还原型维生素 C 被氧化。应避免阳光照射和与铜、铁器具接触，以免维生素 C 被破坏。

（5）滴定所用染料应该为 1～4mL，若样品维生素 C 含量太高或太低，应适当增减提取液用量或改变提取液的稀释倍数。

八、思考题

（1）该法测定维生素 C 有何不足？为了测得准确的维生素 C 含量，实验过程中应注意哪些操作步骤？为什么？

（2）用 2%草酸提取样品的目的是什么？

实验十八　荧光光度法定量测定核黄素（维生素 B_2）

一、实验目的

（1）了解荧光光度法测定核黄素的原理和方法。

（2）学习荧光光度计的操作和使用。

（3）掌握荧光定量分析工作曲线法。

二、实验原理

某些具有 π 电子共轭体系的分子易吸收某一波段的紫外光而被激发，如该物质具有较高的荧光效率，则会以荧光的形式释放出吸收的一部分能量而回到基态。建立在发生荧光现象基础上的分析方法，称为分子荧光分析法。荧光分析中包括激发光谱和发射光谱。同一种物质应具有相同的激发光谱和荧光光谱。激发光谱是在不同波长的激发光作用下，测得的某一波长处荧光强度的变化；荧光发射光谱是在某一固定波长的激发光作用下，荧光强度在不同波长处的分布情况。在稀溶液中，荧光强度与入射光的强度、荧光量子效率以及荧光物质的浓度等有关。以最大激发波长的光为入射光，荧光强度与发荧光物质的浓度成正比。

核黄素（维生素 B_2）是一种异咯嗪衍生物，其水及乙醇的中性溶液为黄色，并且有很强的荧光。核黄素在 pH4～9 的条件下，用 440～500nm 波长的光激发，可发出波长为 525nm 的荧光，在稀溶液中，荧光强度与核黄素浓度成正比。测定不同浓度标准核黄素系列溶液的荧光强度，绘制标准曲线，测定样品中核黄素的荧光强度，通过标准曲线可计算出样品中核黄素的含量。

三、器材

930 型荧光光度计，分析天平，研钵，试管（1.5cm×15cm）、吸量管（1mL、2mL、10mL 各一支），容量瓶（1000mL、2000mL）等。

四、试剂

（1）核黄素片。

（2）36%乙酸溶液。

（3）连二亚硫酸钠粉末。

（4）10μg/mL核黄素标准溶液：准确称取核黄素10mg，放入预先装有约50mL蒸馏水的1000mL容量瓶中，加入5mL36%乙酸，再加入大约800mL水，置水浴中避光加热直至溶解，冷却至室温，用蒸馏水定容到1000mL，混匀，转入棕色瓶试剂中。

（5）样品溶液：可参照标准溶液的浓度范围和溶剂体系配制样品溶液。称取核黄素药片4片，质量为m（g），用研钵研细，加入5mL36%乙酸和适量的蒸馏水，置水浴中避光加热直至溶解，冷却至室温，用蒸馏水定容到2000mL。食物和生物材料中的核黄素测定，需要经过抽提，或者经过分离、纯化处理。

五、操作步骤

1. 标准曲线及样品测定　　按表9-18在1～7号试管中分别加入10μg/mL标准核黄素溶液和蒸馏水。8～9号管分别加入样品溶液2mL和8mL蒸馏水。

表9-18　标准核黄素和样品加样表

	管号								
	1	2	3	4	5	6	7	8	9
标准核黄素溶液	0.0	0.2	0.5	1.0	1.5	2.0	2.5	—	—
蒸馏水	10	9.8	9.5	9.0	8.5	8.0	7.5	8.0	8.0
样品	—	—	—	—	—	—	—	2.0	2.0
$F1$									
$F2$									
F（$F1-F2$）									

注：1～6号试管用于制作标准曲线，7号试管为参比溶液，8～9号试管用于样品的测定

2. 荧光光度测定　　参照荧光光度计的使用说明，选用滤光片。根据测定核黄素的激发光波长为460nm，发射光波长为525nm，因此选用以下滤光片。

（1）选用滤光片。激发光波长：用带通型400nm（蓝色）滤光片。发射光波长：用截止型510nm（红色）滤光片。

（2）待仪器预热20min，旋动调零电位器，调好零点后，用7号试管溶液（2.5μg/mL）作为参比溶液调节荧光光度计的荧光强度读数到满刻度（100%）（必要时可调节灵敏度至满刻度），反复多次直到数据稳定。

（3）未还原时标准溶液和样品溶液荧光强度（F1）的测定，从高浓度到低浓度依次测定，并记录各自的读数于表9-20中。

（4）测定完后必须重新倒回到各自的原试管内，分别加入连二亚硫酸钠（保险粉）约10.0mg，经溶解混匀，还原后再重新测其各自荧光强度（F2），并记录读数于表9-20中。在测定中如果样品溶液的荧光强度超出100%，则需要重新稀释。

六、结果与分析

（1）未还原时荧光强度F1，还原后荧光强度为F2，校正后的实际荧光强度$F=F1-F2$。

（2）绘制标准曲线：以1～6号试管核黄素质量（μg）为横坐标、对应的荧光强度F

为纵坐标，以 Excel 软件绘制标准曲线，得标准曲线方程。

（3）以样品管 8 和 9 的平均荧光强度 F 代入标准曲线方程，计算样品液中的核黄素含量，记为 $W_样$（μg）。

（4）计算。

$$核黄素含量（mg/100g）＝W_样/2×V_总×10^{-3}×100/m$$

式中，$W_样$ 为根据标准曲线测定的样品中核黄素溶液质量（μg）；2 表示所取样品体积为 2mL；$V_总$ 为 2000mL；m 为所测样品质量（g）。

七、注意事项

（1）核黄素在碱性溶液中经光线照射会转化为光黄素，光黄素的荧光强度比核黄素荧光强，故测定时应控制在酸性范围内，且在实验中应尽量避光。

（2）配制标准溶液时，为减少仪器误差，取不同体积的同种溶液应尽量使用同一吸量管。

（3）样品液测定条件与标准曲线测定条件一致，且样品浓度不能太高，否则由于荧光的猝灭效应，样品浓度与荧光强度不成正比，会造成误差。

（4）比色皿是石英材质，注意不要损坏。

八、思考题

（1）荧光测定的方法有哪几种？

（2）荧光法测定核黄素时应注意哪些问题？

实验十九　DEAE-纤维素薄层层析分离鉴定核苷酸

一、实验目的

（1）加深对薄层层析基本原理的认识，掌握薄层层析的操作方法。

（2）掌握 DEAE-纤维素薄层层析分离鉴定核苷酸的原理与方法。

二、实验原理

DEAE-纤维素即二乙氨乙基纤维素，也是常用的薄层层析固定相支持剂，其结构式如下：

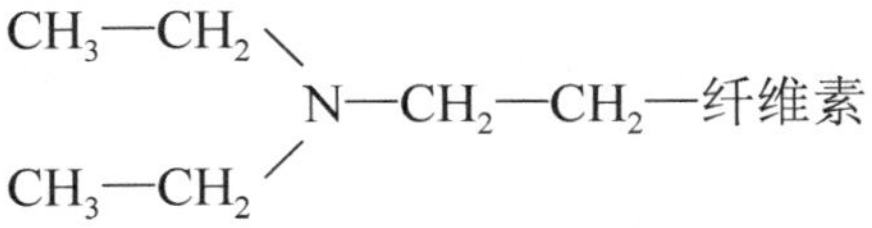

$$CH_3—CH_2\diagdown$$
$$N—CH_2—CH_2—纤维素$$
$$CH_3—CH_2\diagup$$

它是弱碱性阴离子交换纤维素，功能基团有伯胺基（—NH$_2$）、仲胺基（—NHCH$_3$）和叔胺基 [—N（CH$_3$）$_2$]，其碱性依次增强。

各种核苷酸的等电点在 pH2～3，在 pH3.5 条件下均带负电荷，各种核苷酸可以通过离子键与 DEAE-纤维素结合，取代 Cl$^-$。由于各种核苷酸在 pH3.5 时所带电量不同，因此，它们和 DEAE-纤维素的静电结合力也不同，从而达到分离和鉴定核苷酸的目的。在同一块薄层板上，将核苷酸标准品与待分离鉴定的样品一起展层，与各核苷酸标准品的迁移率进行对比，可鉴定未知样品中所含核苷酸的种类。本实验原理属于离子交换薄层层析。

三、器材

电子天平，循环水真空泵，电热鼓风干燥箱，紫外分析灯（254nm），铅笔，直尺，玻璃板（10cm×20cm），薄层层析缸，培养皿，抽滤瓶，布氏漏斗，滤纸，玻璃棒，毛细管，吹风机，干燥器，烧杯（500mL）等。

四、试剂

（1）DEAE-纤维素。
（2）0.5mol/L 盐酸溶液。
（3）0.5mol/L 氢氧化钠溶液。
（4）0.025mol/L 盐酸溶液（展层剂）。
（5）10mg/mL AMP（以展层剂配制）。
（6）10mg/mL ADP（以展层剂配制）。
（7）10mg/mL ATP（以展层剂配制）。
（8）0.5%混合核苷酸溶液（以展层剂配制）。

五、操作步骤

1. DEAE-纤维素的预处理　　称 10g DEAE-纤维素，加入 4 倍体积的去离子水浸泡 3h，倒入铺有两层滤纸的布氏漏斗内，将布氏漏斗插入抽滤瓶中，连接循环水真空泵，抽滤至干燥，滤饼置于 4 倍体积的 0.5mol/L 氢氧化钠溶液搅拌 1h，同样的方法抽滤至干燥，用去离子水洗到中性，抽滤至干燥。再将滤饼置于 4 倍体积的 0.5mol/L 盐酸溶液中搅拌 1h，抽干，用去离子水洗到中性，备用。

2. 铺板　　预处理过的 DEAE-纤维素，在烧杯中加入去离子水调成稀糊状，搅拌均匀后立即倒在干净的水平放置的玻璃板上，再用粗细均匀的玻璃棒由玻璃板的一端向另一端推进，推进操作应一次完成，推进速度力求均匀。采用在玻璃棒两端绕几圈胶布的方法控制所铺的薄层厚度。薄层的厚度是影响 R_f 值的一个重要因素，只有当薄层的厚度超过 0.15mm 时，才能得到比较恒定的 R_f 值，最厚可达 1.3mm，通常采用 0.25mm 的厚度。无黏合剂的吸附薄层厚度一般为 0.5～1.0mm。

铺板后在室温下放置 30min 以便吸附剂黏着，然后在 80℃干燥箱内烘干 60min，储存在干燥器中备用。

3. 点样　　在距离 DEAE-纤维素板短边一端 2.0cm 处用铅笔轻轻画一条横线，在横线上每隔 2.0cm 画"十"字点样点。用毛细管吸取 5～10μL 样品溶液，分几次点样，每点一次后用吹风机冷风吹干，样品点的直径应控制在 2～3mm 范围内。点样顺序为 AMP、ADP、ATP 和待测样品。点样应在 10min 内完成，以免薄层吸水影响层析效果。

在层析缸底部放置培养皿，皿内倒入 0.025mol/L 盐酸溶液（厚度约 1cm），再把已点样的薄板点样端朝下倾斜放入皿内，切勿使展层剂没过点样点。当溶剂前沿推进到距薄板上端约 1cm 处，取出薄板，用铅笔标记溶剂前沿，放入干燥箱内 65℃烘干。

将薄板放在波长 254nm 紫外分析灯下，观察层析斑点，并用铅笔描出斑点轮廓。

六、结果与分析

1. R_f 值测定　　根据铅笔描出的层析斑点，计算每一种标准核苷酸的 R_f 值和待测样品的 R_f 值。

2. 待测样品成分分析　　与标准核苷酸的 R_f 值对比，分析待测样品中可能含有哪一种或几种核苷酸。

七、注意事项

（1）DEAE-纤维素用酸、碱处理后，都要用大量去离子水洗到中性。

（2）铺板前将 DEAE-纤维素调到合适浓度，铺板要均匀、厚薄合适。

（3）点样后，展层前，先将薄层在紫外分析灯下检查有无斑点，若无暗斑，才能进行展层。

（4）展层后应将 DEAE-纤维素回收，经过再生处理，DEAE-纤维素可以反复使用。

八、思考题

（1）根据几种核苷酸的等电点和展层剂的 pH，分析在本实验条件下，几种核苷酸能否得到很好的分离。为什么？

（2）如何调整实验条件，以提高核苷酸的分离效果？

实验二十　植物基因组 DNA 的提取

一、实验目的

（1）加深对 DNA 理化性质的认识。

（2）掌握 CTAB 法提取植物基因组 DNA 的原理和方法。

二、实验原理

十六烷基三甲基溴化铵（cetyltrimethyl ammonium bromide，CTAB）是一种季铵盐，也是良好的阳离子表面活性剂。CTAB 与生物分子的亲和力与其所在的溶液环境有关：在低离子强度的溶液中，CTAB 可沉淀核酸和酸性多聚糖；在高离子强度溶液中，CTAB 与蛋白质和大多数非酸性多聚糖结合，但不与核酸形成沉淀。本实验利用 CTAB 的特性，将 DNA 与蛋白质、多糖等分离，以氯仿-异戊醇混合液去除蛋白质等杂质。最后，根据 DNA 在不同浓度乙醇中的溶解度差异，逐步去除杂质，制备 DNA 纯品。

三、器材

高速冷冻离心机，恒温水浴锅，恒温箱，电子天平，剪刀，移液器，研钵，研杵等。实验材料为小麦叶片。

四、试剂

（1）CTAB溶液：在烧杯中加入800mL蒸馏水，随后加入20g CTAB、81.82g氯化钠、5.84g乙二胺四乙酸、12.11g三（羟甲基）氨基甲烷，不断搅拌，使药品充分溶解，调节pH至8.0，定容至1L。

（2）氯仿-异戊醇混合液：取480mL氯仿与20mL异戊醇，混匀，避光保存。

（3）无水乙醇。

（4）70%乙醇溶液：取350mL乙醇，以蒸馏水稀释并定容至500mL。

（5）β-巯基乙醇。

五、操作步骤

（1）用剪刀剪取约0.5g小麦叶片，用研钵研磨至匀浆。

（2）向小麦匀浆中加入500μL经65℃预热的CTAB溶液，继续研磨30s。

（3）将研磨后的小麦匀浆-CTAB混合液转移至离心管中，于65℃水浴锅，静置30min。

（4）在离心管中加入500μL氯仿-异戊醇混合液，颠倒混匀，10 000r/min离心10min。

（5）吸取300μL离心得到的上清液至新离心管中，加入2倍体积（600μL）无水乙醇。颠倒混匀后于−20℃冰箱中，静置10min。同时，将离心机预冷至4℃。

（6）将样品于4℃、10 000r/min离心10min，弃上清液。

（7）在弃上清液后的沉淀上加入500μL 70%乙醇溶液，清洗沉淀。

（8）彻底弃上清液，将含有DNA沉淀的离心管开盖置于37℃恒温箱中，直至沉淀接近干燥。

（9）向离心管内加入50μL无菌水，使用移液器吹洗混匀，即提取的DNA溶液。可将DNA溶液置于−20℃冰箱中保存。

六、结果与分析

可在DNA溶液中加入终浓度为1×的DNA Loading buffer，利用琼脂糖凝胶电泳检测提取得到的DNA，或利用PCR扩增小麦基因片段，间接评估DNA提取质量（详见第九章实验二十一）。

七、注意事项

（1）如改用蛋白质含量较高的样品（如动物组织），推荐以酚-氯仿-异戊醇混合液（25∶24∶1）代替氯仿-异戊醇混合液。

（2）提取操作宜轻柔，避免因移液器猛烈吹吸造成的DNA片段化。

（3）在步骤（5）中取上清液时，应避免吸到水相和有机相间的中间层，以防提取得到的DNA溶液中含有蛋白质污染。

八、思考题

（1）如何提高提取DNA的完整性？

（2）DNA 在不同浓度乙醇中溶解度出现差异的原因是什么？

实验二十一　　PCR 扩增小麦持家基因 *Rubisco*

一、实验目的

（1）加深对 PCR 原理的认识。
（2）了解体外 DNA 扩增实验的操作方法。

二、实验原理

在细胞中，DNA 复制需要包括解链酶、拓扑异构酶、单链结合蛋白在内的多种生物大分子协同工作，使超螺旋的双链 DNA 分子解链。DNA 聚合酶在 RNA 引物的 3′端依据碱基互补配对原则合成与模板互补的新链，随后切除引物、填补缺口。水生栖热菌（*Thermus aquaticus*，*Taq*）DNA 聚合酶具有较强的热稳定性，可在高温环境中保持酶活力。利用 *Taq* DNA 聚合酶的这种特性，通过加热使双链 DNA 自发变性为单链；降低温度以使人工合成的 DNA 引物（该引物存在于扩增产物中，无须切除）退火至模板链并指导新链合成起始；在适当的温度下以 dNTP 为原料，沿 5′→3′ 方向延伸 DNA。通过不断重复上述的"变性""退火""延伸"步骤，可在体外实现 DNA 片段的指数级快速扩增。

1,5-二磷酸核酮糖羧化酶/加氧酶（ribulose-1,5-bisphosphate carboxylase/oxygenase，Rubisco）是绿色植物利用光能将空气中的二氧化碳固定、同化为碳水化合物的关键酶。Rubisco 大亚基由叶绿体基因编码，小亚基由细胞核基因编码。本实验以小麦基因组 DNA 为模板，使用 *Taq* DNA 聚合酶和特异性引物扩增 Rubisco 小亚基基因片段。

三、器材

PCR 仪，掌上离心机等。

四、试剂

（1）*Taq* DNA 聚合酶（5U/μL）。
（2）*Taq* DNA 聚合酶反应缓冲液：10×母液，含 500mmol/L 氯化钾、100mmol/L 三（羟甲基）氨基甲烷、15mmol/L 氯化镁，pH8.9。
（3）dNTP 混合溶液：含 dATP、dTTP、dCTP、dGTP 各 2.5mmol/L。
（4）引物溶液：上游引物 5′-GAGACCCTGTCTTACTTGCCA-3′、下游引物 5′-TCCTCG-ACCTACGTTGGTAG-3′，以超纯水配制成浓度为 10μmol/L 的母液。
（5）小麦基因组 DNA 溶液（制备方法详见第九章实验二十）。

五、操作步骤

1. PCR 反应体系配制　　取 1 支 PCR 管，在冰浴下按表 9-19 顺序加入各组分，配制反应液。

表 9-19 PCR 扩增反应试剂加样表

试剂名称	加入量	试剂名称	加入量
Taq DNA 聚合酶反应缓冲液	2.0μL	小麦基因组 DNA 溶液	1.0μL
dNTP 混合溶液	1.6μL	超纯水	13.3μL
上游引物溶液	1.0μL	*Taq* DNA 聚合酶	0.1μL
下游引物溶液	1.0μL		

配制结束后，使用掌上离心机离心 10s。

2. PCR 反应　　将配制好的 PCR 反应液置于 PCR 仪中，依照表 9-20 所述设置反应程序。

表 9-20 PCR 扩增反应程序设置表

步骤号	程序名称	温度	持续时间
1	预变性	98℃	30s
2	变性	98℃	10s ⎫
3	退火	55℃	30s ⎬ 35 个循环
4	延伸	72℃	30s ⎭
5	终延伸	72℃	5min
6	冷却	10℃	∞

开始反应，并等待反应程序结束。

六、结果与分析

在扩增结束后的 PCR 反应液中加入终浓度为 1× 的 DNA Loading buffer，利用琼脂糖凝胶电泳检测提取得到的 *Rubisco* 基因片段。引物在小麦基因组中的结合位点决定扩增产物长度为 494bp，应在凝胶电泳 Marker 的 500bp 条带对应位置附近观察到 *Rubisco* 基因扩增产物。

七、注意事项

（1）PCR 反应时，PCR 仪的顶盖温度应设置为 105℃。部分型号的 PCR 仪不带有顶盖加热功能，使用这类 PCR 仪时，应在反应液液面上加入 5～10μL 矿物油，防止反应液中的水分蒸发散失。

（2）反应液中的模板过多易造成扩增失败。基因组 DNA 属于复杂模板，每 20μL 反应体系中的加入量不应大于 200ng。

（3）PCR 反应溶液配制后，经掌上离心机离心即可开始反应程序，无须使用移液器吹吸或轻弹混匀。

八、思考题

（1）*Taq* DNA 聚合酶反应缓冲液中氯化镁组分的作用是什么？

（2）如扩增失败，未检测到 DNA 条带，可能的原因是什么？

（3）如扩增不充分，产生的 DNA 条带较浅，应如何调整以提高扩增效率？

（4）PCR 和细胞内 DNA 复制过程存在哪些差异？

实验二十二　琼脂糖凝胶电泳分离 DNA 片段

一、实验目的

掌握琼脂糖凝胶电泳的基本原理和操作方法。

二、实验原理

琼脂糖凝胶电泳是分离、鉴定 DNA 片段混合物的经典方法，常与 PCR、限制性内切酶酶切等技术配合使用。

DNA 分子的双链外侧带有大量磷酸基团，DNA 的等电点很低，在 pH 高于其 pI 的溶液环境中带负电。琼脂糖凝胶具有刚性多孔结构，其孔隙允许 DNA 分子通过。DNA 在琼脂糖凝胶电泳中的迁移受电荷效应和分子筛效应的共同影响。电荷效应使 DNA 片段向正极迁移，而分子筛效应则根据 DNA 片段的大小、构象和凝胶孔隙，决定 DNA 的迁移速度。这两种效应的结合使得琼脂糖凝胶电泳成为一种有效的 DNA 片段分离手段。凝胶中的琼脂糖浓度由实验目的和待检测 DNA 性质决定，通常为 0.5%～3.0%。

琼脂糖凝胶电泳实验中常用的缓冲液有 TAE（Tris-acetic acid-EDTA）、TBE（Tris-boracic acid-EDTA）、TPE（Tris-phosphoric acid-EDTA）三种，其中 TAE 缓冲液因分离效果佳、成本低廉、与凝胶回收等后续实验兼容性强而被广泛应用。溴化乙锭（ethidium bromide，EB）可嵌入 DNA 分子中，从而对 DNA 荧光染色（$E_x/E_m = 302\text{nm}/595\text{nm}$）。本实验以 TAE-琼脂糖凝胶电泳法分离待检测 DNA 片段，并以 EB 染色观察凝胶中的 DNA 条带。

三、器材

电泳仪，水平电泳槽，凝胶成像分析仪，微波炉，电炉，移液器，锥形瓶，制胶模具，制胶梳子等。

四、试剂

（1）琼脂糖粉末。

（2）TAE 缓冲液：50×母液，含 2mol/L Tris、1mol/L 乙酸、100mmol/L EDTA。临用时以去离子水稀释成 1×缓冲液。

（3）6×Loading buffer：含有溴酚蓝指示剂的上样缓冲液。

（4）EB 染液：含 0.5μg/mL EB，避光保存。

（5）DL1000 DNA marker（DNA 分子质量标准）。

（6）待检 DNA 溶液。

五、操作步骤

（1）以制备 1%琼脂糖凝胶为例，称取 20mL TAE 缓冲液和 0.2g 琼脂糖粉末，置于锥形瓶中。使用微波炉（或电炉）微火加热，使琼脂糖完全溶解。

（2）待溶液冷却至 50℃左右时，灌入制胶模具并插入制胶梳子。

（3）将完全凝固的凝胶从制胶模具中取出，并置于水平电泳槽内。取出梳子，形成点样孔（点样孔应靠近负极）。在电泳槽内加入 1×TAE 缓冲液，液面略高于凝胶。

（4）将待检 DNA 溶液与上样缓冲液按 5∶1（V/V）混合，使用移液器吸取 10μL 样品，注入点样孔中。随后在另一点样孔中注入 5μL DNA 分子质量标准溶液。

（5）接通电源，设置电压为恒定 4V/cm，开始电泳。

（6）待溴酚蓝指示剂条带迁移至凝胶 2/3 处，停止电泳。

（7）将凝胶浸泡转移至 EB 染液中，静置染色 5min，随后在超纯水中漂洗 5min。

六、结果与分析

（1）将漂洗后的凝胶置于凝胶成像分析仪中，以 254nm 和 302nm 波长紫外光激发，在 595nm 波长处采集荧光图像。

（2）依据 DNA 标准溶液的分子质量判断待检 DNA 样品的分子质量。

七、注意事项

（1）样品应注入点样孔底部，以防其流动至其他点样孔中。

（2）电泳时电压设置不应高于 5V/cm。

（3）EB 具有致癌性，进行染色时应佩戴护具。

八、思考题

（1）如果在制胶阶段将 EB 加入凝胶内，会对电泳结果产生何种影响？

（2）上样缓冲液的有效成分有哪些？分别具有什么作用？

（3）有哪些因素影响 DNA 在琼脂糖凝胶中的电泳迁移速度？是如何影响的？

（4）除琼脂糖凝胶电泳外，还有哪些鉴定 DNA 分子质量的方法？

实验二十三　还原糖的提取及含量测定

一、实验目的

（1）学习还原糖和总糖的理化性质。

（2）掌握分光光度法测定还原糖的原理和方法。

二、实验原理

在糖类中，分子中含有游离醛基或酮基的单糖和含有游离醛基的二糖都是还原糖。还原糖包括所有单糖（除二羟丙酮）、乳糖、麦芽糖等。多糖则为非还原糖。多糖在水溶液中不形成真溶液，只能形成胶体，由此可将其与可溶性的单糖和双糖分开。实验过程中利用糖的溶解度不同这一特性，可将植物样品中的还原糖提取出来（还原糖以葡萄糖含量计算）。

还原糖在碱性条件下加热被氧化成糖酸及其他产物，3,5-二硝基水杨酸则被还原为棕红色的 3-氨基-5-硝基水杨酸。在一定范围内，还原糖的量与棕红色物质颜色的深浅成正比，利用分光光度计，在 540nm 波长下测定吸光度值，制备标准曲线并计算，便可求出样品中还原糖的含量。

三、器材

可见分光光度计，恒温水浴锅，低速离心机，大试管（20mm×200mm），量筒（10mL），三角瓶，漏斗，滤纸，容量瓶（50mL、100mL），吸量管（1mL、2mL、5mL），烧杯（100mL、500mL），试管架等。实验材料为玉米面。

四、试剂

（1）500μg/mL 葡萄糖标准液：准确称取干燥恒重的葡萄糖 0.5g，加少量蒸馏水溶解后，再加 3mL 12mol/L 浓盐酸（防止微生物生长，浓盐酸浓度为 11.9mol/L），以蒸馏水定容至 1000mL。

（2）3,5-二硝基水杨酸（DNS）试剂：称取 6.3g 3,5-二硝基水杨酸（DNS）和 262mL 2mol/L NaOH 溶液加到酒石酸钾钠的热溶液中（192g 酒石酸钾钠溶于 500mL 水中），再加 5g 重蒸酚和 5g 亚硫酸钠，搅拌使其溶解，冷却后加水定容至 1000mL，保存于棕色瓶中。

五、操作步骤

1. 样品中还原糖的提取　　称取玉米面 2.0g，置于三角瓶中，加蒸馏水约 30mL。于沸水浴中加热提取 20min，冷却后用 50mL 容量瓶定容，过滤得滤液待测（或 3000r/min 离心 10min）。

2. 葡萄糖标准曲线的绘制及样品测定　　按表 9-21 顺序加样，1～6 号试管加标准糖溶液，7 号试管加样品提取液，每个样品做 2 个平行。

表 9-21　葡萄糖标准曲线绘制及样品测定加样表

试剂	管号						
	1	2	3	4	5	6	7
500μg/mL 葡萄糖标准液/mL	0	0.1	0.2	0.3	0.4	0.5	0
蒸馏水/mL	0.5	0.4	0.3	0.2	0.1	0	0
葡萄糖含量/μg	0	50	100	150	200	250	—
DNS 试剂/mL	0.5	0.5	0.5	0.5	0.5	0.5	0.5
提取液/mL	0	0	0	0	0	0	0.5
沸水浴 5min，然后冷却							
蒸馏水/mL	4.0	4.0	4.0	4.0	4.0	4.0	4.0
$\overline{A}_{540}$	0						

各管摇匀后，用制作标准曲线的空白管（1 号试管）溶液调零点，测定其余各管的吸光度值。

六、结果与分析

1. 标准曲线的绘制　　以 1～6 号试管的葡萄糖含量为横坐标、对应的 $\overline{A}_{540}$ 值为纵坐标，利用 Excel 绘制标准曲线，得标准曲线方程。

2. 样品还原糖含量计算　　根据 7 号试管的 $\overline{A}_{540}$，按标准曲线方程计算 0.5mL 样品液中还原糖的含量（μg）。

按下式计算玉米面中还原糖含量。

$$还原糖 = \frac{还原糖含量（μg）\times 10^{-6} \times 样品提取液体积（mL）}{样品质量（g）\times 0.5(mL)} \times 100\%$$

七、注意事项

（1）在沸水浴加热时，注意小心勿让三角瓶倒伏。

（2）样品液显色后若颜色很深，其吸光度值超过标准曲线浓度（含量）范围，则应将样品提取液适当稀释后再显色测定。

八、思考题

（1）何谓还原糖？测定还原糖的方法还有哪几种？

（2）比色测定操作要点及其基本原理是什么？

（3）比色测定为什么要设计空白管？

实验二十四　　糖酵解中间产物的测定

一、实验目的

（1）加深对糖酵解反应过程的理解。

（2）了解利用酶的专一性抑制剂研究代谢反应中间步骤的原理和方法。

二、实验原理

糖酵解是葡萄糖在细胞内氧化分解的重要过程，亦是典型的多步骤生化代谢途径。利用酶的专一性抑制剂阻断多步代谢反应，会导致受抑制酶的底物大量积累，此为研究代谢中间步骤的常用方法。3-磷酸甘油醛脱氢酶参与糖酵解过程，催化 3-磷酸甘油醛氧化生成 1,3-二磷酸甘油酸。碘乙酸是 3-磷酸甘油醛脱氢酶的专一性抑制剂，其抑制作用导致 3-磷酸甘油醛积累。在硫酸肼的存在下，3-磷酸甘油醛性质稳定而不自发分解。2,4-二硝基苯肼在碱性条件下与 3-磷酸甘油醛反应生成棕色产物，该棕色物质可用于指示 3-磷酸甘油醛的积累量，进而评价碘乙酸对 3-磷酸甘油醛脱氢酶的抑制作用。

三、器材

低速离心机，恒温水浴锅，试管，离心管，移液管，洗耳球，玻璃棒等。

四、试剂

（1）活性干酵母粉。

（2）葡萄糖溶液：称取 5g 葡萄糖，溶解于 90mL 蒸馏水中，定容至 100mL。配制好的葡萄糖溶液可在 4℃条件下保存约 1 周。

（3）三氯乙酸溶液：称取 10g 三氯乙酸，溶解于 80mL 蒸馏水中，定容至 100mL。

（4）碘乙酸溶液：称取 0.37g 碘乙酸，溶于 1L 蒸馏水中。

（5）硫酸肼溶液：称取 7.28g 硫酸肼，加入含 90mL 蒸馏水的烧杯中。在烧杯中缓慢加入 0.1mol/L 氢氧化钠溶液并搅拌，直至硫酸肼完全溶解。用蒸馏水定容至 100mL。

（6）氢氧化钠溶液：称取 3g 氢氧化钠，溶于 1L 蒸馏水中。

（7）2,4-二硝基苯肼溶液：在烧杯中加入 100mL 2mol/L HCl 和 0.1g 2,4-二硝基苯肼，搅拌至完全溶解。置于棕色试剂瓶中保存。

五、操作步骤

1. 反应体系的配制　取 3 支干净离心管，按表 9-22 顺序加入各组分，配制反应液。

表 9-22　糖酵解中间产物测定试剂加样表

加入顺序	试剂名称	离心管编号		
		1（变性管）	2（抑制管）	3（酵解管）
1	活性干酵母粉	0.2g	0.2g	0.2g
2	葡萄糖溶液	5mL	5mL	5mL
3	三氯乙酸溶液	1mL	—	—
4	碘乙酸溶液	0.5mL	0.5mL	—
5	硫酸肼溶液	0.5mL	0.5mL	—

2. 酵解反应　在上述 3 支离心管中各插入一支玻璃棒，将反应物搅拌均匀，随后将带有玻璃棒的离心管置于 37℃水浴锅中，静置 30min。

3. 反应进程观察　将离心管从水浴锅中取出，擦净表面的水渍。观察各管中的气泡产生量。

4. 补加试剂　在上述反应后的离心管中，按表 9-23 顺序补加组分。

表 9-23　糖酵解中间产物测定试剂补加表

加入顺序	试剂名称	离心管编号		
		1（变性管）	2（抑制管）	3（酵解管）
1	三氯乙酸溶液	—	1mL	1mL
2	碘乙酸溶液	—	—	0.5mL
3	硫酸肼溶液	—	—	0.5mL

加入后，使用玻璃棒搅拌均匀，随后静置 5min。

5. 测定中间产物　将上述离心管置于低速离心机中，4000r/min 离心 5min。各取 0.5mL 上清液，转移至对应编号的试管中。向 3 支试管中各加入 0.5mL 氢氧化钠溶液，静置 2min。静置结束后，向 3 支试管继续加入 0.5mL 2,4-二硝基苯肼溶液，静置 5min。最后向各管内加入 3.5mL 氢氧化钠溶液，混匀并观察管内反应物颜色深浅的区别。

六、结果与分析

（1）步骤 3 中的气泡是何种物质？为什么气泡产生量存在差异？

（2）步骤 5 中各管内反应物的颜色深浅有何区别？这是由什么原因导致的？

七、注意事项

三氯乙酸具有一定腐蚀性，药品配制和实验操作过程中需佩戴护具。

八、思考题

（1）三氯乙酸和碘乙酸抑制糖酵解的原理有何区别？生活中有哪些以此类原理为基础的常见药剂？

（2）如何得知某种酶的专一性抑制剂？

（3）如不使用硫酸肼，步骤 5 中各管内反应物的颜色深浅会有何变化？

（4）如何利用酶的专一性抑制剂研究代谢过程？

实验二十五　脂肪酸氧化——酮体的生成

一、实验目的

（1）了解脂肪酸的 β 氧化作用。

（2）验证肝的生酮能力（生成酮体是肝特有的能力）。

二、实验原理

在肝中，脂肪酸经 β 氧化作用生成乙酰辅酶 A（乙酰 CoA）。2 分子乙酰 CoA 可缩合生成乙酰乙酸。乙酰乙酸可脱羧生成丙酮，也可还原生成 β-羟丁酸。乙酰乙酸、β-羟丁酸和丙酮总称为酮体。

肝细胞中有生成酮体的酶，能以乙酰 CoA 为原料合成酮体。本实验以丁酸作为底物，与新鲜肝匀浆一起放入与体内相似的环境中，也可以生成酮体。判断酮体生成与否，可将反应液与显色粉混合，酮体能与显色粉中的硝普钠反应，生成紫红色化合物。

三、器材

恒温水浴锅，匀浆仪，大试管（20mm×200mm），量筒（10mL），容量瓶（100mL），吸量管（1mL、2mL、5mL），烧杯（100mL），试管架，白瓷板等。实验材料为新鲜猪肝（兔肝）、猪肌肉（兔肌肉）。

四、试剂

（1）0.9%氯化钠溶液。

（2）0.1mol/L 氢氧化钠溶液。

（3）洛克氏（Locke）液：氯化钠 0.9g、氯化钾 0.042g、氯化钙 0.024g、碳酸氢钠

0.02g、葡萄糖 0.1g，将以上试剂混合溶于水中，定容至 100mL。

（4）0.5mol/L 丁酸溶液：取 44.0g 丁酸溶于 0.1mol/L 氢氧化钠溶液中，并用 0.1mol/L 氢氧化钠稀释至 1000mL。

（5）1/15mol/L pH7.6 磷酸盐缓冲液。

（6）15%三氯乙酸溶液。

（7）显色粉：硝普钠 1g、无水碳酸钠 30g、硫酸铵 50g，混合后研碎。

五、操作步骤

1. 肝（肌肉）匀浆液的制备 称取肝组织 5g 利用匀浆仪制备匀浆（或置于研钵中，加少量 0.9%氯化钠溶液，研磨成细浆），再加入 0.9%氯化钠溶液至总体积为 10mL。同样，按照上述方法制备肌肉组织匀浆液。

2. 酮体的生成 取 5 支试管按表 9-24 加样，进行如下操作。

表 9-24 酮体生成加样表

试剂/滴	管号				
	1	2	3	4	5
洛克氏液	15	15	15	15	15
0.5mol/L 丁酸溶液	30	—	30	—	30
pH7.6 磷酸盐缓冲液	15	15	15	15	15
肝匀浆液	20	20	—	—	—
肌匀浆液	—	—	20	20	—
蒸馏水	—	30	—	30	20

（1）将各管混匀后置 37℃水浴 40min。

（2）取出各管，分别加入 15%三氯乙酸溶液 20 滴，静置 15min 后过滤，留取滤液备用。

（3）用滴管取各管上清液置白瓷板中，各加入显色粉一小匙（0.2g），观察颜色变化。

六、结果与分析

观察加入显色粉后发生的颜色变化，判定在酶的作用下是否有酮体的生成。将肝匀浆与丁酸混合，生成紫红色化合物，说明有酮体生成。而将肌匀浆与丁酸混合，在同样的环境中则不能生成紫红色化合物，因此没有酮体生成。说明肝中具有合成酮体的酶。

七、注意事项

肝糜、肌肉糜必须新鲜，放置过久则失去氧化脂肪酸的能力。

八、思考题

（1）什么是酮体？

（2）15%三氯乙酸溶液在实验中有什么作用？

（3）为什么酮体的生成是肝特有的功能？

实验二十六　细胞活力和细胞凋亡检测

一、实验目的

（1）掌握细胞活力的检测原理与方法。
（2）掌握细胞凋亡的检测原理与方法。

二、实验原理

　　细胞活力反映细胞总体的健康情况，用以确定某种刺激因素、治疗方案或培养条件对细胞稳态的影响。Cell Counting Kit-8，即 CCK-8，是一种检测细胞增殖和细胞毒性的快速高灵敏度试剂盒。CCK-8 是 MTT 法的替代方法。MTT 全称为 3-（4,5-二甲基噻唑-2)-2,5-二苯基四氮唑溴盐，是 MTT 法的关键试剂。CCK-8 的主要成分为 2-（2-甲氧基-4-硝苯基）-3-(4-硝苯基)-5-（2,4-二磺基苯）-2H-四唑单钠盐，是一种类似于 MTT 的化合物，在电子耦合试剂存在的情况下，可以被活细胞线粒体内的一些脱氢酶还原生成橙黄色的甲䐶。细胞增殖越多越快，则颜色越深；细胞毒性越大，则颜色越浅。

　　细胞凋亡是组织内维持细胞数量的一种稳态机制，由基因控制，反映细胞对环境的变化产生的死亡应答情况。DAPI，即 4′,6-diamidino-2-phenylindole，中文名 4′,6-二脒基-2-苯基吲哚，是一种荧光染料，可以穿透细胞膜与细胞核中的双链 DNA 结合而发挥标记作用，灵敏度高。DAPI 的最大激发波长为 340nm，最大发射波长为 488nm。DAPI 和双链 DNA 结合后，最大激发波长为 364nm，最大发射波长为 454nm。根据 DAPI 染色后细胞核染色质边集情况判定细胞凋亡状态。

三、器材

　　CO_2 培养箱，倒置显微镜，酶标仪，荧光显微镜，微量移液器，枪头，吸管，96 孔细胞培养板，血细胞计数板，载玻片，盖玻片，滤纸，暗盒，镊子，24 孔细胞培养板。实验材料为常规传代培养的人宫颈癌 HeLa 细胞。

四、试剂

　　（1）细胞培养基：含 10%新生牛血清的 RPMI1640 培养基。
　　（2）PBS：磷酸二氢钾（KH_2PO_4）0.27g、磷酸氢二钠（Na_2HPO_4）1.42g、氯化钠（NaCl）8g、氯化钾（KCl）0.2g，溶解后定容至 1L，浓盐酸调 pH 至 7.4。
　　（3）0.25%胰酶：0.25g 胰酶溶于 100mL PBS 中。
　　（4）100mmol/L H_2O_2 溶液：10.21mL 30%H_2O_2 溶液加入 1L 蒸馏水中，混合均匀。
　　（5）CCK-8 溶液。
　　（6）含 0.1% Triton X-100 的 PBS：0.1mL Triton X-100 加入 100mL PBS 中，混合均匀。
　　（7）4%多聚甲醛：4g 多聚甲醛溶于 100mL PBS 中，加热溶解。
　　（8）DAPI 染色液（5mg/mL）：5mg DAPI 溶于 1mL 含 0.1% TritonX-100 的 PBS 中，避光保存。用时稀释成 10μg/mL 染色工作液。

（9）80%甘油：80mL 甘油加入 20mL 蒸馏水中，混合均匀。

五、操作步骤

（1）倒置显微镜下观察细胞生长至融合状态，0.25%胰酶常规消化细胞，$4000 \times g$ 离心 5min，收集细胞沉淀，用含 2%血清培养基重悬，制成单细胞悬液。血细胞计数板进行细胞计数，按一定的倍数稀释细胞悬液，调整细胞浓度至 $1 \times 10^4 \sim 5 \times 10^4$/mL。

（2）用微量移液器吸取 100μL 稀释后的细胞悬液，加入 96 孔细胞培养板，每组设置 6 个复孔，并设置空白孔。放入 37℃培养箱培养 24h。

（3）向培养板中加入 1μL 100mmol/L H_2O_2 溶液，将培养板在培养箱孵育 0h、4h、8h、12h。

（4）每孔加入 CCK-8 溶液 10μL（注意不要生成气泡），37℃孵育 1～4h 后，在酶标仪上选择 450nm 波长测定吸光度值（A）。

（5）用微量移液器吸取 1mL 稀释后的细胞悬液接种在放置于 24 孔细胞培养板内的盖玻片上，放入 37℃培养箱培养 24h。向培养板中加入 10μL 100mmol/L H_2O_2 溶液，将培养板置于培养箱中孵育 0h、4h、8h、12h。用镊子取出盖玻片，滤纸吸走残余液体，4%多聚甲醛固定 30min。

（6）用 PBS 洗涤盖玻片 3 次，每次 5min。

（7）加适量染色工作液于盖玻片上，暗盒内室温避光染色 5～30min，吸弃染色液。

（8）用 PBS 洗涤盖玻片 3 次，每次 5min。

（9）80%甘油封片，荧光显微镜检查结果。

六、结果与分析

（1）每组的 A 值以平均值计，按以下公式计算细胞活力：

$$细胞活力 = (A_{实验} - A_{空白}) / (A_{对照} - A_{空白}) \times 100\%$$

式中，$A_{实验}$为有细胞、CCK-8 溶液和药物溶液的孔的吸光度；$A_{空白}$为有培养基和 CCK-8 溶液而没有细胞的孔的吸光度；$A_{对照}$为有细胞、CCK-8 溶液而没有药物溶液的孔的吸光度。

（2）荧光显微镜观察细胞凋亡：DAPI 染色呈蓝白色荧光。早期凋亡细胞呈现核浓缩，染色加深，或核染色质呈新月形聚集于核膜一侧；晚期凋亡细胞表现为核碎裂成大小不等的圆形小体，并被细胞膜所包绕，即凋亡小体。

七、注意事项

（1）全程佩戴一次性手套、口罩，避光操作。

（2）DAPI 染色和拍照过程中注意避光，防止荧光猝灭。

（3）实验完成后玻片放置锐器盒中统一回收处理。

八、思考题

（1）细胞活力检测如何反映细胞的增殖情况？

（2）除了 DAPI 染色法，还有哪些检测细胞凋亡的方法？

第十章　综合性实验项目

综合性实验一　凯氏定氮法测定牛奶的蛋白质含量

相关实验
操作视频

一、实验目的

（1）理解凯氏定氮法测定生物样品蛋白质含量的原理和实验设计思路。
（2）熟悉改良式凯氏定氮蒸馏仪的结构、自动凯氏定氮仪的构造。
（3）掌握微量凯氏定氮法及自动凯氏定氮仪测定生物样品蛋白质含量的操作技术。

二、实验原理

1. 基本原理　　凯氏定氮法（Kjeldahl determination）是测定化合物或混合物中总氮量的一种方法。即在催化剂催化下，用浓硫酸消化样品，将有机氮全部转变成无机铵盐，然后在碱性条件下将铵盐转化为氨，用水蒸气蒸馏法将氨蒸出，并以过量的硼酸溶液吸收氨，再用标准盐酸溶液滴定，所消耗的标准盐酸的摩尔数即为 NH_3 的摩尔数，据此可计算出样品的含氮量。

以甘氨酸为例，全部过程的化学反应如下。

消化：$CH_2-COOH+3H_2SO_4\longrightarrow 2CO_2+3SO_2+4H_2O+NH_3\uparrow$
　　　　　|
　　　　NH_2
　　　　$2NH_3+H_2SO_4\longrightarrow (NH_4)_2SO_4$

蒸馏：$(NH_4)_2SO_4+2NaOH\longrightarrow 2H_2O+Na_2SO_4+2NH_3\uparrow$

吸收：$NH_3+4H_3BO_3\longrightarrow NH_4HB_4O_7+5H_2O$

滴定：$NH_4HB_4O_7+HCl+5H_2O\longrightarrow NH_4Cl+4H_3BO_3$

蛋白质是一类复杂的含氮化合物，其平均含氮量约为 16%（质量分数）。以凯氏定氮法测定出含氮量，再乘以折算系数 6.25，即样品的蛋白质含量。

2. 微量凯氏定氮法测定原理　　牛奶样品经浓硫酸消化后，其中的有机氮全部转变为无机铵盐（硫酸铵）。消化时加入硫酸铜作为催化剂，加入硫酸钾（或硫酸钠）提高消化液的沸点。

改良式凯氏定氮蒸馏仪是微量凯氏定氮法的主要仪器，包括蒸馏、冷却、吸收和废液排出 4 部分，其结构如图 10-1 所示。长时间未使用和正在使用的蒸馏仪，每个样品蒸馏之前，均应洗涤干净，确保蒸馏仪内无残留氨等影响实验结果的杂质。

硫酸铵在蒸馏仪的反应室中与碱液反应生成 NH_3，经蒸馏和冷凝被硼酸溶液吸收。再用标准稀盐酸滴定吸收液，通过盐酸的消耗量即可计算出样品的含氮量。纯乳与纯乳制品的氮折算成蛋白质的折算系数为 6.38（GB 5009.5—2016《食品安全国家标准　食品中蛋白质的测定》）。用微量凯氏定氮法测出牛奶样品的含氮量后，乘以 6.38 即牛奶的蛋白质含量。

本法具有被测样品使用量少的优点，广泛应用于测定天然有机物（蛋白质、核酸、氨基酸等）的氮含量，适用范围为 0.2～1.0mg 氮，相对误差小于±2%。

3. 自动凯氏定氮仪测定原理 自动凯氏定氮仪是一种集消化、蒸馏、吸收、滴定和数据输出为一体的氮或蛋白质含量分析仪器。通过内置计算机控制系统，可实现试剂添加与蒸馏、吸收、数据计算全过程的自动化，配合消化和滴定模块即可完成硫酸环境消解样品、碱性环境蒸汽蒸馏、硼酸吸收、指示剂滴定终点、滴定终点颜色判断、数据输出全部流程。目前广泛应用于生物、食品、农业等领域的样本中氮或蛋白质含量的常量与半微量测定。

不同型号的定氮仪其自动化程度不同，较为经济且常用的定氮方案为：消化炉消解、半自动凯氏定氮仪蒸馏和手动滴定。本实验即采用该种方案测定牛奶的蛋白质含量。半自动凯氏定氮仪的前面板结构组成如图 10-2 所示。

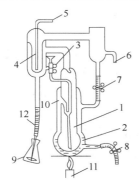

图 10-1 改良式凯氏定氮蒸馏仪的结构

1. 反应室；2. 蒸汽发生室；3. 加样漏斗夹子；4. 冷凝器；
5. 冷凝水入口；6. 冷凝水出口；7. 蒸汽发生室进水口夹子；
8. 蒸汽发生室废液排出口夹子；9. 蒸馏液接收瓶；
10. 反应室废液排出口；11. 酒精灯；12. 连接管

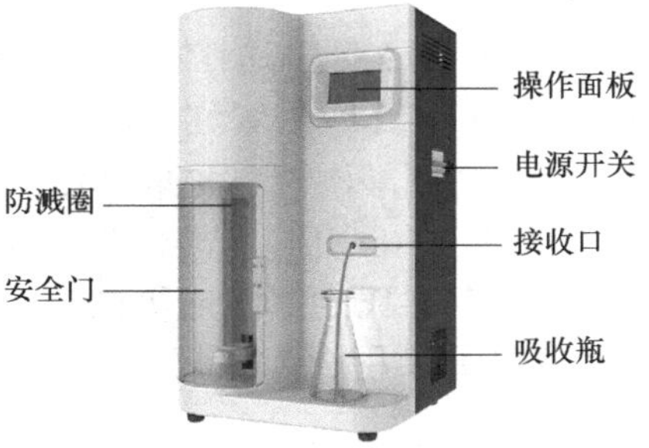

图 10-2 半自动凯氏定氮仪前面板结构组成

操作面板
电源开关
接收口
吸收瓶
防溅圈
安全门

三、器材

（1）仪器用具：改良式凯氏定氮蒸馏仪，X20A 铝模块自动消化装置，K1305 型半自动凯氏定氮仪，电子天平，低速离心机，电磁炉，消化架，铁架台，凯氏烧瓶（50mL），消化管（300mL），弯颈漏斗（50mm），锥形瓶（100mL、250mL），容量瓶（50mL），吸量管（10mL、5mL、2mL、1mL），座式微量滴定管（10mL，酸式），乳胶管，酒精灯，滴管，药匙，玻璃珠，离心管，隔热手套等。

（2）材料：市售纯牛奶。

四、试剂

1. 样品消化试剂

（1）硫酸铜（$CuSO_4 \cdot 5H_2O$）。

（2）硫酸钾（K_2SO_4）。

（3）浓硫酸（H_2SO_4）。

2. 微量凯氏定氮法所需试剂

（1）三氯乙酸。

（2）30%过氧化氢溶液。

（3）20%氢氧化钠溶液：称取 200g 氢氧化钠，溶于少量去离子水，冷却至室温，定容至 1000mL。

（4）10%氢氧化钠溶液：称取 100g 氢氧化钠，溶于少量去离子水，冷却至室温，定容至 1000mL。

（5）标准硫酸铵溶液（0.3mg 氮/mL）：称取 1.415g 硫酸铵，溶于少量去离子水后定容至 1000mL。

（6）混合指示剂。

甲基红乙醇溶液（1g/L）：称取 0.1g 甲基红，溶于少量 95%乙醇，用 95%乙醇定容至 100mL。

亚甲蓝乙醇溶液（1g/L）：称取 0.1g 亚甲基蓝，溶于少量 95%乙醇，用 95%乙醇定容至 100mL。

临用前取 2 份甲基红乙醇溶液与 1 份亚甲蓝乙醇溶液混合。指示剂的变色范围为 pH 5.2～5.6。pH5.2 时为紫红色，pH5.4 时为灰蓝色，pH5.6 时为绿色。

（7）2%硼酸溶液：称取 20g 硼酸，溶于少量去离子水后定容至 1000mL。

（8）0.0100mol/L 标准盐酸溶液（使用前需标定）。

3．自动凯氏定氮法所需试剂　　除滴定用 0.0500mol/L 盐酸标准溶液（使用前需标定）、氨的置换用 30%氢氧化钠溶液以外，其余试剂同微量凯氏定氮法。

五、技术路线

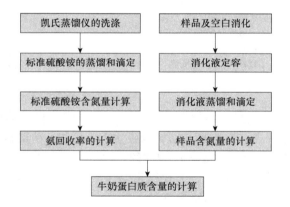

六、操作步骤

（一）微量凯氏定氮法测定牛奶蛋白质含量

1．所需样品的消化

（1）牛奶总氮测定样品：在洁净干燥的凯氏烧瓶中依次加入 2g 牛奶、2 粒玻璃珠（以防液体爆沸）、0.2g 硫酸铜、3g 硫酸钾和 7mL 浓硫酸。样品做 2 个平行。

（2）牛奶非蛋白氮测定样品：在洁净干燥的离心管中加入 2g 牛奶和 0.1g 三氯乙酸，搅拌，使蛋白质沉淀，4000r/min 室温离心 15min。将上清液转移至凯氏烧瓶中，再依次加入 2 粒玻璃珠、0.2g 硫酸铜、3g 硫酸钾和 7mL 浓硫酸。样品做 2 个平行。

（3）空白样品：在洁净干燥的凯氏烧瓶中依次加入 2g 去离子水、2 粒玻璃珠、0.2g

硫酸铜、3g 硫酸钾和 7mL 浓硫酸。样品做 2 个平行。

（4）将上述 6 个凯氏烧瓶置于电磁炉的消化架上进行消化。消化过程如下：先用微火加热煮沸，当观察到烧瓶内样品碳化变黑，产生大量泡沫时，注意调节电磁炉火力，切勿使黑色物质上升到瓶颈部，否则将严重影响样品的测定结果。当混合物停止冒烟，蒸汽和二氧化硫均匀释放时，加大火力至凯氏烧瓶内液体保持微沸。待消化液变褐色后，为了加速完成消化，可将烧瓶取下，稍冷，向消化液中滴加 1~2 滴 30%过氧化氢溶液，继续消化，至液体呈蓝绿色并澄清透明后，再加热 0.5~1h。消化过程中应小心转动烧瓶，使内壁附着物均能流入底部，使全部样品都浸没在硫酸中，以确保样品被完全消化。消化完毕，关闭电磁炉，将消化液冷却至室温。

2. 改良式凯氏定氮蒸馏仪的安装与洗涤

1）蒸馏仪安装　蒸馏仪安装前，玻璃部件需按照玻璃器皿的洗涤方法清洗干净，连接部位的乳胶管需用 10%氢氧化钠溶液煮沸约 10min，再用去离子水清洗数次至中性。按图 10-1 用乳胶管连接各部件，并固定在铁架台上。根据酒精灯的高度将蒸馏仪调整至合适的位置，连接好冷凝水的入水管和出水管。

2）蒸馏仪洗涤与密闭性检查

（1）向蒸汽发生室中加自来水：打开冷凝水开关，调节水流至合适大小；打开连接冷凝水与蒸汽发生室的夹子 7，向蒸汽发生室中加入约球体 2/3 体积的自来水，关闭夹子 7。

（2）向反应室中加去离子水：取一洁净干燥的锥形瓶，加入 5mL 2%硼酸溶液和 1 滴混合指示剂（此时溶液呈紫红色），使冷凝管下端没入锥形瓶液面之下。打开加样漏斗下方的夹子 3，加入 7mL 去离子水，使水经导管流入反应室，当水尚未完全流入反应室时，关闭夹子 3，在漏斗中加少许去离子水做水封。

（3）蒸馏与吸收：酒精灯加热蒸汽发生室底部，保持反应室内的去离子水沸腾。蒸汽发生室中的水蒸气和反应室中的可挥发气体（如 NH_3）进入冷凝管外腔，冷却后被吸收至硼酸溶液中。当第 1 滴冷凝水滴下时开始计时，持续蒸馏 8min。移动锥形瓶，使冷凝管下端稍离开液面，再蒸馏 1min，用少量去离子水冲洗冷凝管下端外部，冲洗液流入锥形瓶中。

（4）检查密闭性：蒸馏时需注意观察反应室、蒸汽发生室和漏斗水封的液面位置。如液面位置无明显变化，表明蒸馏仪密闭性良好；否则应停止蒸馏，检查玻璃部件、乳胶管、各连接部位以及夹子是否夹紧。确保密闭性良好后再使用。

（5）排出废液：蒸馏完毕，移开酒精灯后立即打开夹子 7，使少量自来水进入蒸汽发生室。此时由于反应室外的温度骤然降低，反应室内的废液自动抽吸到蒸汽发生室内。如反应室内仍有废液，可重复操作 1~2 次，至反应室内的废液抽尽。关闭冷凝水开关，同时打开夹子 7 和夹子 8，使蒸汽发生室内的废液流出。反复打开、关闭冷凝水开关，用自来水将蒸汽发生室和反应室冷却至无温差。

（6）判断洁净程度：蒸馏结束后，若锥形瓶内的溶液未变绿色（呈淡紫红色或灰蓝色），表示蒸馏仪内无氨的残留，蒸馏仪清洗干净；若锥形瓶内的溶液变为绿色，则按上述方法重复蒸馏洗涤 2~3 次，至溶液不变绿色即合格。

3. 标准硫酸铵溶液的蒸馏和滴定

1）标准硫酸铵溶液的蒸馏和吸收

（1）将蒸馏仪洗涤干净（操作方法同前），反应室和蒸汽发生室冷却至无温差。

（2）打开冷凝水开关，调节水流至合适大小；打开夹子 7，向蒸汽发生室中加入约球体 2/3 体积的自来水，关闭夹子 7。

（3）取 1 个洁净干燥的锥形瓶，加入 5mL 2%硼酸和 1 滴指示剂（此时溶液呈紫红色），将冷凝管下端没入锥形瓶液面之下。打开夹子 3，依次加入 2mL 标准硫酸铵溶液和 5mL 20%氢氧化钠溶液，当碱液尚未完全流入反应室时，关闭夹子 3，在漏斗中加少许去离子水做水封，以防置换出的氨通过漏斗溢出。

（4）用酒精灯加热蒸汽发生室，当水沸腾后，蒸汽通过反应室到达冷凝管外腔，凝结成液体，被硼酸溶液吸收。硼酸-指示剂混合液因吸收了氨气，颜色由紫红色变为绿色。此时开始计时，继续蒸馏 8min；移动锥形瓶，使冷凝管下端稍离开液面，再继续蒸馏 1min，用去离子水冲洗冷凝管下端外部，移去锥形瓶，准备滴定。

（5）将反应室内残留的液体抽吸到蒸汽发生室，排出废液，反应室和蒸汽发生室冷却至无温差。

（6）重复上述操作步骤，再做 1 个平行。

2）空白溶液的蒸馏和吸收　　用 2mL 去离子水代替 2mL 标准硫酸铵溶液，按照上述方法进行蒸馏和吸收。若去离子水不能使硼酸-指示剂溶液变为绿色，则从第 1 滴冷凝水滴落时开始记录蒸馏时间。

3）吸收液的滴定　　用 0.0100mol/L 标准盐酸溶液分别滴定 2 个标准硫酸铵溶液和 2 个空白溶液的吸收液，至硼酸-指示剂混合液由绿色变为淡紫红色，即滴定终点。滴定标准硫酸铵溶液所用标准盐酸溶液的体积，记为 $V_{蒸（标）}$，滴定空白溶液所用标准盐酸溶液的体积，记为 $V_{蒸（空）}$。

4. 牛奶消化液蛋白质含量的测定

1）消化液的定容　　将冷却至室温的牛奶总氮测定样品、牛奶非蛋白氮测定样品和空白样品消化液，分别转移至 50mL 容量瓶中，以去离子水少量多次洗涤凯氏烧瓶，洗涤液一并转移到容量瓶，定容至 50mL，混匀备用。

2）牛奶总氮测定样品、牛奶非蛋白氮测定样品和空白样品消化液的蒸馏和吸收

（1）将蒸馏仪洗涤干净（操作方法同前），反应室和蒸汽发生室冷却至无温差。

（2）分别从定容液中取 2mL 牛奶总氮测定样品、2mL 牛奶非蛋白氮测定样品和 2mL 空白样品消化液进行蒸馏和吸收（操作方法详见步骤 3"1）标准硫酸铵溶液的蒸馏和吸收"），每种样品做 2 个平行。若牛奶非蛋白氮测定样品和空白样品消化液不能使硼酸-指示剂溶液变为绿色，则从第 1 滴冷凝水滴落时开始记录蒸馏时间。

3）吸收液的滴定　　用 0.0100mol/L 标准盐酸溶液分别滴定 2 个牛奶总氮测定样品、2 个牛奶非蛋白氮测定样品和 2 个空白样品消化液的吸收液，至硼酸-指示剂混合液由绿色变为淡紫红色，即为滴定终点，记录滴定上述样品所消耗标准盐酸溶液的体积，分别记为 $V_{蒸（总）}$、$V_{蒸（非）}$、$V_{蒸（空）}$。

（二）自动凯氏定氮仪测定牛奶蛋白质含量

1. 样品消化

（1）牛奶样品：取 1g 牛奶至洁净干燥的消化管中，再加入 0.2g 硫酸铜、3g 硫酸钾和 7mL 浓硫酸。在消化管上放置一弯颈漏斗，自动消化装置设定起步温度 260℃，消化 30min，

再升温至 350℃，消化 30min，最后升温至 420℃，消化至液体呈蓝绿色并澄清透明后，再继续消化 0.5～1h。关闭自动消化装置，冷却至室温后准备测定。样品做 2 个平行。

（2）空白对照样品：取 1g 去离子水代替牛奶，其他操作相同。样品做 2 个平行。

2．定氮仪检查与参数设置

1）开机前　　检查各试剂桶中的去离子水、30%氢氧化钠溶液和 2%硼酸溶液（已加入混合指示剂）是否充足；冷凝水是否连接，打开冷凝水开关；在仪器托架上装入 1 个空消化管，关闭安全门；在接收口导管下方放一个空锥形瓶。

2）仪器自检　　打开电源开关，等待仪器自检。自检项目包括：消化管到位检查（T）、安全门到位检查（D）、预热检查（P）、蒸汽炉液位检测（L）、冷却水温度检查（C）。自检结束后，显示屏界面显示"运行""检查""计算"，当所有监测项均为绿色时（图 10-3），方可进行下一步操作。如在自检过程中发现故障，应按照显示屏上的提示文字进行纠正。

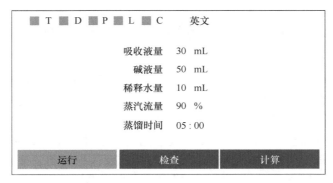

彩图

图 10-3　开机自检菜单

3）管路检查　　点击"检查"，显示屏界面显示"稀释水""冷却水""加热器""吸收液泵""碱泵"，依次检查见图 10-4。

彩图

图 10-4　管路检查菜单

（1）点击"稀释水"，仪器开始向消化管中添加去离子水，当去离子水加至消化管中，再次点击"稀释水"，停止添加。

（2）点击"冷却水"，检查冷却水的流量，保证流速大于 2L/min（防止流量过小使冷却水过热未起到冷却效果，导致测试结果不准确），再次点击"冷却水"关闭。

（3）点击"加热器"，通过仪器左侧观察窗检查蒸汽炉加热情况，再次点击"加热器"停止加热。

（4）点击"吸收液泵"，仪器开始向锥形瓶中添加硼酸溶液，当硼酸溶液加至锥形瓶中，再次点击"吸收液泵"，停止添加。

（5）点击"碱泵"，仪器开始向消化管中添加氢氧化钠溶液，当氢氧化钠溶液加至消化管中，再次点击"碱泵"，停止添加。

4）参数设置　　点击"测试"，进入参数设置菜单，设定运行参数（图10-5）。

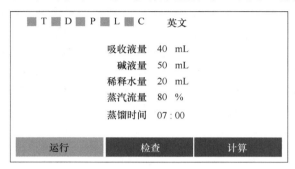

彩图

图10-5　参数设置菜单

（1）点击"吸收液量"，输入40mL，即每个样品所用的硼酸溶液体积数。

（2）点击"碱液量"，输入50mL，即每个样品消化液中添加的氢氧化钠溶液体积（氢氧化钠如足量，硫酸铜在碱性条件下可生成褐色沉淀）。

（3）点击"稀释水量"，输入20mL（需根据消化液体积适当调整）。

（4）点击"蒸汽流量"，输入80%（需根据蒸出液体积适当调整）。

（5）点击"蒸馏时间"，输入7min，即样品完全蒸馏所用的时间。

3. 管路清洗　　取1个洁净干燥的消化管，加入20mL去离子水，置于仪器托架上，关闭安全门，放置1个洁净干燥的锥形瓶。点击"运行"，仪器将按照设定参数开始运行。蒸馏6min后，移动锥形瓶，使冷凝管下端稍离开液面，再蒸馏1min，用少量去离子水冲洗冷凝管下端外部，冲洗液留在锥形瓶中。取下锥形瓶，取出消化管。重复蒸馏2～3个平行，如锥形瓶内的硼酸-指示剂溶液未变为绿色，表明管路清洗干净，可用于样品蒸馏。

4. 样品蒸馏　　将装有牛奶消化液的消化管置于仪器托架上，关闭安全门，放置1个洁净干燥的锥形瓶。点击"运行"，仪器将按照设定参数开始运行。蒸馏6min后，移动锥形瓶，使冷凝管下端稍离开液面，再蒸馏1min，用少量去离子水冲洗冷凝管下端外部，冲洗液留在锥形瓶中。取下锥形瓶，取出消化管。按照同样的方法依次蒸馏牛奶样品和空白对照样品。

全部样品蒸馏完毕后，清洗管路，关闭冷凝水开关，关闭仪器，切断电源。

5. 滴定　　分别将牛奶样品和空白对照样品用0.0500mol/L标准盐酸溶液滴定至终点（溶液呈淡紫红色）。记录滴定所消耗盐酸的体积，分别为$V_{蒸}$和$V_{蒸（空）}$。

七、结果与分析

（一）微量凯氏定氮法测定牛奶蛋白质含量

1. 标准硫酸铵溶液的含氮量计算

$$硫酸铵溶液的含氮量（mg/mL）=\frac{(V_{蒸（标）}-V_{蒸（空）})\times 0.0100\times 14}{2}$$

式中，$V_{蒸（标）}$ 为 2mL 标准硫酸铵溶液经蒸馏滴定所消耗标准盐酸溶液的平均体积（mL）；$V_{蒸（空）}$ 为 2mL 去离子水经蒸馏滴定所消耗标准盐酸溶液的平均体积（mL）；0.0100 为标准盐酸溶液的浓度（mol/L）；14 为氮的相对原子质量；2 为蒸馏所用标准硫酸铵的体积（mL）。

2. 氮回收率计算

$$氮回收率＝\frac{硫酸铵溶液的含氮量}{0.3}×100\%$$

式中，0.3 为标准硫酸铵溶液的含氮量（mg/mL）。

3. 牛奶蛋白质浓度计算

1）牛奶总氮测定样品的含氮量（M_t）

$$M_t（mg）＝\frac{（V_{蒸（总）}－V_{蒸（空）}）×0.0100×14×50}{2}$$

式中，$V_{蒸（总）}$ 为 2mL 牛奶总氮测定样品定容液所消耗标准盐酸溶液的平均体积（mL）；$V_{蒸（空）}$ 为 2mL 空白样品定容液所消耗标准盐酸溶液的平均体积（mL）；0.0100 为标准盐酸溶液的浓度（mol/L）；14 为氮的相对原子质量；50 为 2mL 牛奶总氮测定样品消化液定容总体积（mL）；2 为蒸馏所用样品体积（mL）。

2）牛奶非蛋白氮测定样品的含氮量（M_n）

$$M_n（mg）＝\frac{（V_{蒸（非）}－V_{蒸（空）}）×0.0100×14×50}{2}$$

式中，$V_{蒸（非）}$ 为 2mL 牛奶非蛋白氮测定样品定容液所消耗标准盐酸溶液的平均体积（mL）；$V_{蒸（空）}$ 为 2mL 空白样品定容液所消耗标准盐酸溶液的平均体积（mL）；0.0100 为标准盐酸溶液的浓度（mol/L）；14 为氮的相对原子质量；50 为 2mL 牛奶非蛋白氮测定样品消化液定容总体积（mL）；2 为蒸馏所用样品体积（mL）。

3）牛奶的蛋白质质量

$$牛奶蛋白质质量（mg）＝（M_t－M_n）÷氮回收率×6.38$$

式中，6.38 为纯乳与纯乳制品氮折算成蛋白质的折算系数，即 1mg 氮相当于蛋白质的质量（mg）。

4）牛奶样品的蛋白质含量

$$牛奶蛋白质含量（g/100g）＝牛奶蛋白质质量÷1000÷2×100$$

式中，1000 表示为 1g，即 1000mg；2 为消化牛奶样品的质量（g）；100 为换算系数，蛋白质浓度单位（g/100g）。

（二）自动凯氏定氮法测定牛奶蛋白质含量

1. 人工计算牛奶蛋白质含量

$$牛奶蛋白质含量（g/100g）＝\frac{（V_{蒸}－V_{蒸（空）}）×0.0500×14}{1}×6.38÷1000×100$$

式中，$V_{蒸}$ 为牛奶消化液消耗标准盐酸溶液的体积（mL）；$V_{蒸（空）}$ 为空白对照消化液消耗标准盐酸溶液的体积（mL）；0.0500 为标准盐酸溶液的浓度（mol/L）；14 为氮的相对原子质量；1 为被测牛奶的质量（g）；6.38 为纯乳与纯乳制品氮折算成蛋白质的折算系数，即 1mg 氮相当于蛋白质的质量（mg）；1000 表示为 1g，即 1000mg；100 为换算系数，蛋白质浓度单位（g/100g）。

2．定氮仪自动计算　　点击"计算"，依次输入标准盐酸溶液浓度（0.0500mol/L）、样品量（1g）、滴定量（样品所消耗标准盐酸溶液的体积）、空白（空白对照所消耗标准盐酸溶液的体积）、折算系数（乳与乳制品为 6.38，其他类型样品可参考 GB 5009.5—2016），即可得到样品的氮含量和蛋白质含量。

（三）分析

依据现行 GB 19645—2010《食品安全国家标准　巴氏杀菌乳》和 GB 25190—2010《食品安全国家标准　灭菌乳》，巴氏杀菌牛乳和灭菌牛乳的蛋白质含量≥2.9g/100g。请根据本实验结果和市售纯牛奶的商品标识，分析误差可能产生的原因。

八、注意事项

1．消化过程

（1）小心加样，切勿使样品沾污凯氏烧瓶（或消化管）的口部和颈部，造成样品未完全消化而影响结果。

（2）消化过程会释放强烈刺激性气体 SO_2，消化全过程应在通风橱中进行。

（3）空白样品因不含或仅含微量有机氮，消化过程中的现象与牛奶样品不同。消化时与牛奶样品保持一致操作即可。

2．改良式凯氏定氮蒸馏仪蒸馏过程

（1）蒸馏全过程需保持冷凝水循环。

（2）排出废液时应灵活调节冷凝水开关的开闭，避免蒸汽发生室内的自来水过多而进入反应室，造成污染。

（3）每个样品蒸馏之前，应保证蒸馏仪洁净。

（4）硼酸溶液需临用时加入锥形瓶，避免吸收空气中的 NH_3、CO_2 而改变 pH，影响实验结果。

（5）蒸馏过程中应保持酒精灯火焰稳定，避免发生接收瓶中的溶液倒吸现象。若酒精灯火焰太不稳定，有可能在样品未蒸馏完全之前，反应室内的液体就被抽吸至蒸汽发生室，此时应再次洗涤蒸馏仪至合格，才能进行下一次蒸馏。

（6）每个样品加入反应室前应确保蒸馏仪的反应室和蒸汽发生室无温差，避免反应室温度高于蒸汽发生室而导致样品被抽出，测定结果明显偏低。

3．自动凯氏定氮仪使用

（1）安装消化管时，将管适当旋转，使其与防溅圈紧密接触，避免管口漏气，影响测试结果。

（2）蒸馏全过程严禁开启安全门取下消化管，避免沸腾碱液伤害操作者。

（3）蒸馏结束后消化管温度较高，取出时应佩戴隔热手套，避免烫伤。

（4）测试过程中，如出现异常情况，立即点击"停止"键，终止仪器测试过程并退出。

（5）凯氏定氮仪若长时间不使用，应将加碱管从碱桶中取出，置于去离子水容器。在"检查"菜单中手动添加碱液，将管路中的碱液全部排放到消化管中，并用去离子水清洗碱液管路，以防碱结晶堵塞。

4. 固体生物样品的蛋白质含量测定

（1）若测定固体生物样品（如饲料、粮食等）的蛋白质含量，通常按每100g该物质干重所含的氮质量（g）来表示。物质干重的测量方法为：将样品磨细，在已称重的称量瓶中，称入一定量的样品，置于烤箱105℃烘烤1h。将称量瓶放入干燥器中，待降至室温后称重。按上述操作，每烘干1h后重复称量1次，直至两次称量数值不变，即达到恒重为止。由此可计算该物质的含水量。样品的消化、蒸馏、吸收和滴定方法与液体样品相同。

（2）蛋白质折算系数应依据现行 GB 5009.5—2016《食品安全国家标准　食品中蛋白质的测定》查找选用，见表10-1。

表 10-1　蛋白质折算系数表

食品类别		折算系数	食品类别		折算系数
小麦	全小麦粉	5.83	大米及米粉		5.95
	麦糠麸皮	6.31	鸡蛋	鸡蛋（全）	6.25
	麦胚芽	5.80		蛋黄	6.12
	麦胚粉、黑麦、普通小麦、面粉	5.70		蛋白	6.32
燕麦、大麦、黑麦粉		5.83	肉与肉制品		6.25
小麦、裸麦		5.83	动物明胶		5.55
玉米、黑小麦、饲料小麦、高粱		6.25	纯乳与纯乳制品		6.38
油料	芝麻、棉籽、葵花籽、蓖麻、红花籽	5.30	复合配方食品		6.25
	其他油料	6.25	酪蛋白		6.40
	菜籽	5.53			
坚果、种子类	巴西果	5.46	胶原蛋白		5.79
	花生	5.46	豆类	大豆及其粗加工制品	5.71
	杏仁	5.18		大豆蛋白制品	6.25
	核桃、榛子、椰果等	5.30	其他食品		6.25

九、思考题

（1）设立牛奶总氮样品、牛奶非蛋白氮样品和空白样品的意义是什么？

（2）蒸馏滴定标准硫酸铵溶液和去离子水的意义是什么？

（3）全面分析微量凯氏定氮法测定牛奶蛋白质含量实验操作中可能导致误差的原因。

（4）比较微量凯氏定氮法和自动凯氏定氮仪所测得的结果，如有差别，分析可能造成误差的原因。

（5）比较微量凯氏定氮法和自动凯氏定氮仪的异同，分别列举两种方法的优点和局限性。

综合性实验二 大蒜超氧化物歧化酶的提取、纯化及性质测定

一、实验目的

（1）学习有机溶剂沉淀法提取酶的原理与操作。
（2）掌握离子交换柱层析法纯化生物大分子的原理与操作。
（3）掌握超氧化物歧化酶活性测定的原理与方法，学习酶活力的计算。

二、实验原理

1. 超氧化物歧化酶的性质及提取　　超氧化物歧化酶（superoxide dismutase，SOD）是广泛存在于动物、植物和好氧微生物细胞内的氧化还原酶类，酶学编号为 EC1.15.1.1。根据所含金属离子的不同，SOD 可分为 4 种类型。

第一种为铜锌超氧化物歧化酶（Cu·Zn-SOD），是最常见的一种酶，呈绿色，主要存在于机体细胞质中，由两个相同的亚基组成二聚体，分子质量 32kDa。

第二种为锰超氧化物歧化酶（Mn-SOD），呈紫色，存在于真核细胞的线粒体和原核细胞内，分子质量 40kDa。

第三种为铁超氧化物歧化酶（Fe-SOD），呈黄褐色，存在于原核细胞中，分子质量 38kDa。

第四种为镍超氧化物歧化酶（Ni-SOD），存在于链霉菌中，由 4 个相同的亚基组成四聚体，分子质量 53.6kDa。

SOD 可以催化超氧阴离子（$O_2^- \cdot$）发生歧化反应，生成过氧化氢和氧气，反应式如下：

$$2O_2^- \cdot + 2H^+ \xrightarrow{SOD} H_2O_2 + O_2$$

过氧化氢酶（catalase，CAT）或过氧化物酶（peroxidase，POD）会立即分解过氧化氢为水和氧气。

SOD 是生物体内一种重要的氧自由基清除剂，可以平衡机体代谢过程中产生的过多自由基，减轻或消除自由基对机体的危害，因此，广泛应用于医药、农业、化妆品等行业。在医学领域，SOD 主要用于治疗如心肌缺血与缺血再灌注综合征、炎症、肿瘤以及一些因超氧阴离子伤害引起的自身免疫病。在农业领域，SOD 可以清除植物逆境生长条件下产生的超氧阴离子，解除植物的生长抑制，因此，提高 SOD 在植物体内的表达量，可以改善植物对逆境的抵抗能力，进一步培育出抗逆性强、经济效益高的优良品种。在化妆品领域，SOD 可消除体内由于生化代谢产生的超氧阴离子自由基，有效防止氧自由基对机体的损害，避免皮肤受到电离辐射的损伤，防止皮肤衰老，同时还有祛斑、抗皱的功效。

植物体内的 Cu·Zn-SOD 含量最丰富，植物材料来源广泛，因此常作为提取 SOD 的原料。Cu·Zn-SOD 等电点为 pH4.95，为酸性蛋白质，耐热，在 pH7.6～9.0 之间稳定，低于 pH6.0 和高于 pH12.0 不稳定。大蒜细胞中含有较丰富的 SOD，因此，本实验通过研磨破碎大蒜组织或细胞，利用蛋白质盐溶性质，加入适量的 0.05mol/L pH7.8 的磷酸盐缓冲液，使 SOD 溶于缓冲液中。继续加入适量丙酮后，由于极性有机溶剂能引起蛋白质脱去水化层，并降低介电常数而增加带电质点间的相互作用，蛋白质颗粒凝集而沉淀，

从而使 SOD 沉淀析出。

2. 超氧化物歧化酶的分离纯化 将 SOD 丙酮沉淀物溶于 0.05mol/L pH7.8 的磷酸缓冲液后，采用 DEAE-Cellulose-32（或 52）阴离子交换剂进行层析分离，选择不同浓度的 NaCl 进行梯度洗脱，SOD 得到进一步纯化（原理详见第四章）。

3. 超氧化物歧化酶的活性测定 SOD 催化超氧阴离子（O_2^- •）进行歧化反应，很难直接测定其酶促反应产物。某些化合物在自氧化过程中会产生有色中间产物和超氧阴离子（O_2^- •），因此可以利用 SOD 清除 O_2^-•抑制自氧化而间接推算酶的活力。本实验采用邻苯三酚自氧化方法测定 SOD 活性。在碱性条件下，邻苯三酚能迅速自氧化，释放出 O_2^-•，并生成有色的中间产物，中间产物在 420nm 下有强烈的吸收峰且稳定，反应机制见图 10-6。初始中间产物在滞后 30～45s 之后开始积累，其积累量与时间呈线性关系，线性关系维持在 4min 以内。邻苯三酚的自氧化速率会随着 O_2^-•浓度的增加而加快。当有 SOD 存在时，由于它能催化 O_2^-•发生歧化反应生成 O_2 和 H_2O_2，从而阻止了中间产物的积累，抑制了邻苯三酚的自氧化速率。可以用加入 SOD 后邻苯三酚自氧化速率的降低来表征 SOD 的酶活力。

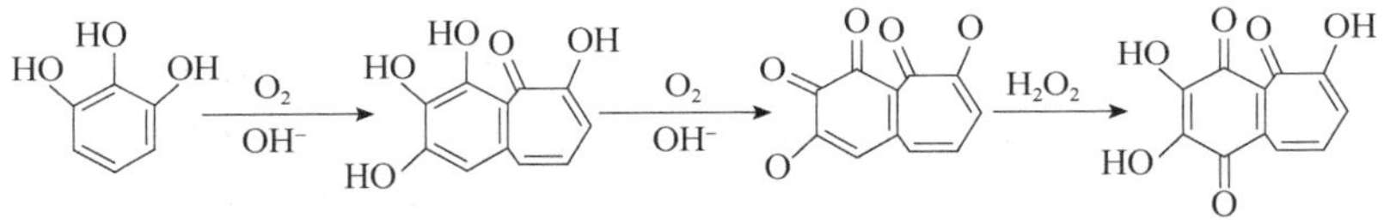

图 10-6 邻苯三酚碱性条件自氧化机制

邻苯三酚碱性条件自氧化产生不稳定半醌，其中 A、B 为两种主要中间体

酶活力单位定义：在 25℃恒温条件下，每毫升反应液中，每分钟抑制邻苯三酚自氧化率达 50%时所需的酶量定义为 1 个酶活力单位（U）。

4. 超氧化物歧化酶的分子质量测定 采用 SDS-聚丙烯酰胺凝胶电泳对分离纯化的 SOD 进行纯度鉴定和分子质量的测定（原理详见第七章，操作参见第九章实验十三）。

三、器材

（1）仪器用具：电子天平，高速冷冻离心机，分部收集器，核酸蛋白检测仪，可见分光光度计，水浴锅，聚丙烯酰胺凝胶电泳装置一套，铁架台，研钵，吸量管（1mL、5mL），胶头滴管，玻璃棒，量筒（50mL），离心管（50mL、7mL、1.5mL），层析柱（Φ1.0cm×20cm），DEAE-Cellulose-52，烧杯（50mL、100mL、500mL），微量进样器（100μL），试管（18mm×180mm），玻璃比色皿（内径 1cm、内径 3cm），石英砂，水止等。

（2）材料：大蒜。

四、试剂

1．SOD 提取试剂

（1）SOD 提取缓冲液：0.05mol/L pH7.8 磷酸缓冲液。

（2）氯仿-无水乙醇：氯仿：无水乙醇（V/V）＝3：5，4℃冷藏。

（3）－20℃预冷丙酮。

2．Folin-酚法测定 SOD 含量所用试剂（参见第九章实验八）

（1）标准牛血清白蛋白（BSA）溶液：250μg/mL。

（2）Folin-酚试剂甲和试剂乙。

3．SOD 纯化试剂

（1）0.5mol/L 氯化钠-0.5mol/L 氢氧化钠溶液。

（2）0.5mol/L 盐酸-0.5mol/L 氯化钠溶液。

（3）柱层析平衡液：0.05mol/L pH7.8 磷酸缓冲液。

（4）柱层析洗脱液：在平衡液中加入 NaCl 溶液，使之分别含有终浓度 0.05mol/L、0.1mol/L、0.15mol/L、0.2mol/L 的 NaCl。

4．SOD 活性测定试剂

（1）45mmol/L 邻苯三酚溶液：准确称取 56.8mg 邻苯三酚（AR），用 0.05mol/L HCl 定容至 10mL，于 4℃冰箱储存备用，测定前于 25℃水浴中预热 20min。

（2）100mmol/L 二乙三氨五乙酸：2g 二乙三氨五乙酸溶于 30mL 去离子水中，定容至 50mL。

（3）10×Tris-HCl-二乙三氨五乙酸钠缓冲液：30.3g Tris 溶于 300mL 去离子水中，加入 62mL 2mol/L HCl 和 50mL 100mmol/L 二乙三氨五乙酸，定容到 500mL，pH 8.2。

（4）1×Tris-HCl-二乙三氨五乙酸钠缓冲液（50mmol/L Tris-HCl、1mmol/L 二乙三氨五乙酸，pH8.2）：10×Tris-HCl-二乙三氨五乙酸钠缓冲液用去离子水稀释 10 倍。

（5）5% 维生素 C 溶液。

5．SOD 分子质量测定试剂

（1）牛血清白蛋白（BSA）溶液：2.5μg/μL。

（2）标准蛋白质（Marker）：低分子质量标准蛋白质（兔磷酸化酶 B 97.4kDa、牛血清白蛋白 66.2kDa、兔肌动蛋白 43.0kDa、牛碳酸酐酶 30.0kDa、大豆胰蛋白酶抑制剂 20.1kDa、溶菌酶 14.4kDa）。

（3）SDS-PAGE 所用试剂参见第九章实验十三。

五、技术路线

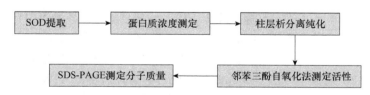

六、操作步骤

（一）SOD 的提取

1．提取　　称取 10g 大蒜瓣，切碎，置于研钵中，加适量石英砂研磨至浆状，使细胞破碎，再加入 10mL 0.05mol/L pH7.8 的磷酸盐缓冲液，继续研磨 10min，使 SOD 充分溶解到缓冲液中，装入 50mL 离心管中，两两配平，4℃、7000r/min 离心 10min，弃去沉淀，得提取液，测量体积，存于 50mL 离心管中。

2. 有机溶剂沉淀去除杂蛋白 缓慢加入 2 倍提取液体积的氯仿-无水乙醇混合溶剂（预冷），边加边轻轻搅拌，颠倒混匀 3～5 次，两两配平，4℃、11 000r/min 离心 10min，小心将上层水相转移到另一 50mL 离心管中，测量体积。弃杂蛋白沉淀层及下层有机相。

3. 有机溶剂沉淀 SOD 缓慢加入与上清液等体积的-20℃预冷的丙酮，边加边轻轻振荡，颠倒混匀 3～5 次，SOD 凝聚沉淀，两两配平，4℃、11 000r/min 离心 10min，弃上层丙酮，沉淀即 SOD 粗品。加入 1.5mL 0.05mmol/L pH7.8 磷酸盐缓冲液，滴管吹吸几次，使 SOD 溶解，分装于多个 1.5mL 离心管并存于 4℃冰箱中。

（二）Folin-酚法测定 SOD 的含量

1. SOD 粗酶液样品 将 SOD 粗酶液稀释 20～50 倍。

2. 标准曲线的制作及样品的测定 取 0～5 号试管按表 10-2 加样（需设置平行），在可见分光光度计中测定标准蛋白质含量的 A_{640} 值，制作标准曲线。6～7 号试管按表 10-2 加样（需设置平行），同样在可见分光光度计中测定 SOD 样品的 A_{640} 值，根据标准曲线方程，计算 SOD 样品中的蛋白质含量。

表 10-2 标准蛋白质浓度曲线及样品加样测定表

试剂	管号							
	0	1	2	3	4	5	6	7
标准 BSA 溶液/mL	0	0.2	0.4	0.6	0.8	1.0	0	0
蒸馏水/mL	1.0	0.8	0.6	0.4	0.2	0	0	0
蛋白质浓度/（μg/mL）	0	50	100	150	200	250	—	—
待测试样品/mL	0	0	0	0	0	0	1.0	1.0
Folin-酚甲试剂/mL	5.0	5.0	5.0	5.0	5.0	5.0	5.0	5.0
混匀，于 30℃水浴温浴 10min								
Folin-酚乙试剂/mL	0.5	0.5	0.5	0.5	0.5	0.5	0.5	0.5
每管分别迅速混匀，于 30℃水浴保温 30min，以 0 号试管作空白，测各管的 A_{640}，平行样品间取平均值								
$\overline{A}_{640}$	0							

（三）DEAE-Cellulose-52 分离纯化 SOD

1. DEAE-Cellulose-52 的处理及再生 新购置纤维素的处理：取 50g DEAE-Cellulose-52，加去离子水室温溶胀 1h，用 100mL 0.5mol/L 氯化钠-0.5mol/L 氢氧化钠溶液搅拌处理 20min，用大量的去离子水洗至中性；用 100mL 0.5mol/L 盐酸-0.5mol/L 氯化钠溶液搅拌处理 20min，用大量的去离子水洗至中性；再用 100mL 0.5mol/L 氯化钠-0.5mol/L 氢氧化钠溶液处理一次，最后用大量的去离子水洗至中性。4℃保存，备用。

旧纤维素的再生：只用 0.5mol/L 氯化钠溶液-0.5mol/L 氢氧化钠溶液处理一次，用大量的去离子水洗至中性，置于 4℃冰箱中保存，备用。

2. 装柱并连接仪器 取一支 Φ1.0cm×20cm 的玻璃层析柱洗净，安装在铁架台的蝴蝶夹上，使柱子垂直于地面。柱的下端连接硅胶管，并与核酸蛋白检测仪的样品池入口连接。先关闭硅胶管上的螺旋水止，柱内装入去离子水，再微开螺旋水止，使去离子水缓慢流出，赶走柱内、硅胶管中以及核酸蛋白检测仪样品池中的气泡，柱中保留柱高

1/3～1/2 的去离子水量，关闭螺旋水止。将处理好的 DEAE-Cellulose-52 浆液悬起，缓慢倒入层析柱中，使之自然沉降，待沉降至柱床高约 1cm 高度，部分旋松螺旋水止，使溶液缓慢流出去，注意流速不要过快。纤维素继续沉降至 15～16cm 即可。

打开核酸蛋白检测仪电源，波长置于 280nm 处，预热 30min。核酸蛋白检测仪的样品池出口与分部收集器相连，以收集洗脱液。

3．平衡　　以 0.05mol/L pH7.8 的磷酸缓冲液对层析柱进行平衡，调节流速为 1～1.5mL/min，至流出液的 pH 与上柱平衡液完全相同，一般需要 3～5 倍柱体积缓冲液。在平衡过程中，调节核酸蛋白检测仪的量程和灵敏度，先拨到 T 挡，调节"光量"至 100，再拨"A"挡到"0.5A"，调节"微调"旋钮至 0。反复调节几次，最后 A 值显示为 0。特别注意：在层析过程中务必不能干柱，核酸蛋白检测仪上所有旋钮不能再次调节。

4．上样　　先关闭柱下端的水止，用滴管小心吸去柱床上面大部分液体，打开水止，使平衡液刚刚流入柱床表面，再关闭水止。用滴管小心地沿柱壁四周缓缓加入 0.5mL SOD 粗酶液，打开水止，使样品溶液刚刚进入柱床内，柱壁用少量缓冲液小心洗涤 2～3 次，进入柱床内，再加入平衡液，使液面至少高出柱床面 3～5cm。

5．洗脱

（1）以 3 倍柱体积的平衡液洗脱，并开始计时。分部收集器设置每管收集 2mL，随时观察并记录 A 值的变化，将 A 值最高的试管做标记，记为 P1。继续平衡，当 A 值下降到接近于 0 时，更换洗脱液。

（2）更换含有 0.05mol/L NaCl 的洗脱液，一般洗脱 2 个柱体积，同上方法收集，将 A 值最高的试管做标记，记为 P2。

（3）依次更换含有 0.1mol/L NaCl、0.15mol/L NaCl、0.2mol/L NaCl 的洗脱液，收集对应的洗脱峰，标记 A 值最高的试管，分别为 P3、P4、P5。

将 P1～P5 试管洗脱液于 4℃保存。

（4）层析结束后，回收 DEAE-Cellulose-52。以去离子水清洗核酸蛋白检测仪的样品池。

（四）邻苯三酚自氧化法测定 SOD 活性

1．邻苯三酚自氧化率的测定

（1）取 3 支试管（18mm×180mm），标记为 0、1、1'。

（2）分别加入 9mL 0.1mol/L Tris-HCl-二乙三氨五乙酸钠缓冲液（pH8.2），25℃水浴 5min。

（3）分别准确吸取 30μL 45mmol/L 邻苯三酚溶液（25℃预热）加入试管 1 和 1'中，迅速混匀，计时，准确反应 3min。

（4）立即吸取 50μL 5%维生素 C 溶液，分别加入 0、1、1'号试管中，迅速混匀，终止反应。

（5）向 0 号管中补加 30μL 邻苯三酚溶液（25℃预热），混匀。

（6）取出 3 支反应试管，将溶液分别倒入内径 3cm 的比色皿中，以 0 号管调 0，分别在可见分光光度计中波长 420nm 下测定 1、1'号试管的吸光度值，取平均值，记为 A_0。测定应于 1h 内完成测定，操作步骤见表 10-3。

2．粗酶液活力的测定

（1）稀释酶液：将制备的 SOD 粗酶液稀释到合适的倍数。

（2）取 3 支试管（1.8mm×18mm），标记为 0′、2、2′，分别加入 9mL 0.1mol/L Tris-HCl-二乙三氨五乙酸钠缓冲液（pH8.2），于 25℃水浴中预热 5min。

（3）0′、2、2′号试管内各加 30μL 稀释的 SOD 粗酶液，混匀。重复自氧化率的测定方法（3）～（5）步。

（4）取出 3 支反应试管，将溶液分别倒入内径 3cm 的比色皿中，以 0′号管调零，分别测定 2、2′号管的 A_{420} 的值，取平均值即为 A_S，这个值是 SOD 粗酶液对邻苯三酚自氧化反应抑制后在波长 420nm 处吸光度值，记为 A_{crude}。测定应于 1h 之内完成测定。操作步骤见表 10-3。

表 10-3　SOD 活性加样测定表

试剂	管号					
	0	1	1′	0	2	2′
Tris-HCl-二乙三氨五乙酸钠缓冲液/mL	9	9	9	9	9	9
			25℃恒温 5min			
SOD 粗酶液/μL	—	—	—	30	30	30
邻苯三酚溶液/μL（25℃恒温预热 5min）	—	30	30	—	30	30
			立即混匀，在 25℃恒温计时 3min			
维生素 C 溶液/μL（终止反应）	50	50	50	50	50	50
邻苯三酚溶液/μL（25℃恒温预热）	30	—	—	30	—	—
溶去离子水/μL	30	30	30	—	—	—
反应液总体积/mL	9.11	9.11	9.11	9.11	9.11	9.11
		立即混合，并全部倒入 3cm 内径比色皿，测定在 420nm 波长下吸光度值				
A_{420}	0			0		

3．SOD 粗酶液活力的计算　　根据 SOD 酶活力单位定义，将 A_{crude} 的值代入，即可计算出 SOD 粗酶液的活力（U/mL）。

4．纯化 SOD 活性峰的鉴定　　按测定粗酶液活力的方法分别测定柱层析收集的 5 个峰 P1、P2、P3、P4、P5 对邻苯三酚自氧化率的抑制，每个峰分别依据表 10-3 测定。测定每个样品时注意，要先加入 30μL 样品，再加入 30μL 25℃预热的邻苯三酚溶液。5 个峰分别测定其在波长 420nm 处的吸光度值，并分别记为 A_{P1}、A_{P2}、A_{P3}、A_{P4} 和 A_{P5}。按照 SOD 粗酶液的活力计算方法分别计算 5 个峰的 SOD 活力，确定酶活力最大的样品即纯化后的 SOD 活性峰，记为 P活，后续对 P活进行实验。

（五）SDS-PAGE 测定 SOD 的分子质量

分离胶和浓缩胶的制备参见第九章实验十三。

1．制样

（1）低分子质量标准蛋白质（Marker）样品：Marker 干粉中加入 100μL 去离子水，再加入 100μL 2 倍上样缓冲液，混匀，分装 20 份，每组一份。

（2）牛血清白蛋白（BSA）样品：25μL BSA 溶液（2.5μg/μL），加入 25μL 2 倍样品缓冲液，混匀。

（3）粗酶液样品：根据测定的 SOD 粗酶液的蛋白质浓度，将其稀释至 2μg/μL，取 25μL 稀释的粗酶液，加入 25μL 2 倍上样缓冲液，混匀。

（4）纯化样品：依据 SOD 纯化后活性峰鉴定结果，有活性的峰即 P活。取 P活 25μL，加入 25μL 2 倍样品缓冲液，混匀。

将各管样品于沸水浴中加热 3min，按表 10-4 顺序点样，进行 SDS-PAGE。

表 10-4　超氧化物歧化酶 SDS-PAGE 点样顺序

泳道	1	2	3	4	5	6	7	8	9
样品	粗酶液	粗酶液	粗酶液	BSA	Marker	P活	P活	P活	P活
点样量/μL	10	5	3		20	15	25	30	35

2. 电泳、染色、脱色　　参考第九章实验十三。

七、结果与分析

（一）SOD 粗酶液的蛋白质含量测定

1. 标准曲线的制作　　以 0～5 号试管 $\bar{A}_{640}$ 值（2 个平行的平均值）为纵坐标、标准蛋白质浓度为横坐标，用 Excel 绘制标准曲线，得标准曲线方程。

2. 计算 SOD 粗酶液的蛋白质含量　　根据标准曲线方程，将样品的 $\bar{A}_{640}$ 代入，计算出 SOD 粗酶液的蛋白质浓度。按标准曲线方程计算每毫升样品液中蛋白质的含量，记为 X（μg/mL）。

$$样品蛋白质浓度（μg/mL）＝X（μg/mL）×稀释倍数$$

（二）SOD 粗酶液酶活力测定

根据 SOD 酶活力定义，按以下公式计算 SOD 酶活力：

$$样品中SOD酶活力（U/mL）＝\frac{A_0－A_S}{A_0}×100\%÷50\%×V_总÷V_样×n$$

式中，A_0 为邻苯三酚自氧化反应测定的 420nm 处吸光度值；A_S 代表加入 SOD 酶液后对邻苯三酚自氧化反应抑制后测定的 A_{420} 吸光度值，SOD 粗酶液、纯化后的 5 个峰对邻苯三酚自氧化反应抑制后测定的 A_{420} 吸光度值，分别用 A_{crude}、A_{P1}、A_{P2}、A_{P3}、A_{P4}、A_{P5} 表示。$V_总$ 为反应总体积，为 9.11mL；$V_样$ 为所用酶液体积，为 0.03mL；n 为稀释倍数。注意：若取 30μL 粗酶液和柱层析各洗脱峰，对邻苯三酚的自氧化率抑制过大，则需继续稀释，再取 30μL 测定。

（三）SOD 粗酶液的纯化及活性峰鉴定

以洗脱体积为横坐标、A_{280} 为纵坐标，绘制 SOD 柱层析图谱。依据各洗脱峰酶活力测定结果，标记出柱层析图谱上的活性峰，并分析 SOD 洗脱峰是否与杂蛋白完全分开。

（四）SDS-聚丙烯酰胺凝胶电泳测定 SOD 的分子质量

（1）扫描或拍照 SDS-PAGE 图谱，标记各泳道。

（2）分别计算低分子质量的各标准蛋白质的相对迁移率，以各标准蛋白质的相对迁移率为横坐标、分子质量的对数为纵坐标，Excel 绘制标准曲线，得标准曲线方程。

（3）根据 SDS-PAGE 图谱和参考文献，分析哪一条带是 SOD 亚基条带，计算 SOD 亚基的相对迁移率，根据标准曲线方程计算 SOD 的分子质量。

（4）分析纯化后的 SOD 样品的纯度。

（五）分析

参考相关文献，对 SOD 的提取与纯化、活性测定及分子质量测定等环节得到的实验结果是否正确进行分析。

八、注意事项

（1）氯仿-无水乙醇沉淀杂蛋白过程中，混匀操作切忌剧烈，否则 SOD 会连同杂蛋白一起沉淀变性，导致 SOD 收率很低。

（2）溶液的 pH 严重影响邻苯三酚的自氧化率，一定要使 1×Tris-HCl-二乙三氨五乙酸钠缓冲液的 pH 为 8.20。

（3）测定时酶样品的加样量小，一般为 10μL，切记不要加在试管壁上，务必混匀。

（4）当邻苯三酚加入试管混匀后，应立即放入比色皿中测定。

（5）SOD 活性测定以每分钟抑制邻苯三酚自氧化率达 50% 左右测得的数据较为准确，如果偏差较大，需要调整酶液的稀释倍数。

（6）在柱层析过程中，切记保持柱床上面至少有 3~5cm 高度的缓冲液，如果干柱，气泡会严重影响离子交换，导致纯化失败。

（7）Cu·Zn-SOD 是由两个相同的亚基组成的二聚体，分子质量为 32kDa，每个亚基的分子质量为 16kDa。重点观察 SDS-PAGE 图谱，在 Marker 的 14kDa 和 20kDa 条带之间是否有明显的蛋白质条带。

九、思考题

（1）为什么 SOD 的活性不能直接测定？

（2）超氧自由基如何对机体活细胞产生伤害？为什么 SOD 具有抗衰老作用？

综合性实验三　鸡卵类黏蛋白的分离纯化、活性及分子质量测定

一、实验目的

（1）掌握鸡卵类黏蛋白的提取、纯化及性质测定的原理与方法。

（2）掌握高速冷冻离心机、可见分光光度计、紫外分光光度计、核酸蛋白检测仪、电泳仪等仪器的使用。

相关实验
操作视频

二、实验原理

1. 鸡卵类黏蛋白的分离纯化　　鸡卵类黏蛋白（chicken ovomucoid，CHOM）是鸡蛋清中含有的一种糖蛋白，糖链的单糖组成主要有 D-甘露糖、D-半乳糖、葡萄糖胺和唾

液酸等。在 pH7.8～8.0 的碱性条件下，CHOM 具有很强的结合并抑制胰蛋白酶活性的能力，常用于胰蛋白酶的酶学性质研究，也可将其制成亲和吸附剂，利用亲和层析法来纯化胰蛋白酶。

目前至少已获得 4 种不同的鸡卵类黏蛋白组分，它们在氨基酸组成和抑制胰蛋白酶活性方面没有多大区别，但是各黏蛋白组分的糖含量不同，由于糖蛋白的微不均一性，黏蛋白组分在电泳中常呈现弥散性条带。黏蛋白的等电点为 pH3.9～4.5，分子质量约 28 000Da。不同来源的类黏蛋白末端氨基酸残基有很大差异，鸡卵类黏蛋白 N 端为丙氨酸，C 端为苯丙氨酸。

CHOM 在中性或偏酸性溶液中对热和高浓度的脲很稳定，在 50%丙酮或 10%三氯乙酸溶液中仍有较好的溶解度。相反，CHOM 在碱性溶液中较不稳定，尤其当温度较高时易迅速失活。

根据 CHOM 的性质，本实验采用有机溶剂分级沉淀、等电点沉淀对其初步纯化。以一定浓度的三氯乙酸（TCA）-丙酮溶液处理新鲜鸡蛋清，并调节 pH 至 3.5，沉淀除去大量清蛋白杂蛋白，离心后的上清液再经 4 倍体积丙酮沉淀，获得 CHOM 粗品，用去离子水透析除去残留的有机溶剂。

CHOM 粗品经 DEAE-纤维素阴离子交换柱层析纯化。用 0.2mol/L pH6.5 磷酸盐缓冲液调整透析好的 CHOM 粗品溶液，使盐终浓度为 0.02mol/L。上 DEAE-纤维素离子交换柱，采用阶梯式梯度洗脱的方式洗脱 CHOM 和杂蛋白。

2. 鸡卵类黏蛋白的活性测定　　　CHOM 是胰蛋白酶的天然抑制剂，在碱性条件下 CHOM 能与胰蛋白酶结合，并抑制其活性，抑制摩尔比约为 1∶1，1μg 高纯度的 CHOM 能抑制 0.86μg 胰蛋白酶（比活为 12 000 BAEE 单位/mg 蛋白质）。测定 CHOM 的抑制活性的策略为：首先测定一定量胰蛋白酶的活力单位，再以一定量的 CHOM 与胰蛋白酶混合均匀，保温一定时间，使 CHOM 充分与胰蛋白酶相互作用，胰蛋白酶活性被抑制，然后测定胰蛋白酶的剩余活力，用胰蛋白酶原有活力减去抑制后的剩余活力，即 CHOM 的抑制活性。

胰蛋白酶是一种蛋白水解酶，对于由碱性氨基酸（如精氨酸、赖氨酸）的羧基与其他氨基酸的氨基所形成的肽键具有高度的专一性。此外，胰蛋白酶也能催化由碱性氨基酸的羧基所形成的酰胺键和酯键，且其水解活性敏感度为酯键>酰胺键>肽键。因此，可以采用含有这些化学键中任意一种键型的底物来研究胰蛋白酶的催化活性。有许多方法可以用来测定胰蛋白酶活力。例如，以酪蛋白为底物，胰蛋白酶催化水解酪蛋白生成小分子肽以及酪氨酸等氨基酸，以三氯乙酸终止酶促反应并沉淀未被水解的酪蛋白，反应生成酪氨酸的量与胰蛋白酶活力呈线性关系，可以用 Folin-酚法或紫外吸收法测定。

本实验采用 N-苯甲酰-L-精氨酸乙酯盐酸盐（N-benzoyl-L-arginine ethyl ester hydrochloride，BAEE）法测定胰蛋白酶活力。在碱性条件下，胰蛋白酶水解 BAEE 的乙酯键，生成 N-苯甲酰-L-精氨酸（N-benzoyl-L-arginine，BA）和乙醇，催化反应式如图 10-7 所示。

在波长 253nm 处，BAEE 几乎不具有光吸收性质，产物 BA 却具有很强的光吸收性质。在胰蛋白酶催化下，随着酯键被水解，底物 BAEE 逐渐减少，产物 BA 逐渐增多，反应体系 253nm 的吸光度值逐渐增加，可以用单位时间内吸光度值的增加衡量胰蛋白酶活性。

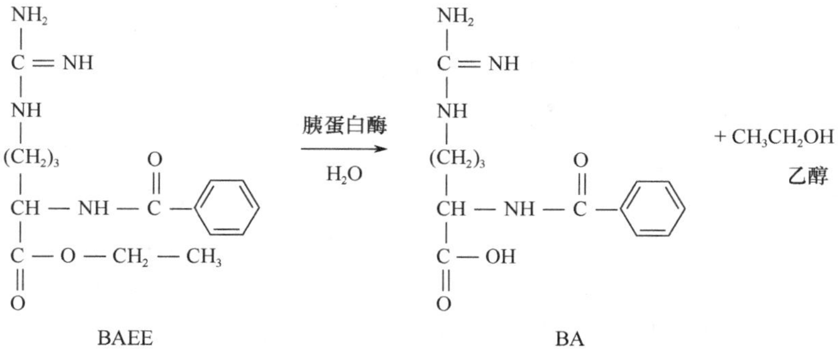

图 10-7　胰蛋白酶催化 BAEE 的反应式

　　胰蛋白酶的 BAEE 活力单位定义：以 BAEE 为底物，在 25℃下，酶促反应体系每分钟 253nm 吸光度值增加 0.001 单位所需酶量为一个 BAEE 活力单位（U）。

　　3. 鸡卵类黏蛋白的分子质量测定　　采用 SDS-聚丙烯酰胺凝胶电泳测定 CHOM 的分子质量。原理参阅第七章。

三、器材

　　（1）仪器：冰箱，恒温水浴锅，高速冷冻离心机，核酸蛋白检测仪（包括记录装置），蠕动泵，紫外分光光度计，可见分光光度计，电磁炉，磁力搅拌器，量筒（10mL、50mL、100mL），烧杯（250mL），滴管，离心管（100mL、50mL、1.5mL），广泛 pH 试纸，精密 pH 试纸（2.7～4.7），三角瓶（500mL），封口膜，吸量管（0.5mL、2mL、5mL），透析袋（截留 5000Da），橡皮筋，塑料桶（5L），DEAE-Cellulose-32 或 52，层析柱（1.0cm×20cm），玻璃漏斗，螺旋水止，硅胶管，储液瓶（500mL），试管（18mm×180mm），试管架，微量进样器（50μL、100μL），擦镜纸，玻璃比色皿，石英比色皿，培养皿（Φ12cm）等。

　　（2）材料：新鲜鸡蛋。

四、试剂

　　1. 粗提所需试剂
　　（1）0.5mol/L 三氯乙酸（TCA）。
　　（2）丙酮。
　　（3）TCA-丙酮溶液：0.5mol/L TCA 与丙酮以 1:4（V/V）混合。

　　2. 纯化所需试剂
　　（1）0.02mol/L pH6.5 磷酸缓冲液（起始液）：0.2mol/L pH6.5 磷酸盐缓冲液稀释至 10 倍。
　　（2）0.5mol/L 氯化钠-0.5mol/L 氢氧化钠溶液：1mol/L 氯化钠溶液与 1mol/L 氢氧化钠溶液等体积混合。
　　（3）0.5mol/L 盐酸。
　　（4）0.30mol/L 氯化钠及 0.5mol/L 氯化钠-0.02mol/L pH6.5 磷酸盐缓冲液：在 0.02mol/L pH6.5 磷酸盐缓冲液中加氯化钠至浓度为 0.30mol/L 或 0.5mol/L。

（5）聚乙二醇 8000（PEG8000）或蔗糖。

3. 胰蛋白酶活力及黏蛋白抑制活力测定试剂

（1）0.5mol/L、0.05mol/L pH8.0 Tris-HCl 缓冲液。

（2）BAEE 溶液：以 0.05mol/L pH8.0 Tris-HCl 缓冲液配制，BAEE 浓度为 0.34mg/mL，氯化钙浓度为 2.22mg/mL，临用前配制，实验前一定要 25℃预热。

（3）胰蛋白酶溶液：0.05mol/L pH8.0 Tris-HCl 缓冲液配制 2mg/mL 胰蛋白酶溶液（比活 2000U/mg），若胰蛋白酶的比活为 250U/mg，则胰蛋白酶溶液需要 10mg/mL。

4. 分子质量测定试剂　　参考第三篇第九章实验十三。

五、技术路线

六、操作步骤

（一）制备 CHOM 粗品

1. 去除杂蛋白　　每组取 20mL 新鲜鸡蛋清，盛于 250mL 烧杯内，烧杯置于 25～30℃恒温水浴锅内，边搅拌边缓慢加入等体积 4℃预冷的三氯乙酸（TCA）-丙酮溶液（1∶4，*V/V*），出现大量白色沉淀，为杂蛋白。此时溶液的 pH 为 6～7，保温 30min，用 0.5mol/L TCA 调节至 pH3.5，取出烧杯，在 4℃下放置 1h，使杂蛋白沉淀完全，10 000r/min 离心 15min，弃沉淀，留黄绿色上清液。CHOM 耐有机溶剂、耐酸，此时仍以溶解状态存在于黄绿色上清液中。

2. 沉淀粗品　　量取黄绿色上清液体积，倒入 500mL 三角瓶内，边搅拌边加入 4 倍上清液体积的 −20℃预冷的丙酮，可见白色沉淀产生，封口膜封口，在 4℃冰箱中放置 1～2h，使其沉淀完全。从冰箱中轻轻取出三角瓶，将部分上清液缓慢倒掉，留瓶底沉淀及少量上清液，总体积不超过 40mL。10 000r/min 离心 15min，弃上清液，得 CHOM 沉淀，加入 4mL 去离子水，搅拌溶解。

3. 粗品的获得　　将 4mL CHOM 粗品装入一个处理好的透析袋，放入盛有去离子水的塑料桶内，磁力搅拌下透析，更换数次去离子水，以除去残留的 TCA 和丙酮。取出透析袋中的黏蛋白溶液，10 000r/min 离心 15min，弃透析过程中产生的少量沉淀。将上清液转入 10mL 量筒，测量体积，加入 1/10 体积的 0.2mol/L pH6.5 磷酸盐缓冲液，摇匀，使盐的终浓度为 0.02mol/L，记为 V_{crude}，分装于数个 1.5mL 离心管中，−20℃保存。

（二）DEAE-纤维素柱层析纯化 CHOM

1. DEAE-纤维素的处理及再生　　参照第三篇第十章综合性实验二。

新购买的 DEAE-纤维素采用碱—酸（0.5mol/L 盐酸）—碱的顺序处理，每一次处理后均需要用去离子水洗至中性。已使用过的 DEAE-纤维素只需用碱溶液（0.5mol/L 氯化钠-0.5mol/L 氢氧化钠溶液）再生，去离子水洗至中性。

2. 装柱与设备连接　　参照第三篇第十章综合性实验二。

将柱下端的硅胶管连接在核酸蛋白检测仪样品池的入口，样品池出口下放一个 250mL 烧杯，以收集流出液。打开核酸蛋白检测仪电源，将波长置于 280nm 处，预热 30min。

3. 平衡　　将蠕动泵的吸液管放入 0.02mol/L pH6.5 磷酸盐缓冲液（起始液）储液瓶，蠕动泵的出液管与柱上端螺扣的硅胶管相连。打开蠕动泵，待螺扣处有液体滴落且不再有气泡时，再将螺扣拧在层析柱的上端，以避免流路中的气泡进入层析柱。平衡过程中，调节蠕动泵的流速，使样品池出口液体流出速度为 1～1.5mL/min，在后续的平衡及洗脱过程中，应保持流速不变，始终保持柱床上面最少有 2cm 高度的缓冲液。注意不能干柱，否则有气泡进入柱床，会影响离子交换过程，导致层析分离失败。

平衡过程中，调试核酸蛋白检测仪。首先将旋钮拨到"T100%"（指透光率），调"光量"到显示 100，再将旋钮拨到"A"（吸光度）（一般选择中间挡位"0.5A"），调节"调零"到显示 0。继续平衡，如数字有波动，反复调节几次，使 A 值保持为 0，后续实验中不可再调节透光率和吸光度。平衡需要 5 倍柱体积的缓冲液。

4. 上样　　关掉蠕动泵，打开柱上端的螺扣，用滴管将柱床上边的缓冲液吸出，立即贴壁加 2mL 提前室温熔化的 CHOM 粗品（V_{crude}），待样品全部缓慢流入层析柱床内，立即加起始液，使柱床上边保持 2cm 液面。

5. 洗脱

1）起始液洗脱　　拧好柱上端螺扣，打开蠕动泵，首先以 3 倍柱体积的起始液洗脱，观察核酸蛋白检测仪的 A 值变化情况。当 A 值急剧上升时，开始计时，同时用干净的试管接在样品池出口，收集对应的洗脱液，每收集 2mL，换一支试管，当 A 值上升到最高值时，计时，下降到数值稳定时，可停止收集。这部分洗脱液主要为溶菌酶、胰凝乳蛋白酶抑制剂等杂蛋白。

2）0.3mol/L 氯化钠-0.02mol/L pH6.5 磷酸盐缓冲液洗脱　　将蠕动泵的吸液管放入 0.3mol/L 氯化钠-0.02mol/L pH6.5 磷酸盐缓冲液储液瓶，继续洗脱。当 A 值急剧上升时开始计时，收集洗脱液，每收集 2mL，换一支试管，当 A 值上升到最高值时，计时，下降到数值稳定时，可停止收集。这部分洗脱液即为纯化的 CHOM。

由于实验课时限制，洗脱流速较快，导致洗脱体积过大，收集的纯品浓度较低，不能直接用于活性和蛋白质浓度测定，一般需要将洗脱液浓缩。

3）0.5mol/L 氯化钠-0.02mol/L pH6.5 磷酸盐缓冲液洗脱　　继续用 0.5mol/L 氯化钠-0.02mol/L pH6.5 磷酸盐缓冲液洗脱，将结合较为紧密的杂蛋白洗脱下来。

4）起始液平衡　　用 5 倍柱体积的起始液平衡柱子，使之恢复到上样之前的状态。

6. 浓缩洗脱液　　取一段处理好的透析袋，一端用橡皮筋绑紧或用透析夹夹紧，加满去离子水试漏。将柱层析的 0.3mol/L 氯化钠洗脱液全部装入透析袋，绑紧或夹紧另一端，将透析袋放入大培养皿，斜放培养皿，用 PEG8000 或蔗糖盖住透析袋，水分子不断透出透析袋，使 PEG8000 或蔗糖溶解，流到培养皿底。随时在透析袋外面补充 PEG8000 或蔗糖，使透析袋内的 CHOM 浓缩到 2～3mL。松开透析袋一端的橡皮筋，根据透析袋内的液体量重新绑紧，再用去离子水透析，最后用 0.05mol/L pH8.0 Tris-HCl 缓冲液透析。取出透析袋内的 CHOM 纯品溶液，4℃、10 000r/min 离心 10min，弃沉淀，精确测量上清液体积,记为 $V_{purified}$,冷冻保存,供测定 CHOM 纯品蛋白质浓度、CHOM 纯品对胰蛋白酶的抑制活性及分子质量之用。

(三)CHOM 蛋白质浓度测定

以 Folin-酚法测定粗品和纯品的蛋白质浓度,参照第三篇第九章实验八。

1. 样品稀释 取出冷冻保存的 CHOM 粗品,室温熔化,取 0.2mL 进行稀释,稀释倍数在 100~400 倍较为适宜。将冷冻保存的 CHOM 纯品取出,室温熔化,取 0.2mL 稀释 20~40 倍较为适宜。

2. 标准曲线的制作及样品的测定 按表 10-5 加样操作,每个样品做 2 个平行,1~6 号试管为标准蛋白质,7 号试管为稀释后的粗品,8 号试管为稀释后的纯品。以 1 号管反应液调零,用 722 可见分光光度计于 640nm 波长下测定其余各管反应液的吸光度值。

表 10-5　Folin-酚法测定蛋白质浓度加样表

试剂	管号							
	1	2	3	4	5	6	7	8
标准蛋白质溶液/mL	0	0.2	0.4	0.6	0.8	1.0	0	0
蒸馏水/mL	1.0	0.8	0.6	0.4	0.2	0	0	0
蛋白质浓度/(μg/mL)	0	50	100	150	200	250	—	—
待测试样品/mL	0	0	0	0	0	0	1.0	1.0
Folin-酚甲试剂/mL	5.0	5.0	5.0	5.0	5.0	5.0	5.0	5.0
	混匀,于 30℃水浴放置 10min							
Folin-酚乙试剂/mL	0.5	0.5	0.5	0.5	0.5	0.5	0.5	0.5
	迅速混匀,于 30℃水浴保温 30min,以 1 号试管作空白,测 A_{640},平行样品间取平均值							
$\overline{A}_{640}$	0							

(四)CHOM 的活性测定

1. 胰蛋白酶的活力测定 打开紫外分光光度计电源开关,预热半小时,按操作说明完成仪器自检。

将恒温水浴锅调节至恒温 25℃,把 BAEE 试剂瓶放入恒温水浴锅保温。

取一只石英比色皿(带盖,光程为 1cm),加入预热的 3.0mL BAEE 溶液,放入紫外分光光度计的比色皿架,对准光路,在动力学模式下测定 A_{253},校准 100%T/0Abs,即调整起始吸光度为零。

取出比色皿,加入 50μL 胰蛋白酶溶液,盖盖,迅速颠倒 2 次混匀,立即放入光路,测定 A_{253} 的变化,每隔 30s 读一次数,测定 185s。一般情况下,50μL 浓度为 10mg/mL 的胰蛋白酶(比活为 250U/mg)或浓度为 2mg/mL 的胰蛋白酶(比活为 2000U/mg)催化底物显色,A 值呈线性增加。若 $\Delta A/min > 0.400$,则酶液需要稀释或减量。

2. 鸡卵类黏蛋白粗品抑制活性测定 根据操作步骤 1 "胰蛋白酶的活力测定"的结果确定胰蛋白酶的用量,本实验采用 10mg/mL 胰蛋白酶溶液(比活为 250U/mg),加量为 50μL。

1）调节 CHOM 粗品　　从 CHOM 粗品管中，取 0.9mL，加入 0.1mL 的 0.5mol/L pH8.0 Tris-HCl 缓冲液，混匀，使缓冲液终浓度为 0.05mol/L（pH8.0），供本次实验 BAEE 法测定 CHOM 粗品对胰蛋白酶的抑制活性之用，剩余的放冰箱冷冻保存。

2）CHOM 粗品对胰蛋白酶的抑制作用　　取 10μL 粗品，加 90μL 0.05mol/L pH8.0 Tris-HCl 缓冲液，混匀，稀释倍数为 10。取 20μL 稀释的 CHOM 粗品与 100μL 胰蛋白酶溶液混合（鸡卵类黏蛋白量不能超过胰蛋白酶量，一般以抑制 50% 较为合适，具体视卵类黏蛋白的纯度），在 25℃ 保温 10min 左右，使鸡卵类黏蛋白充分结合并抑制胰蛋白酶。

3）CHOM 粗品抑制后胰蛋白酶剩余活力的测定　　取一只石英比色皿，加入 25℃ 预热的 3.0mL BAEE 溶液，动力学模式下测定 A_{253}，校准 100%T/0Abs，即调整起始吸光度为零。将黏蛋白粗品抑制后的 60μL 混合液，加入比色皿中，盖盖，迅速颠倒混匀，立即在动力学模式下测定 A_{253} 变化，每隔 20s 读数，测定 185s。

3. 鸡卵类黏蛋白纯品抑制活性测定

1）调节 CHOM 纯品　　从剩余的纯品管中，取 0.9mL 纯品，加入 0.1mL 0.5mol/L pH8.0 Tris-HCl 缓冲液，使缓冲液终浓度为 0.05mol/L（pH8.0），供本次实验 BAEE 法测定纯品对胰蛋白酶的抑制活性，剩余的放冰箱冷冻保存。

2）CHOM 纯品对胰蛋白酶的抑制作用　　取 20μL 稀释的 CHOM 纯品与 100μL 胰蛋白酶溶液混合（卵类黏蛋白量不能超过胰蛋白酶量，一般以抑制 50% 较为合适，具体视卵类黏蛋白的纯度），在 25℃ 保温 10min 左右，使鸡卵类黏蛋白充分结合并抑制胰蛋白酶。

3）CHOM 纯品抑制后胰蛋白酶剩余活力测定　　在一只石英比色皿中，加入 25℃ 预热的 3mL BAEE 溶液，动力学模式下测定 A_{253}，校准 100%T/0Abs，即调整起始吸光度为零。将黏蛋白纯品抑制后的 60μL 混合液，加入比色皿中，混匀，动力学模式下测定 A_{253} 变化，每隔 20s 读数，测定 185s。

注意：每测定一个样品之后，一定要按 "Esc" 退出。倒掉石英比色皿中的液体，清洗干净！重新装入 3mL BAEE 溶液，一定要重新按 "100%T/0Abs" 校准，再测定下一个样品。

（五）CHOM 纯度鉴定及分子质量测定

SDS-PAGE 操作参考第三篇第九章实验十三。

1. 制样

（1）低分子质量标准蛋白质（Marker）：在 Marker 离心管中加入 100μL 去离子水、100μL 2 倍上样缓冲液，混匀，分装于 20 个离心管中，每管 10μL。

（2）牛血清白蛋白（BSA）：在 1.5mL 离心管中加 10μL 0.5%BSA 溶液和 10μL 2 倍上样缓冲液，混匀。

（3）CHOM 粗品：根据 CHOM 粗品的蛋白质浓度，将其稀释至浓度为 2mg/mL 左右。在 1.5mL 离心管中加入 100μL CHOM 粗品和 100μL 2 倍上样缓冲液，混匀。

（4）CHOM 纯品：根据 CHOM 纯品的蛋白质浓度，将其稀释至浓度为 2mg/mL 左右。在 1.5mL 离心管中加 100μL CHOM 纯品和 100μL 2 倍上样缓冲液，混匀。

2. 样品变性　　电磁炉烧开不锈钢盆中的水，将上述 4 支离心管置于海绵托上，沸水浴加热 3min。

3. 点样　　按表 10-6 顺序，分别用微量进样器取样、点样。

表 10-6　聚丙烯酰胺凝胶电泳点样顺序

项目	泳道									
	1	2	3	4	5	6	7	8	9	10
样品	粗品	粗品	粗品	粗品	BSA	Marker	纯品	纯品	纯品	纯品
点样量/μL	30	25	20	15	5	10	15	20	25	30

注：Marker 一定要上样完全

4. 电泳、染色、脱色

参考第三篇第九章实验十三。

七、结果与分析

（一）CHOM 纯化

（1）记录提取得到的 CHOM 粗品体积（mL）。

（2）绘制柱层析图谱：以洗脱体积为横坐标、A_{280} 为纵坐标，绘制洗脱曲线。根据酶活力测定结果，注明活性峰。

（3）记录 2mL CHOM 粗品经 DEAE-Cellulose 离子交换柱层析得到的 CHOM 纯品洗脱液经反透析浓缩后的体积（mL）。

（二）蛋白质浓度测定结果

（1）绘制蛋白质浓度标准曲线：以牛血清白蛋白浓度为横坐标、$\overline{A}_{640}$ 为纵坐标，绘制蛋白质浓度标准曲线。

（2）CHOM 粗品和 CHOM 纯品的蛋白质浓度计算：依据标准曲线方程、CHOM 粗品和 CHOM 纯品的 $\overline{A}_{640}$ 值及稀释倍数，计算 CHOM 粗品和 CHOM 纯品的蛋白质浓度（mg/mL）。

（三）CHOM 抑制活性测定

1. 胰蛋白酶活力测定结果　　以时间为横坐标、每 20s 对应的 A_{253} 为纵坐标，绘制胰蛋白酶动力学曲线。

根据时间-吸光度关系曲线中的直线部分，任选一时间间隔（Δt）与对应的 A_{253} 值变化（ΔA），按以下公式计算胰蛋白酶的活力单位。

$$胰蛋白酶活力单位（BAEE 单位）= \Delta A/\Delta t \times 0.001$$

式中，$\Delta A/\Delta t$ 为每分钟 A_{253} 值的增加；0.001 为 A_{253} 值增加 0.001 单位定为 1 个 BAEE 活力单位的常数。

2. CHOM 粗品的抑制活性　　以时间为横坐标、每 20s 对应的 A_{253} 为纵坐标，绘制 CHOM 粗品抑制后胰蛋白酶动力学曲线，根据时间-吸光度关系曲线中的直线部分，任选一时间间隔（Δt）与对应的 A_{253} 值变化（ΔA），计算 CHOM 粗品抑制后的胰蛋白酶剩余活力（计算方法同上）。

$$胰蛋白酶活力（U）- 粗品抑制后的剩余活力（U）= 粗品的抑制活力（U）$$

此为 10μL 稀释 10 倍的 CHOM 粗品的抑制活力。

计算 2mL CHOM 粗品的总抑制活力（因为纯化用了 2mL 粗品）。

3. CHOM 纯品的抑制活性　　以时间为横坐标、每 20s 对应的 A_{253} 为纵坐标，绘制 CHOM 粗品抑制后胰蛋白酶动力学曲线，根据时间-吸光度关系曲线中的直线部分，任选一时间间隔（Δt）与对应的 A_{253} 值变化（ΔA），计算 CHOM 纯品抑制后的胰蛋白酶剩余活力。

胰蛋白酶活力（U）－纯品抑制后的剩余活力（U）＝纯品的抑制活力（U）

此为 10μL CHOM 纯品的抑制活力。

依据黏蛋白纯品体积（$V_{purified}$），计算黏蛋白纯品的总抑制活力。

4. 填写 CHOM 纯化总表　　根据上述结果，填写 CHOM 纯化总表（表 10-7）。以 2mL CHOM 粗品为起始，计算柱层析后的纯品体积、总蛋白质、总抑制活力、比活、收率及纯化倍数。

表 10-7　CHOM 纯化总表

步骤	总体积/mL	总蛋白质量/mg	总抑制活力/U	比活/（U/mg）	收率/%	纯化倍数
丙酮沉淀	2					
DEAE-Cellulose-52 柱层析						

总蛋白质量＝总体积（mL）×蛋白质浓度（mg/mL）

总抑制活力＝总体积（mL）×每毫升的抑制活力（U/mL）

比活＝总抑制活力（U）÷总蛋白（mg）

收率＝纯品的总抑制活力（U）÷粗品的总抑制活力（U）

纯化倍数＝纯品的比活（U/mg）÷粗品的比活（U/mg）

（四）CHOM 纯度鉴定及分子质量测定

（1）扫描或拍照电泳图谱，标明电泳图谱中各个泳道、标准蛋白质的分子质量。

（2）计算 Marker 各蛋白质条带的相对迁移率。根据电泳图谱，比较 CHOM 粗品和 CHOM 纯品蛋白质条带的数量，说明 CHOM 是否得到了纯化，计算 CHOM 的相对迁移率。

（3）以 Marker 各蛋白质分子质量的对数为纵坐标、相对迁移率为横坐标，绘制标准曲线。根据标准曲线公式计算 CHOM 的分子质量的对数，再换算为分子质量。

（五）分析

（1）柱层析图谱中目的组分峰与杂蛋白峰是否完全分开，为什么？

（2）电泳图谱中，纯品 CHOM 是否为一条带？CHOM 条带与标准蛋白质的条带在外观上有什么不同？解释其原因。

（3）在蛋白质的分离纯化中，只要去除杂蛋白，目的蛋白就会得到一定程度的纯化，比活应该越来越高，纯化倍数应该大于 1。如果你的结果中，柱层析纯化后的比活反而比丙酮沉淀得到的粗品的比活低，纯化倍数小于 1，但是从电泳图谱中确实可以观察到 CHOM 纯品比粗品的杂蛋白条带少，试分析在整个实验过程中哪些环节产生了较大的误差，导致产生这种错误的结果。

八、注意事项

（1）利用有机溶剂沉淀和等电点沉淀原理初步纯化鸡卵类黏蛋白，注意有机溶剂加量要准确，有机溶剂需要提前预冷，滴加过程要缓慢，要迅速搅匀，以尽量减少蛋白质变性。

（2）pH 从 7 左右调节到 3.5，要经过鸡卵类黏蛋白的等电点 pH3.9～4.5，鸡卵类黏蛋白的沉淀不可避免，只要快速调节，能尽可能减少鸡卵类黏蛋白的沉淀损失。

（3）柱层析过程中柱床上部一定要始终保留 2cm 左右的缓冲液，不能干柱。

（4）BAEE 法测定胰蛋白酶活性时，温度对酶促反应影响极大，底物 BAEE 溶液一定要在 25℃预热 10min，取出后立即测定，测定的环境温度最好在 25℃左右。

（5）测定 CHOM 粗品及纯品抑制活性时，样品的加量以能够抑制 50%胰蛋白酶活性较为准确，如果过度抑制，需要将 CHOM 稀释一定倍数后测定，如果抑制较少，则需要增加样品用量。

九、思考题

（1）离子交换柱层析分离纯化蛋白质的原理是什么？
（2）胰蛋白酶活性测定方法还有哪些？比较不同测定方法的原理及优缺点。

综合性实验四　动物组织转氨酶的提取及活力测定

一、实验目的

（1）了解转氨酶在代谢过程中的重要作用及其在临床诊断中的意义。
（2）掌握兔肝转氨酶的提取及活力测定的原理和方法。
（3）掌握应用纸层析法鉴定氨基转移反应产物的原理和方法。

二、实验原理

氨基转移酶，即转氨酶（transaminase），是一组通过氨基的转移催化氨基酸和酮酸相互转化的酶。例如，天冬氨酸转氨酶（EC2.6.1.1，aspartate transaminase，AST），俗称谷草转氨酶（glutamic-oxaloacetic transaminase，GOT）；丙氨酸转氨酶（EC2.6.1.2，alanine aminotransferase，ALT），俗称谷丙转氨酶（glutamic-pyruvic transaminase，GPT），这是两种最有临床意义的转氨酶。吡哆醛-5′-磷酸（P5′P）作为转氨酶的辅酶起氨基转移作用。在所有的氨基转移反应中，α-酮戊二酸和 L-谷氨酸是一对氨基的受体和供体，不同转氨酶的特异性决定了另一对受体和供体。例如，在 ALT 催化的反应中，丙酮酸和丙氨酸是另一对氨基的受体和供体，因此，ALT 催化的反应会生成丙酮酸。

转氨酶在动物不同组织中的分布是不同的，其中活力最高的组织是肝，其次是肾、心肌、骨骼肌、胰腺、脾、肺和红细胞。在正常新陈代谢过程中，血清中只含有少量转氨酶。当肝细胞因炎症、中毒等刺激受损或坏死，转氨酶将会从肝释放到血液中，致使血清转氨酶水平显著升高。心肌梗死等疾病发生时，血清转氨酶水平也会显著升高。血清谷丙转氨酶水平是临床诊断肝性病变的重要指标之一，对某些疾病的临床诊断具有重要的参考价值。因此，转氨酶活力的测定具有重要的意义。

通常使用分光光度法测定转氨酶反应产物从而确定转氨酶的活力。其原理是，转氨酶在 37℃、pH7.4 的条件下，可催化反应液中的丙氨酸与 α-酮戊二酸发生氨基转移反应，生成谷氨酸和丙酮酸，生成的丙酮酸与 2,4-二硝基苯肼反应生成丙酮酸-2,4-二硝基苯腙，其在碱性溶液中呈棕红色（30min 至 2h 色度稳定），其吸收光谱为 439～530nm，在 520nm 光波处具有强烈的吸光性，颜色深浅与反应起始时丙酮酸的量成正比。以丙酮酸标准液浓度为横坐标、520nm 吸光度值为纵坐标绘制标准曲线，依据标准曲线公式便可计算出待测样品催化转氨基反应形成的丙酮酸的量，进而计算出 ALT 的酶活力。具体反应过程如图 10-8 所示。

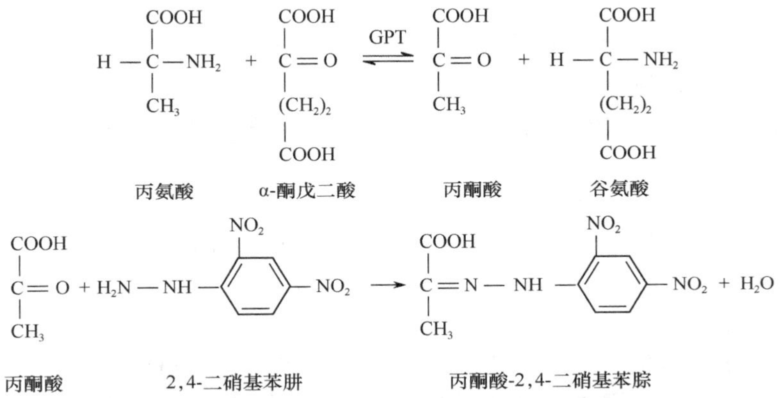

图 10-8　谷丙转氨酶（ALT）的酶促反应及活力测定原理

层析技术又叫色层分离技术，是利用被分离的混合物中各组分物理化学的性质（分子的形状和大小、分子极性、吸附力、分子亲和力、分配系数等）不同，使各组分以不同程度分布在两相（流动相和固定相）中，当流动相流过固定相时，各组分以不同的速度移动，从而达到分离的目的。纸层析是以滤纸为载体的层析分离法，纸层析分离氨基酸所依据的原理就是分配层析原理。不同物质在同一层析溶剂（由两种互不相溶的溶剂组成的，一般是有机溶剂和水，又称推动剂或展层剂）中具有不同的分配系数，经过展层剂不断地冲刷而达到分离。

本实验将以兔肝组织为原料制备兔肝转氨酶粗提液，之后利用纸层析法检测转氨酶的催化产物谷氨酸，最后利用分光光度法测定转氨酶的活力。

三、器材

（1）仪器：制冰机，恒温水浴锅，可见分光光度计，高速冷冻离心机，电子天平，电磁炉，电热鼓风干燥箱，手术剪刀，玻璃匀浆器，层析缸，平皿（Φ9cm），层析滤纸（新华 1 号），研钵，试管（5mL、10mL），试管架，移液管（1mL、2mL、5mL），微量进样器（0.1～1mL），毛细管，2mL 离心管，铅笔，直尺等。

（2）材料：新鲜兔肝。

四、试剂

1．提取试剂　　0.1mol/L 磷酸盐缓冲液（pH7.4）。

2．氨基转移反应试剂

（1）0.1mol/L α-酮戊二酸溶液（用 NaOH 调节 pH 至 7.0～7.2）。

（2）0.1mol/L 丙氨酸标准液。

（3）0.1mol/L 磷酸盐缓冲液（pH7.4）。

（4）5%三氯乙酸。

3．纸层析试剂

（1）标准氨基酸（5mg/mL）：称取丙氨酸、谷氨酸各 5mg，分别溶于 1mL 0.01mol/L 的 HCl 溶液中，保存于冰箱。

（2）正丁醇（含 0.5%茚三酮）。

（3）展层剂：正丁醇：80%甲酸：水（$V/V/V$）＝15：3：2。

4．酶活力测定试剂

（1）2.0mmol/L 丙酮酸钠标准溶液：称取分析纯丙酮酸钠 11mg 溶解于 50mL 磷酸盐缓冲液内（现用现配）。

（2）0.1mol/L 磷酸盐缓冲液（pH7.4）。

（3）2,4-二硝基苯肼溶液（1mmol/L）：称取 2,4-二硝基苯肼 20mg，先溶于 50mL 2mol/L 盐酸中，然后再加入去离子水，定容至 100mL。

（4）0.4mol/L 氢氧化钠溶液。

（5）谷丙转氨酶底物：称取分析纯 α-酮戊二酸 29.2mg（2mmol/L）及 L-丙氨酸 0.89g（100mmol/L）溶于 50mL 磷酸盐缓冲液中，用氢氧化钠或盐酸溶液调整 pH 至 7.4，加入磷酸盐缓冲液，定容至 100mL，加入数滴氯仿防腐，溶液在冰箱内可保存一周。

五、技术路线

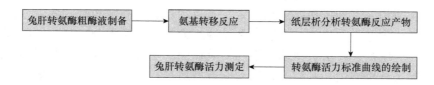

六、操作步骤

1．兔肝转氨酶粗酶液制备

（1）称取新鲜兔肝 10g，剪碎，按 1：1（m/V）加入 0.1mol/L 磷酸盐缓冲液（pH7.4）10mL。

（2）冰浴中研磨或匀浆 30min。

（3）将匀浆液转移到 50mL 离心管，两两配平，4℃条件下 6000r/min 离心 20min。

（4）弃沉淀，上清液即兔肝转氨酶粗酶液。测量体积，记为 $V_{肝}$（mL）。

2．氨基转移反应　　取洁净干燥试管 3 支，1 号管为氨基转移反应样品测定管，2 号管为 α-酮戊二酸对照管，3 号管为丙氨酸对照管，按表 10-8 加入试剂及上一步制备的转氨酶粗酶液。

表 10-8　氨基转移反应加样表

试剂	管号		
	1	2	3
0.1mol/L α-酮戊二酸/mL	0.5	0.5	0
0.1mol/L 丙氨酸标准液/mL	0.5	0	0.5
转氨酶粗酶液/mL	0.5	0.5	0.5
pH7.4 磷酸缓冲溶液/mL	1.5	2.0	2.0
混匀，37℃恒温水浴保温 30min			
5%三氯乙酸/滴	3	3	3
沸水浴 10min，2000r/min 离心 15min，得上清液			

3．纸层析分析转氨酶反应产物　采用上行层析法进行展层。点样、平衡、展层及显色方法同第九章实验五。

点样顺序为谷氨酸、丙氨酸标准液及 1、2、3 试管内反应液，点样量以 5μL 为宜，如图 10-9 所示。

4．转氨酶活力测定

1）标准曲线绘制　取洁净干燥试管，按表 10-9 中所列的次序加入各种试剂，每个样品浓度做 2 个平行，以 0 号管反应液调零，测定各管 A_{520}，平行样品间取平均值。

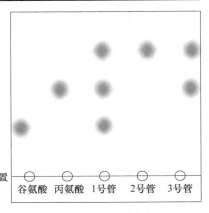

图 10-9　纸层析示意图

表 10-9　丙酮酸钠标准液反应加样表

试剂	管号					
	1	2	3	4	5	6
丙酮酸钠标准液/mL	—	0.05	0.10	0.15	0.20	0.25
0.1mol/L 磷酸盐缓冲液（pH7.4）/mL	0.60	0.55	0.50	0.45	0.4	0.35
丙酮酸钠含量/μmol	0	0.1	0.2	0.3	0.4	0.5
各管摇匀后，置 37℃水浴，保温 5min						
2,4-二硝基苯肼溶液/mL	0.50	0.50	0.50	0.50	0.50	0.50
0.4mol/L NaOH 溶液/mL	5.00	5.00	5.00	5.00	5.00	5.00
各试管摇匀后，于 37℃保温 30min，以 0 号管为空白调零，测定其他管 A_{520}						
$\overline{A}_{520}$	0					

2）酶活力测定　将转氨酶粗酶液稀释一定倍数，再取稀释后的酶液测定酶活力。

取洁净干燥试管，标号 C 管为对照管，S 和 S′为转氨酶粗酶液样品管，按表 10-10 加入各种试剂。以 C 管反应液调节 A_{520} 为 0，测定样品管 S 和 S′的 A_{520}，计算平均值。

表 10-10　兔肝样品酶活力测定加样表

试剂	管号		
	C	S	S′
谷丙转氨酶底物/mL	0.5	0.5	0.5
37℃水浴保温 10min，使试管内外温度平衡			
转氨酶粗酶液/mL	0	0.1	0.1
2,4-二硝基苯肼溶液/mL	0.5	0.5	0.5
各管摇匀后，于 37℃水浴保温 60min			
转氨酶粗酶液/mL	0.1	0	0
0.4mol/L 氢氧化钠溶液/mL	5.0	5.0	5.0
充分摇匀后，37℃静置 30min			
A_{520}	0		

七、结果与分析

1. 扫描（或画出）层析图谱　　计算层析图谱上各个斑点的 R_f 值，并根据结果分析哪一管发生了氨基转移反应。

2. 标准曲线绘制　　以丙酮酸的摩尔数为横坐标、对应的 $\overline{A}_{520}$ 为纵坐标，Excel 绘制标准曲线，得标准曲线方程。

3. 酶活力测定

酶活力单位定义：在室温条件下，pH7.4 的溶液中，1min 内催化丙氨酸形成 1μmol 丙酮酸所需的酶量，定义为一个酶活力单位（U）。

依据兔肝转氨酶粗酶液样品管的 $\overline{A}_{520}$，根据公式计算出样品中丙酮酸的摩尔数，记为 $P_{肝}$。

$$每克兔肝转氨酶的活力单位（U / g）= \frac{P_{肝}}{0.1 \times t \times 10} \times V_{肝} \times N$$

式中，$P_{肝}$ 为样品 $\overline{A}_{520}$ 所对应的丙酮酸的摩尔数；0.1 为测定时所用转氨酶粗酶液的体积，为 0.1mL；t 为反应时间，30min；10 为兔肝的质量（g）；$V_{肝}$ 为 10g 兔肝所得粗酶液体积（mL）；N 为兔肝匀浆液的稀释倍数。

八、注意事项

（1）本实验酶促反应体系中血清和肝匀浆液的加样量较少，一定要将酶液与底物溶液充分混匀，否则会导致酶促反应不完全。

（2）纸层析实验中，为了防止滤纸被手上的汗液污染，操作时应戴手套。

（3）纸层析实验中，重复点样时可用吹风机的冷风吹干样品。

（4）测定酶活力时应注意使各反应管保持相同 pH 和保温时间，以保证实验结果可靠。

（5）转氨酶只能作用于 α-L-氨基酸（L-天冬氨酸、L-丙氨酸），对 D-氨基酸无催化作用。但 α-DL-氨基酸比 L-氨基酸价格低廉，如果采用 α-DL-氨基酸，则需按 α-L-氨基酸的用量加倍。

（6）2,4-二硝基苯肼是有机溶剂，提前加入可能会抑制酶的催化反应，因此，要按照实验所要求的顺序加入各种试剂，以免影响反应结果。

（7）通常兔肝匀浆液以稀释 20 倍为宜。

九、思考题

（1）转氨酶在代谢过程中的重要作用及在临床诊断中的意义是什么？

（2）滤纸为什么要在层析缸中密封饱和 30min？

（3）如何改进实验条件，以得到更好的纸层析图谱？

（4）分光光度法测定转氨酶的原理是什么？

综合性实验五　酵母蔗糖酶的提取、纯化及酶学性质研究

一、实验目的

（1）掌握从酵母细胞中提取、分离纯化蔗糖酶的原理与方法。

（2）学习并掌握对酶进行研究的基本过程，深刻理解酶促反应速度随时间变化的规律。

（3）掌握测定酶促反应动力学参数的原理和方法。

二、实验原理

蔗糖酶（β-D-呋喃果糖苷水解酶，fructofuranoside fructohydrolase，EC 3.2.1.26）亦称为转化酶（invertase），可催化非还原性双糖（蔗糖）中的 β-D-呋喃果糖苷键水解，将蔗糖水解为等量的 D-葡萄糖和 D-果糖，具有相对专一性，也能催化棉子糖水解，生成蜜二糖和果糖。蔗糖酶广泛存在于动物、植物和微生物体内，在工业生产中通常以酵母为材料提取蔗糖酶。蔗糖酶以两种形式存在于酵母细胞膜的内外两侧。在细胞膜外细胞壁内的称为外蔗糖酶（external yeast invertase），是含有 50%（质量分数）糖成分的糖蛋白；在细胞膜内侧细胞质中的为低糖基化的内蔗糖酶（internal yeast invertase）。外蔗糖酶和内蔗糖酶均由 *SUC2* 基因编码，但两者的翻译起始密码子不同，导致外蔗糖酶 N 端比内蔗糖酶多了两个氨基酸残基；由于糖基化程度不同，两者的分子量不同，但底物专一性和动力学性质十分相似。外蔗糖酶和内蔗糖酶的活力大小也不相同，外蔗糖酶的总活力大于内蔗糖酶的总活力。

1. 酵母蔗糖酶的提取与纯化　　提取酵母蔗糖酶，首先需破碎细胞。本实验采用酶解法、研磨法及冻融法相结合的方法破碎酵母细胞壁。酶解法主要是采用蜗牛酶处理酵母细胞。蜗牛酶是从蜗牛消化道中制备的混合酶，含有纤维素酶、果胶酶、淀粉酶、蛋白酶等 20 多种酶，它常用于酵母细胞壁的破碎。研磨法属于机械破碎法，主要采用研钵、石磨、细菌磨、球磨等研磨器械所产生的剪切力将组织细胞破碎，必要时可以加石英砂、小玻璃珠、玻璃粉、氧化铝等作为助磨剂，以提高研磨效果。冻融法属于物理破碎法，将细胞在 −20℃以下冰冻，室温溶解，细胞内冰粒形成和剩余细胞液盐浓度增加引起溶胀使细胞破碎。然后利用蛋白质沉淀法获得蔗糖酶粗酶液。本实验采用选择性变性沉淀去除杂蛋白，有机溶剂沉淀蔗糖酶。选择性变性沉淀指选择一定条件使酶液中存在的某些杂蛋白等杂质变性沉淀，而不影响所提取的酶，如对于热

稳定性较好的酶，可以通过加热处理，使一些杂蛋白受热变性沉淀而被去除。此外也可通过改变 pH 或添加某些金属离子等使杂蛋白变性沉淀去除。有机溶剂沉淀是根据酶与杂质在有机溶剂中溶解度不同，通过添加一定量的某种有机溶剂使酶或杂蛋白沉淀析出，从而使酶与杂质分离的方法。蔗糖酶具有耐酸耐热，可在 47.5%乙醇溶液中沉淀且保持活性的特点。

获得蔗糖酶粗酶液后，采用离子交换柱层析法对蔗糖酶进行纯化。离子交换剂为 DEAE-纤维素，洗脱方法采用阶梯式梯度洗脱。

2．蔗糖酶活力测定　　酶活力指酶催化某一化学反应的能力，可以用在一定条件下催化某一化学反应的反应速率表示。所以测定酶活力就是测定酶促反应的速率，一般可用单位时间内底物的减少量或产物的增加量来表示。蔗糖酶水解蔗糖生成的产物是葡萄糖和果糖，为还原糖，而底物蔗糖为非还原糖。因此本实验通过测定单位时间内产物还原糖的生成量来表示蔗糖酶的活力。还原糖测定的常用方法为水杨酸试剂（DNS）法，其原理是在碱性条件下，还原糖作用于黄色的 3,5-二硝基水杨酸，生成棕红色的 3-氨基-5-硝基水杨酸，还原糖本身被氧化成糖酸及其他产物。在一定范围内，还原糖的量与棕红色 3-氨基-5-硝基水杨酸颜色深浅成正比，利用分光光度计在 520nm 波长下测定棕红色物质的吸光度值，查对标准曲线并计算，便可求出样品中还原糖的量。

3．蔗糖酶反应进程曲线的测定　　酶促反应进程曲线是指酶促反应时间与产物生成量（或底物减少量）之间的关系曲线，它表明了酶促反应速度随反应时间变化的情况。在酶促反应的最适条件下，采用每间隔一定的时间测定产物生成量，以反应时间为横坐标、产物生成量为纵坐标绘制曲线。曲线的斜率表示单位时间内产物生成量的变化，所以曲线上任一点的斜率即该反应时间的反应速率。在反应起始阶段的某一段时间范围内曲线为直线，即曲线的斜率没有变化，该斜率代表了酶促反应的初速度。随着反应时间的延长，曲线的斜率不断下降，说明反应速度逐渐降低。引起这一现象的原因很多，如底物浓度的降低使酶被饱和的程度下降；产物浓度的增高致使逆反应加强；反应产物对酶的抑制或激活作用以及随着时间的延长酶分子本身失活等。因此测定酶活力应该在酶促反应进程曲线的初速度阶段测定，测定酶促反应进程曲线是酶促反应动力学研究中的重要组成部分和实验基础。

4．蔗糖酶米氏常数（K_m）及最大反应速度（V_{max}）的测定　　酶促反应动力学是研究酶促反应速率及其影响因素的科学。这些因素包括酶浓度、底物浓度、pH、温度、激活剂和抑制剂等。其中底物浓度的变化与酶促反应速率之间的关系是酶促反应动力学研究的核心内容。Michaelis 和 Menten 提出了用来描述底物浓度与酶促反应速率之间关系的数学方程，称为米氏方程。米氏方程中有两个重要的常数为 K_m 和 V_{max}。K_m 为米氏常数，K_m 值等于酶促反应达到最大反应速度一半时的底物浓度，单位是 mol/L。K_m 是酶的特征常数，只与酶的性质有关，而与酶浓度无关。K_m 值和测定的底物、pH、温度及离子强度等因素有关。如果酶有几种底物，则对每一种底物都有其特定的 K_m 值，其中 K_m 值最小的底物为该酶的最适底物。在特定的酶浓度下，酶对特定底物的 V_{max} 也是常数。

米氏常数可根据实验数据通过作图法直接求得，实验室最常用的测定方法为 Lineweaver-Burk 双倒数作图法。将米氏方程两侧取双倒数，得到如下方程：

$$\frac{1}{v}=\frac{K_{m}}{V_{max}[S]}+\frac{1}{V_{max}}$$

以 $\dfrac{1}{v}-\dfrac{1}{[S]}$ 作图得到一条直线，将直线延伸至横、纵坐标轴，其横截距为 $-\dfrac{1}{K_{m}}$，纵

截距为 $\dfrac{1}{V_{max}}$，由此求出 K_{m} 和 V_{max}。

三、器材

（1）仪器：电子天平，冷冻高速离心机，恒温水浴锅，核酸蛋白检测仪，蠕动泵，722 分光光度计，冰箱，电陶炉，研钵，冰盒和碎冰，量筒（25mL、10mL），离心管（50mL、15mL、1.5mL），烧杯，滴管，微量取液器（1mL），石英砂，试管，试管架，具塞刻度试管（25mL），层析柱，DEAE-Cellulose-52，PEG20000，透析袋，比色皿，擦镜纸等。

（2）材料：活性干酵母。

四、试剂

1. 提取纯化试剂

（1）5mg/mL 蜗牛酶溶液。

（2）95%乙醇。

（3）0.05mol/L Tris-HCl 溶液（pH7.3）。

（4）洗脱液：含有 0.2mol/L NaCl 的 pH7.3、0.05mol/L Tris-HCl 缓冲液及含有 0.5mol/L NaCl 的 pH7.3、0.05mol/L Tris-HCl 缓冲液。

2. Folin-酚法测定蔗糖酶液蛋白质浓度试剂　　参见第三篇第九章实验八。

3. 酶学性质测定试剂

（1）DNS 试剂：精确称取 1g 3,5-二硝基水杨酸溶于 20mL 1mol/L 氢氧化钠溶液中，加入 50mL 蒸馏水，再加入 30g 酒石酸钾钠，待溶解后用蒸馏水稀释至 100mL，盖紧瓶盖，防止 CO_2 进入。

（2）葡萄糖标准溶液：精确称取无水葡萄糖（105℃恒重），配制成 500μg/mL 溶液。

（3）50mg/mL 和 30mg/mL 蔗糖溶液（现用现配）。

（4）pH4.6 乙酸钠缓冲液。

（5）1moL/L NaOH。

（6）pH2.6、pH4.6、pH6.6 的磷酸氢二钠-柠檬酸钠缓冲液。

五、技术路线

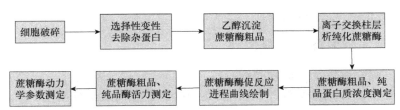

六、操作步骤

（一）酵母蔗糖酶的提取与纯化

1. 酵母细胞破碎　　称取 6g 高活性干酵母放在烧杯中，加 20mL 蜗牛酶溶液，搅拌成糊状，置于 37℃ 恒温水浴 1h。将水浴后酵母糊状物转移至预冷的研钵中，加 1g 石英砂，于冰浴下研磨 30min，放入冰箱中冷冻 10min（液面刚出现结冰），取出后再研磨 10min。转移研磨浆状物至 50mL 离心管，4℃、10 000r/min 离心 20min，弃沉淀，将上清液转移至另一离心管中，为细胞破碎粗提液。

2. 选择性变性沉淀去除杂蛋白　　将细胞破碎粗提液置于 50℃ 恒温水浴 30min，不定时摇动离心管，水浴结束后，迅速冰浴 5min 冷却，然后 4℃、10 000r/min 离心 10min，弃沉淀，转移上清液至另一离心管中，并测量上清液体积。

3. 乙醇沉淀蔗糖酶　　将离心管放于冰浴中，量取与上清液等体积−20℃ 预冷的 95%乙醇，同样放于冰浴中。用滴管缓慢滴加乙醇于上清液中，边加边搅拌，滴加结束后再冰浴 20min，于 4℃、10 000r/min 离心 10min，弃上清，沉淀用 4mL 0.05mol/L Tris-HCl 缓冲液（pH7.3）溶解，溶解液即酵母蔗糖酶粗酶液。如有沉淀不能溶解，再次 4℃、10 000r/min 离心 10min，取上清液并记录粗酶液体积为 V_{crude}，保存于−20℃ 冰箱中备用。

4. DEAE-Cellulose-52 纯化酵母蔗糖酶　　DEAE-Cellulose-52 柱层析的装柱、平衡、上样、洗脱等具体操作方法参照第三篇第十章综合性实验三。

本实验中平衡液和上样后的起始洗脱液为 pH7.3 的 0.05mol/L Tris-HCl 缓冲液，梯度洗脱液分别为 0.2mol/L NaCl-0.05mol/L pH7.3 Tris-HCl 缓冲液和 0.5mol/L NaCl-0.05mol/L pH7.3 Tris-HCl 缓冲液。上样量根据 DEAE-纤维素的交换容量和粗酶液的蛋白质浓度确定，一般 1～2mL 即可。

对收集的洗脱液采用 DNS 显色法确定酶活力峰的位置。方法如下：用微量移液器从每一支收集管中取洗脱液 0.1mL，加入 0.4mL pH4.6 乙酸钠缓冲液，再加入 0.5mL 50mg/mL 蔗糖溶液，摇匀，37℃ 反应 5min，然后加入 1mL DNS 试剂，于沸水浴中准确反应 5min，取出，比较各管颜色的深浅，确定酶活力峰的位置。合并对应于酶活力峰的洗脱液，装入截留分子质量为 10 000Da 的透析袋中，用 PEG20000 反透析，将纯化蔗糖酶液浓缩至 1～2mL，准确测量纯化获得的酶液的体积（$V_{pufiried}$），保存于−20℃ 冰箱中备用。

（二）酵母蔗糖酶蛋白质浓度测定

以 Folin-酚法测定蔗糖酶粗酶液及经柱层析纯化酶液的蛋白质浓度，具体方法参见第三篇第九章实验八。注意调整粗酶液及纯化酶液的稀释倍数，使 Folin-酚反应后溶液的吸光度值在标准曲线范围内。

（三）酵母蔗糖酶酶学性质测定

1. 酵母蔗糖酶酶促反应进程曲线测定

1）葡萄糖标准曲线的制作　　取 12 支刻度试管做两组平行操作，按表 10-11 的顺序和体积加入葡萄糖标准溶液（500μg/mL）、蒸馏水、DNS 试剂，混匀后放入沸水浴中准确反应 5min，反应结束后立即用流动冷水冷却至室温，加蒸馏水定容至 10mL，混匀。以 722 分光光度计测量吸光度，以 0 号管调零，测定其余各管的 $\overline{A}_{520}$。

表 10-11 葡萄糖标准曲线加样表

试剂	管号					
	0	1	2	3	4	5
葡萄糖标准溶液/mL	0	0.2	0.4	0.6	0.8	1.0
蒸馏水/mL	1.0	0.8	0.6	0.4	0.2	0
DNS 试剂/mL	1	1	1	1	1	1
沸水浴 5min，流水冷却至室温，蒸馏水定容至 10mL						
$\overline{A}_{520}$	0					

2）测定不同反应时间酶促反应产物的量　　取 18 支刻度试管做两组平行操作，按表 10-12 分别加入 0.5mL 蔗糖溶液，0.4mL pH4.6 乙酸钠缓冲液，37℃水浴 5min 后加入蔗糖酶溶液 0.1mL，37℃分别反应 0～40min 后立即添加 0.2mL 1mol/L 的 NaOH 终止反应，然后加入 1mL DNS 试剂，于沸水浴中准确反应 5min，反应结束后立即用流动冷水冷却至室温，加蒸馏水定容至 10mL，混匀。以 0 号管调零，测定其余各管的 $\overline{A}_{520}$。

表 10-12 酶促反应进程测定加样表

试剂	管号								
	0	1	2	3	4	5	6	7	8
蔗糖溶液（50mg/mL）/mL	0.5	0.5	0.5	0.5	0.5	0.5	0.5	0.5	0.5
乙酸钠缓冲液/mL	0.4	0.4	0.4	0.4	0.4	0.4	0.4	0.4	0.4
37℃水浴 5min									
蔗糖酶溶液/mL	0.1	0.1	0.1	0.1	0.1	0.1	0.1	0.1	0.1
37℃反应时间/min	0	1	3	6	10	15	20	30	40
反应结束后立即添加 0.2mL 1mol/L NaOH 终止反应									
DNS 试剂/mL	1	1	1	1	1	1	1	1	1
沸水浴 5min，流动冷水冷却至室温，定容至 10mL									
$\overline{A}_{520}$	0								

2. 酵母蔗糖酶活性测定　　采用 DNS 法测定酵母蔗糖酶的活性。取 5 支刻度试管（样品管需做平行），按表 10-13 分别加入 0.5mL 蔗糖溶液（50mg/mL），0.4mL pH4.6 乙酸钠缓冲液，37℃水浴 5min 后加入稀释一定倍数的蔗糖酶粗酶液或纯化酶液 0.1mL，37℃下反应，反应时间根据蔗糖酶进程曲线测定的初速度时间确定（一般以 10min 为宜），反应后立即添加 0.2mL 1mol/L NaOH 终止反应，然后加入 1mL DNS 试剂，于沸水浴中准确反应 5min，反应结束后立即用流动冷水冷却至室温，加蒸馏水定容至 10mL，混匀，以 0 号管调零，测定其余各管的 A_{520}。

表 10-13　蔗糖酶活性测定加样表

试剂	管号				
	0	1（粗品）	1′（粗品）	2（纯品）	2′（纯品）
蔗糖溶液（50mg/mL）/mL	0.5	0.5	0.5	0.5	0.5
pH4.6 乙酸钠缓冲液/mL	0.4	0.4	0.4	0.4	0.4
	37℃水浴 5min				
蔗糖酶溶液/mL	0	0.1	0.1	0.1	0.1
	混匀，37℃反应 Xmin 后，立即添加 0.2mL 1mol/L NaOH 终止反应				
DNS 试剂/mL	1	1	1	1	1
	沸水浴 5min，流动冷水冷却至室温，定容至 10mL				
A_{520}	0				

3. 温度、pH 对酵母蔗糖酶活力的影响　　取 12 支刻度试管做两组平行操作，按表 10-14 分别加入 0.5mL 蔗糖溶液（50mg/mL）和 0.4mL pH4.6 乙酸钠缓冲液，在 0℃、20℃、37℃、55℃、70℃、37℃水浴锅中各放 1 支，水浴 5min，然后向 1～5 号管加入 0.1mL 蔗糖酶溶液，混匀，立即计时，在不同温度下准确反应 10min 后，立即向各管添加 0.2mL 1mol/L NaOH 溶液终止反应，并向 6 号管加入 0.1mL 蔗糖酶，然后向所有管中加入 1mL DNS 试剂，于沸水浴中准确反应 5min，反应结束后立即用流动冷水冷却至室温，加蒸馏水定容至 10mL，混匀。以 6 号管调零，测定其余各管的 $\overline{A}_{520}$。

表 10-14　温度对蔗糖酶酶促反应影响加样表

试剂	管号					
	1	2	3	4	5	6
蔗糖溶液（50mg/mL）/mL	0.5	0.5	0.5	0.5	0.5	0.5
pH4.6 乙酸钠缓冲液/mL	0.4	0.4	0.4	0.4	0.4	0.4
反应温度/℃	0	20	37	55	70	37
蔗糖酶溶液/mL	0.1	0.1	0.1	0.1	0.1	0
	混匀，各温度下反应 10min 后，立即添加 0.2mL 1mol/L NaOH 溶液终止反应					
蔗糖酶溶液/mL	0	0	0	0	0	0.1
DNS 试剂/mL	1	1	1	1	1	1
	沸水浴 5min，流动冷水冷却至室温，定容至 10mL					
$\overline{A}_{520}$						0

取 8 支刻度试管做两组平行操作，按表 10-15 分别加入 0.5mL 蔗糖溶液（50mg/mL），0.4mL pH2.6、pH4.6、pH6.6 磷酸氢二钠-柠檬酸钠缓冲液，37℃水浴 5min，然后向 1～3 号管加入 0.1mL 蔗糖酶，混匀，立即计时准确反应 10min 后立即添加 0.2mL 1mol/L NaOH 终止反应，终止反应后向 4 号管加入 0.1mL 蔗糖酶溶液，然后向所有管中加入 1mL DNS 试剂，于沸水浴中准确反应 5min，反应结束后立即用流动冷水冷却至室温，加蒸馏水定容至 10mL，混匀。以 4 号管调零，测定其余各管的 $\overline{A}_{520}$。

表 10-15　pH 对蔗糖酶酶促反应影响加样表

试剂	管号			
	1	2	3	4
蔗糖溶液（50mg/mL）/mL	0.5	0.5	0.5	0.5
磷酸氢二钠-柠檬酸钠缓冲液/mL	0.4（pH2.6）	0.4（pH4.6）	0.4（pH6.6）	0.4（pH4.6）
	37℃水浴保温 5min			
蔗糖酶溶液/mL	0.1	0.1	0.1	0
	混匀，37℃反应 10min 后，立即添加 0.2mL 1mol/L NaOH 终止反应			
蔗糖酶溶液/mL	0	0	0	0.1
DNS 试剂/mL	1	1	1	1
	沸水浴 5min，流动冷水冷却至室温，定容至 10mL			
$\overline{A}_{520}$				0

4. 底物浓度对酶促反应速度的影响——K_m 和 V_{max} 的测定　　取 18 支试管做平行操作，按表 10-16 分别加入不同体积的蔗糖溶液（30mg/mL），以 pH4.6 乙酸钠缓冲液补足至 0.9mL，37℃水浴 5min，然后加入 0.1mL 蔗糖酶，混匀，立即计时准确反应 10min 后添加 0.2mL 1mol/L NaOH 终止反应，然后加入 1mL DNS 试剂，于沸水浴中准确反应 5min，反应结束后立即用流动冷水冷却至室温，加蒸馏水定容至 10mL，混匀。以 0 号管调零，测定其余各管的 $\overline{A}_{520}$。

表 10-16　底物浓度对酶促反应速度的影响加样表

试剂	管号									
	0	1	2	3	4	5	6	7	8	9
蔗糖溶液（30mg/mL）/mL	0	0.1	0.2	0.3	0.4	0.5	0.6	0.7	0.8	0.9
pH4.6 乙酸钠缓冲液/mL	0.9	0.8	0.7	0.6	0.5	0.4	0.3	0.2	0.1	0
	37℃水浴保温 5min									
蔗糖酶溶液/mL	0.1	0.1	0.1	0.1	0.1	0.1	0.1	0.1	0.1	0.1
	混匀，37℃反应 10min 后，立即添加 0.2mL 1mol/L NaOH 终止反应									
DNS 试剂/mL	1	1	1	1	1	1	1	1	1	1
	沸水浴 5min，流动冷水冷却至室温，定容至 10mL									
$\overline{A}_{520}$	0									

七、结果与分析

（一）酵母蔗糖酶提取纯化结果

（1）记录蔗糖酶粗酶液体积 V_{crude}（mL）。

（2）记录经 DEAE-纤维素柱层析纯化后获得的纯化蔗糖酶液体积 $V_{purified}$（mL）。

（二）酵母蔗糖酶蛋白质浓度测定结果

以标准蛋白质浓度为横坐标、$\overline{A}_{640}$ 为纵坐标，绘制 Folin-酚法标准曲线，并根据标准曲线方程计算蔗糖酶粗品和纯品的蛋白质浓度（mg/mL）。

（三）酵母蔗糖酶酶学性质测定结果

1. 绘制蔗糖酶酶促反应进程曲线

（1）以葡萄糖浓度为横坐标、$\overline{A}_{520}$ 为纵坐标，绘制葡萄糖标准曲线，并得到标准曲线方程。

（2）根据标准曲线方程计算不同反应时间的反应液 $\overline{A}_{520}$ 对应的葡萄糖的量。以葡萄糖的量为纵坐标、酶促反应时间为横坐标，绘制蔗糖酶催化反应进程曲线。依据反应进程曲线，确定酶促反应速度线性增加的时间范围，求出酶促反应的初速度。

2. 酵母蔗糖酶酶活力测定结果   蔗糖酶活力单位定义：室温 25℃、pH4.6 条件下，每分钟水解蔗糖产生 1μg 葡萄糖所需的酶量（U）。

根据葡萄糖标准曲线方程计算蔗糖酶粗品及纯品催化蔗糖水解后得到的葡萄糖的量记为 M_c 和 M_p（μg），并根据酶活力单位的定义计算出粗品及纯品的酶活力。计算公式如下：

    每毫升蔗糖酶粗品酶活力（U/mL）＝M_c（μg）÷0.1（mL）÷10（min）×n

式中，M_c 为蔗糖酶粗品水解蔗糖 1、1′管的 $\overline{A}_{520}$ 对应的葡萄糖的微克数；0.1 为测定时粗酶液的用量；10 为酶促反应时间；n 为粗酶液的稀释倍数。

    每毫升蔗糖酶纯品酶活力（U/mL）＝M_p（μg）÷0.1（mL）÷10（min）×n

式中，M_p 为蔗糖酶纯品水解蔗糖 2、2′管的 $\overline{A}_{520}$ 对应的葡萄糖的微克数；0.1 为测定时粗酶液的用量；10 为酶促反应时间；n 为纯酶液的稀释倍数。

根据蔗糖酶粗品和纯品的蛋白质浓度和活力单位计算出其比活及纯化倍数，分析纯化效果。

3. 酵母蔗糖酶的最适温度   计算不同温度下蔗糖酶活力，并以酶活力为纵坐标、温度为横坐标绘制蔗糖酶的酶活力-温度曲线，从而确定蔗糖酶的最适温度及酶活力。

4. 酵母蔗糖酶的最适 pH   计算不同 pH 下蔗糖酶活力，并以酶活力为纵坐标、pH 为横坐标绘制蔗糖酶的酶活力-pH 曲线，从而确定蔗糖酶的最适 pH 及酶活力。

5. 酵母蔗糖酶的 K_m 和 V_{max}   将底物浓度换算成 mol/L，计算不同底物浓度反应液的 A_{520} 对应的葡萄糖的量，再根据反应时间，计算出反应速度 v。以 v 对 [S] 作图，从双曲线上观察 V_{max} 和 K_m 的大概数值。将 v 换算成 $\dfrac{1}{v}$，将底物浓度换算成 $\dfrac{1}{[S]}$，并以 $\dfrac{1}{v}$ 对 $\dfrac{1}{[S]}$ 作图，从曲线方程求出 K_m 和 V_{max}。

八、注意事项

（1）溶解蔗糖酶沉淀时，尽量不要过度搅拌，以防止出现大量泡沫，酶变性失活。

（2）酶促反应系统中酶的加量是绘制反应进程曲线的关键，酶的加量过大，酶促反应速度随反应时间增加而线性增加的时间区间短，酶的加量过少，这个区间则长。另外，准确的加样和计时也非常重要。

九、思考题

（1）测定酶的活力和动力学参数，应该注意哪几点？实验如何设计？

（2）如果你根据测定结果绘制的双倒数曲线如图 10-10 所示，把曲线延伸与横轴相交的点是否可以认为是 $-\dfrac{1}{K_m}$？分析造成这种曲线的可能原因。

综合性实验六　植物过氧化物酶的提取及同工酶鉴定

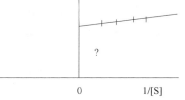

图 10-10　双倒数曲线示例

一、实验目的

（1）掌握过氧化物酶活性测定的原理和方法。

（2）掌握聚丙烯酰胺凝胶电泳分离蛋白质的原理及方法。

（3）掌握过氧化物酶同工酶鉴定方法。

二、实验原理

催化相同的化学反应但分子结构不同的一组酶称同工酶（isoenzyme）。植物同工酶与植物的遗传、生长发育、代谢调节及抗性等都有一定关系。同工酶谱的差异是基因表达的差异造成的，测定同工酶谱是认识基因存在和表达的手段，在植物的种群、发育及杂交遗传研究中具有重要意义。

过氧化物酶（peroxidase，POD）是普遍存在于真核细胞的一类氧化还原酶，以过氧化氢为电子受体催化底物氧化。过氧化物酶在脂肪酸代谢、呼吸作用等过程中扮演重要角色，植物中的过氧化物酶对于光合作用、生长发育同样不可或缺。过氧化物酶的活性随植物生长发育过程而不断变化，一般在衰老组织中活性较高，在幼嫩组织中活性较低。

过氧化物酶可催化 H_2O_2 将邻甲氧基苯酚（即愈创木酚）氧化成红棕色的四邻甲氧基连酚（反应试如图 10-11 所示），该物质在 470nm 有最大光吸收。通过测其 470nm 处的吸光度值，以粗酶液蛋白质含量为基准，求出该酶的比活。

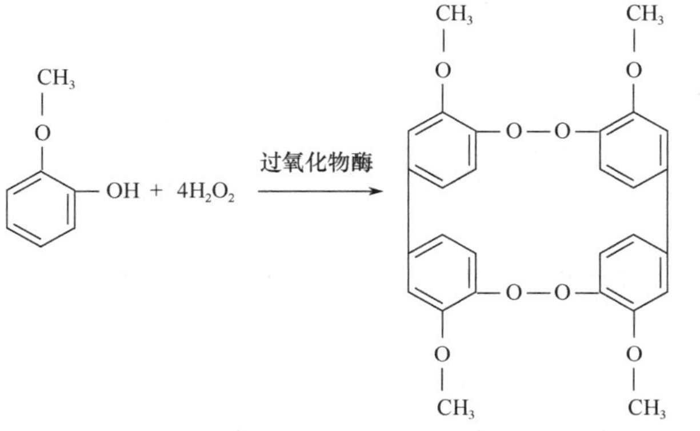

邻甲氧基苯酚　　　　　　　　　四邻甲氧基连酚（红棕色）

图 10-11　过氧化物酶催化邻甲氧基苯酚反应

将提取液进行聚丙烯酰胺凝胶电泳。电泳结束后，不同过氧化物酶组分迁移率不同而分布于不同位置。将凝胶置于含有 H_2O_2 及联苯胺的溶液中，过氧化物酶催化 H_2O_2 把联苯胺氧化为棕褐色产物，凝胶上出现棕褐色条带构成过氧化物酶同工酶谱。

三、器材

（1）仪器：高速冷冻离心机，电子天平，可见分光光度计，稳压稳流电泳仪，垂直电泳槽，恒温振荡器，脱色摇床，凝胶成像分析仪或扫描仪，试管，离心管，移液管，洗耳球，研钵（含研杵），比色皿，移液器等。

（2）材料：小麦叶片。

四、试剂

1. 提取及酶活力测定试剂

（1）Tris-HCl 缓冲液：称取 12.1g Tris 至烧杯中，加入 950mL 蒸馏水溶解。使用 HCl 调节 pH 至 8.0，用蒸馏水定容至 1L。

（2）过氧化氢溶液：取 800μL 30%过氧化氢母液，加蒸馏水定容至 300mL。

（3）愈创木酚溶液：取 0.5g 愈创木酚，逐滴加入无水乙醇并搅拌，待愈创木酚完全溶解后，加蒸馏水定容至 500mL，避光保存。

2. 同工酶检测试剂

（1）0.05mol/L 磷酸缓冲溶液（pH8.0）。

（2）0.05mol/L 愈创木酚溶液：取愈创木酚溶液 0.1mL，加入 95%乙醇 200mL 混匀，置于棕色试剂瓶中保存备用。

（3）2%H_2O_2 溶液。

（4）聚丙烯酰胺凝胶电泳试剂见第九章实验十二。

（5）联苯胺染色母液：2g 联苯胺溶于 18mL 温热的冰醋酸中，再加入去离子水 82mL，置于棕色瓶中保存备用。

（6）胶染色液：70.4mg 抗坏血酸＋20mL 联苯胺染色母液＋6mL 2%过氧化氢＋74mL 去离子水。

（7）7%乙酸。

五、技术路线

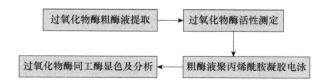

六、操作步骤

1. 粗酶液制备　　使用电子天平精确称取 0.2g 小麦幼苗叶片，置于研钵中。在研钵中加入 2mL Tris-HCl 缓冲液，用研杵研磨至匀浆，转移至离心管中。取另外 2mL Tris-HCl 缓冲液洗涤研钵，一并加入离心管中。将离心管置于高速离心机中，10 000r/min

离心 10min，上清液即提取的粗酶液，将其转移至另一试管中备用。

2. 酶活力测定 取 2 支干净试管，按表 10-17 所述顺序加入组分，配制反应液并混匀。

表 10-17 过氧化物酶活性测定试剂加样表

加入顺序	试剂名称	试管编号	
		1（参比管）	2（样品管）
1	磷酸缓冲液	2.0mL	2.0mL
2	过氧化氢溶液	1.0mL	1.0mL
3	愈创木酚溶液	1.0mL	1.0mL
4	蒸馏水	50μL	—
5	粗酶液	—	50μL

配制完成后，将反应液转移至比色皿中，迅速置于分光光度计中测定 A_{470}，以参比管校正分光光度计的 100%T 吸收值。测定样品管 A_{470} 的同时记录时间，每隔 30s 记录一次吸光度值，共记录 90s。

3. 粗酶液蛋白质含量测定 以考马斯亮蓝 G-250 法测定粗酶液中的蛋白质含量，详细步骤见第九章实验十。

4. 同工酶电泳分析

1）制备凝胶 按第九章实验十二安装玻璃板和电泳槽、配制 12%聚丙烯酰胺凝胶。

2）样品的制备 取少量粗酶液，与等量上样缓冲液混合，备用。

3）电泳 在电泳槽的正负极槽加入电极缓冲液，负极槽（短板侧）缓冲液应没过短玻璃板，正极槽（长板侧）缓冲液要没过电极丝。用微量进样器吸取上述样品液点样，每个样品可选择两个或者三个点样量（10μL、20μL、30μL）。

电极线与电泳仪电源连接，打开电泳仪电源开关，调节电压为 100V，当样品进入分离胶后调节电压至 150V。待指示染料迁移到距胶板底端约 1cm 处，停止电泳。

4）染色 取出电泳胶板，小心撬开两块玻璃板，去掉浓缩胶，用刀片在胶板的一端切角以作标记，慢慢地用自来水把凝胶冲入培养皿中。

大培养皿中倒入染色液，淹没整个凝胶，37℃振荡保温，数分钟完成染色。倒掉染色液，用去离子水冲洗数次，即可成像。为使条带清晰，可用 7%乙酸脱色，但不要过度脱色而影响凝胶中条带的清晰度。

七、结果与分析

1. 酶促反应进程评估 以反应时间为横轴、对应的 A_{470} 为纵轴，用 Excel 绘制吸光度值随时间的变化曲线。用于测定酶活力的数据应反映酶促反应的初速度，可通过观察任意 3 点之间是否为线性关系判断酶促反应进程。

2. 酶活力计算 在本实验中，定义每 30s 内 A_{470} 变化 0.01 为一个活力单位。根据如下公式计算过氧化物酶比活。

$$过氧化物酶比活（U/mg）= \frac{\Delta A_{470}}{0.01} \times \frac{提取液总体积（mL）}{测定时取样体积（mL）\times 总蛋白质含量（mg）}$$

式中，ΔA_{470} 为酶促反应处于初速度阶段时间隔 30s 测得的 A_{470} 变化量；提取液总体积为 4mL；测定时取样体积为 0.05mL。

3．过氧化物酶同工酶谱分析　　扫描或拍照凝胶。凝胶成像分析仪分析过氧化物同工酶谱。

八、注意事项

（1）小麦叶片中纤维含量较高，可在研钵中加入适量石英砂，以提高研磨效率。

（2）配制酶促反应体系时，应确保粗酶液最后加入。

（3）反应体系配制完成后，应立即置于分光光度计中测定吸光度，避免因底物过度消耗导致测得的酶活力不准确。

（4）在开始测定前，应将分光光度计电源接通 10min，使光源强度稳定。

（5）愈创木酚反应液应当天配制，H_2O_2 应在反应开始前加入。

（6）凝胶、联苯胺等试剂有毒，应戴乳胶手套或者一次性手套操作。

（7）同工酶染色时注意控制时间，用水冲洗凝胶可终止染色。染色时间过长会使酶谱背景颜色过深，时间过短会使一些活力较弱的带不能显色。

九、思考题

（1）为何要通过酶促反应初速度计算酶活力？

（2）本实验以粗酶液中的总蛋白质含量计算酶的比活，如何才能得知样品中过氧化物酶的含量，使比活的计算更为精确？

（3）过氧化物酶活力的高低与植物的生长阶段、健康状况存在何种关联？

（4）同工酶研究在发育生物学研究中有何意义？

综合性实验七　蛋白质印迹检测重组
大肠杆菌丝氨酸羟甲基转移酶

相关实验
操作视频

一、实验目的

（1）掌握大肠杆菌异源表达蛋白粗酶液的获得方法。

（2）掌握蛋白质印迹技术的原理及操作。

二、实验原理

蛋白质印迹（Western blotting）是一种可以检测固定在固相载体上蛋白质的免疫化学技术。含待测蛋白质的样品首先经 SDS-PAGE 分离，然后将凝胶中的蛋白质转移到膜支持物上，再用制备的一抗与待测蛋白质发生特异性结合，通过酶联的第二抗体检测出目的蛋白。该技术可以检测目的蛋白在生物体中的表达特性、组织定位、表达量及与其他蛋白质的相互作用等。

His 标签是由 6 个组氨酸（His-His-His-His-His-His）组成的短肽，是为重组蛋白质的吸附专门设计的。其分子质量较小，并且较容易分离和纯化，His 标签与其他标签相比有很多明显优势，是目前用于纯化的融合标签中使用最为广泛的一种。同时正因为待检测蛋白质多了一段 His 标签，可以使用商品化的抗 6 个组氨酸的特异性抗体检测该融合蛋白的表达、细胞内定位等，从而免于制备和纯化多克隆抗体或单克隆抗体。一抗应具有特异性、高选择性，并能产生可重复的结果。为确保一抗的特异性，在进行免疫印迹分析时，务必使用阳性和阴性对照。作为阳性对照，可以使用纯化后的目的蛋白。阴性对照可以选择仅包含二抗的对照（无一抗的孵育步骤）或明确不表达目的蛋白的菌体裂解液。二抗对一抗具有种属特异性。例如，山羊抗鼠二抗是在山羊体内产生的针对鼠一抗的抗体。二抗结合一抗上的许多不同保守区域，并起到放大信号的作用，从而提高检测灵敏度。二抗一般用酶或荧光染料标记。与一抗相似，最佳抗体浓度是指在没有背景或非特异性反应的情况下，可产生强阳性信号的抗体稀释度。二抗的质量普遍较高，商品说明书也会建议稀释范围。

本实验待检测蛋白质为重组大肠杆菌丝氨酸羟甲基转移酶（serine hydroxymethyltransferase，SHMT），该酶是丝氨酸合成中的关键酶，能催化甘氨酸和丝氨酸的相互转化，具体的催化反应如下：

$$\text{甘氨酸}+N_5, N_{10}\text{-亚甲基四氢叶酸} \underset{}{\overset{\text{SHMT}}{\rightleftharpoons}} \text{L-丝氨酸}+\text{四氢叶酸}$$

该酶以磷酸吡哆醛为辅酶，是含有单碳循环的大多数微生物体内丝氨酸循环中的关键酶，是甲基营养微生物代谢所不可缺少的。本实验使用的 SHMT 含有 415 个氨基酸残基，分子质量约 45.6kDa，实验通过商品化的 His 抗体检测该蛋白质的表达。

三、器材

（1）仪器：超净工作台，制冰机，超声波细胞破碎仪，高速冷冻离心机，摇床，电泳仪，垂直电泳槽，转移电泳槽，恒温振荡培养箱，电子天平，漩涡混合器，脱色摇床，扫描仪，离心管（5mL），微量进样器（100μL），注射器（1mL），弯头镊子，一次性手套，裁纸刀，NC 膜，吹风机，镊子，培养皿（Φ12cm、Φ7cm），试管（18mm×180mm），试管架，比色皿，擦镜纸，移液管或者移液器等。耗材需要提前灭菌。

（2）材料：大肠杆菌。

四、试剂

（1）LB 培养基：酵母粉 5g/L、胰蛋白胨 10g/L、NaCl 5g/L，pH7.0。

（2）异丙基硫代半乳糖苷（isopropyl-β-thiogalactopyranoside，IPTG）：母液配成 50mmol/L（每 1mL 培养基 10μL 母液，终浓度为 0.5mmol/L）。

（3）PBS：磷酸二氢钾（KH_2PO_4）0.27g、磷酸氢二钠（Na_2HPO_4）1.42g、氯化钠（NaCl）8g、氯化钾（KCl）0.2g，溶解后定容至 1L，浓盐酸调 pH 至 7.4。

（4）氨苄青霉素：母液浓度 100mg/mL，每 1mL 培养基 1μL 母液，终浓度为 100μg/mL。

（5）考马斯亮蓝法测定蛋白浓度用试剂：参见第三篇第九章实验十。

（6）SDS-PAGE 所需试剂：参见第三篇第九章实验十三。

（7）蛋白质印迹试剂。

转移电泳液：Tris 1.5g、甘氨酸 7.2g、甲醇 100mL，加 H_2O 定容至 1000mL。

10×TBS 缓冲液（pH7.9）：Tris 30g、NaCl 44g、1mol/L HCl 160mL，加 H_2O 定容至

500mL。

0.05mol/L TBST 缓冲液（pH7.9）：10 倍 TBS 缓冲液稀释 10 倍，加 Tween-20（500μL/L）。

封闭液：0.5g 牛血清白蛋白溶于 0.05mol/L TBST 缓冲液 100mL。

鼠源 His 单抗：使用时稀释 2000 倍。

羊抗鼠 IgG-HRP：使用时稀释 5000 倍。

显色缓冲液（0.05mol/L Tris-HCl，pH7.5）：Tris 0.6g、1mol/L HCl 4mL，H_2O 定容至 100mL。

显色液：30mg 3,3-二氨基联苯二胺（DAB）溶于显色缓冲液 50mL，临用前加 30%H_2O_2 50μL，混匀。

五、技术路线

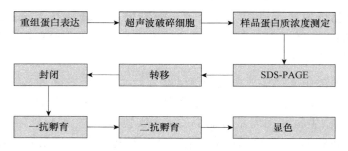

六、操作步骤

1. 菌种活化、发酵、诱导表达和细胞破碎 按照 1∶100～1∶50 的比例接种一定体积的大肠杆菌到 LB 培养基中，37℃、200r/min 培养 2～3h，待 OD_{600} 达到 0.5～0.6 时，添加诱导物 IPTG，使终浓度为 0.5mmoL/L，然后 25℃、150r/min 继续培养过夜。培养液于 4℃、8000～12 000r/min 离心 15min，弃上清液，沉淀重新溶解到最初发酵液 1/10 体积的 PBS 中，超声波破碎（20W，超 5s 停 3s，30 循环），破碎液在 11 000r/min 高速离心 15min，弃沉淀，上清液转移至另一离心管中，冻存待用、检测。

2. 蛋白质浓度测定 采用考马斯亮蓝法测定蛋白质浓度，参见第三篇第九章实验十。

3. SDS-PAGE 基本操作同第三篇第九章实验十三。

点样顺序见表 10-18（阳性对照为已纯化的含有 His 标签的 SHMT，运行对照为 SOD 或者其他没有 His 标签的蛋白质）。

表 10-18 SDS-PAGE 点样顺序

	上样孔	样品名称	上样量/μL
用于考马斯亮蓝染色	1	—	
	2	阳性对照	20
	3	SHMT 粗酶液	20
	4	阴性对照	20
	5	—	

续表

	上样孔	样品名称	上样量/μL
用于蛋白质印迹	6	阳性对照	20
	7	SHMT 粗酶液	20
	8	阴性对照	20
	9	—	

SDS-PAGE 结束后，取出凝胶，将胶从 5#位置切开，去掉浓缩胶和溴酚蓝以下的凝胶，切下 4#和 8#右下角作为标记，1#～4#胶放入培养皿（Φ12cm），以考马斯亮蓝染色 10min，加脱色液脱色至蛋白质条带清晰。

4. 转移 6#～9#胶浸在转移电泳液中。戴上手套，剪一块与胶同样大小的 NC 膜，浸泡在转移电泳液中 15～30min 待用。将海绵、滤纸浸泡在转移电泳液中，避免产生气泡。

打开转移电泳槽的塑料夹板，负极板在下，首先放上两层海绵，再铺上用转移电泳液浸泡过的 3～6 层滤纸，依次加上凝胶、NC 膜、3～6 层滤纸、两层海绵，各层接触后均用玻璃棒赶出之间的气泡，合上塑料夹板，最后插入电泳槽内（注意凝胶一边在负极端），加满转移电泳液，4℃冰箱中稳流 15mA 转移电泳 1～2h。

5. 封闭 取出膜，用冷风吹至半干，将膜放入盛有 10mL 封闭液的培养皿（Φ7cm）中，37℃脱色摇床振荡反应 1h。TBST 缓冲液振荡洗膜三次，每次用 5mL TBST 洗涤 5min。

6. 杂交 将鼠源 His 单抗用 TBST 缓冲液稀释 2000 倍。将膜转移至盛有 10mL 稀释抗体的培养皿中，37℃振荡反应 1h 或室温反应 2h 以上。以 5mL TBST 缓冲液振荡洗膜 5min，共洗涤 3 次。加入 5mL 酶标二抗（羊抗鼠，按 1∶5000 用 TBST 缓冲液稀释），37℃反应 1h 或室温反应 2h 以上。TBST 缓冲液洗膜 3 次，每次用 5mL TBST 缓冲液洗涤 5min。

7. 显色 培养皿中加 10～15mL DAB 显色液，将膜放入显色液中，显色 1～2min，出现清晰条带，立即用大量清水冲洗以终止反应，冷风吹干，扫描或拍照。

七、结果与分析

（1）观察 SDS-PAGE 考马斯亮蓝染色结果中，粗提的大肠杆菌细胞液样品显示几种蛋白质条带。分子质量 45kDa 的条带清晰可见，提示目的蛋白可能存在于此条带中。如该分子质量位置没有条带出现，则分析其原因。

（2）蛋白质印迹结果中，分子质量 45kDa 的条带显色清晰，表明大肠杆菌细胞液样品中存在该目的蛋白。如该分子质量位置没有条带出现，则分析其原因。

（3）对比考马斯亮蓝染色的蛋白质条带与 NC 膜上显色条带的异同，讨论使用 His 抗体探针检测到丝氨酸羟甲基转移酶的可行性。

八、注意事项

（1）若凝胶聚合不均匀，蛋白质条带会出现"微笑"或"倒微笑"型。需注意胶液混合均匀，灌胶轻缓。

（2）确保膜和胶之间没有气泡，否则会出现条带歪斜或漂移。

（3）若检测蛋白质的分子质量＜10kDa，可减少转移时间或使用小孔径的膜，否则阳性信号较弱。

（4）封闭一定要充分，且抗体浓度不能过高，否则背景太深。

（5）抗体应长期保存在－70℃，使用前做效价检测，膜不能过度漂洗，保证抗原上样量，否则杂交信号很弱。

九、思考题

（1）简述蛋白质印迹实验原理，并与免疫学有关概念联系起来，比较其与 ELISA 有什么异同。

（2）说明酶标二抗在本实验中的作用。

综合性实验八　酵母 RNA 的提取、鉴定及定量测定

一、实验目的

（1）加深对 RNA 结构组成的认识，掌握变性 RNA 的提取方法及检测其组成基团的原理与方法。

（2）掌握定磷法测定核酸含量的原理和方法。

二、实验原理

1. 酵母 RNA 的提取及鉴定　　酵母核酸中 RNA 含量较多，一般为 2.67%～10.0%，而 DNA 含量仅为 0.03%～0.516%，因此提取 RNA 通常以酵母为材料，产率也很高。RNA 等电点偏低，可用稀碱溶液提取，以酸调节提取液的 pH，达到其等电点，再利用 RNA 不溶于乙醇的性质，加乙醇使其沉淀，即得 RNA 粗品。这种方法制备的核酸为变性 RNA，有不同程度的降解，主要用于制备单核苷酸。

核糖核酸分子上的磷酸酯键和糖苷键都能被酸水解，生成磷酸、戊糖和碱基，这些基团分别采用下列反应鉴定。

磷酸与钼酸铵试剂作用能产生黄色的磷钼酸铵 $[(NH_4)_3PO_4 \cdot 12MoO_3]$ 沉淀。

在酸性条件下，RNA 分子中的核糖基转变成 α-呋喃甲醛，后者与苔黑酚作用生成蓝绿色复合物，这种复合物在 670nm 波长处有最大光吸收。RNA 的浓度在 10～100μg/mL 范围内，其浓度与吸光度值呈线性关系。

2. 定磷法定量测定酵母 RNA　　嘌呤碱与硝酸银能产生白色的嘌呤银化合物沉淀。

根据元素分析得知，核糖核酸（RNA）的平均含磷量为 9.5%，脱氧核糖核酸（DNA）的平均含磷量为 9.9%，可以通过测定样品中的含磷量来计算样品中 RNA 或 DNA 的含量。

浓硫酸消化核酸样品，将样品中的有机磷转变成无机磷。在酸性环境中，定磷试剂中的钼酸铵以钼酸形式与无机磷酸生成磷钼酸，当有还原剂[如抗坏血酸（维生素 C）]存在时，磷钼酸立即被还原生成蓝色的产物——钼蓝，其最大光吸光度在 660nm 处。当无机磷含量在 1～25μg/mL 范围内时，A_{660} 值与样品中的含磷量呈正相关。

化学反应式：$(NH_4)_2MoO_4 + H_2SO_4 \longrightarrow H_2MoO_4 + (NH_4)_2SO_4$

$\qquad\qquad H_3PO_4 + 12H_2MoO_4 \longrightarrow H_3P(Mo_3O_{10})_4 + 12H_2O$

$\qquad\qquad H_3P(Mo_3O_{10})_4 \xrightarrow{\text{维生素C}} Mo_2O_3 \cdot MoO_3$

$\qquad\qquad\qquad\qquad$ 钼蓝

消化样品中总磷量减去未消化样品中测得的无机磷量，即得核酸的磷含量，由此可计算出样品中的核酸含量。

三、器材

（1）仪器：电子天平（100g/0.2g），常温低速离心机，循环水真空泵，电磁炉，恒温水浴锅，可见分光光度计，电热鼓风干燥箱，不锈钢盆，烧杯（100mL、200mL），量筒（50mL、100mL），玻璃棒，滴管，广泛pH试纸（pH1～14），精密pH试纸（pH2.7～4.7），离心管（100mL），抽滤瓶（500mL），布氏漏斗（Φ10cm），定性滤纸（Φ9cm），试管（18mm×180mm），试管架，酒精灯，吸量管（0.5mL、1mL、2mL、5mL），一次性滴管，称量瓶（Φ2cm×4cm），凯氏烧瓶（50mL），消化架，容量瓶（50mL、100mL），移液管（1mL、2mL、5mL）等。

（2）材料：活性干酵母。

四、试剂

1. RNA提取试剂

（1）2g/L NaOH溶液。

（2）36%乙酸（AR）。

（3）1mol/L HCl。

（4）95%乙醇。

（5）乙醚（CP）。

2. RNA水解试剂　　10%硫酸溶液。

3. 检测试剂

（1）磷酸基团检测试剂：钼酸铵试剂（2.5g钼酸铵溶解于20mL去离子水，加入30mL 5mol/L H_2SO_4，以去离子水稀释至100mL）；氨基萘酚磺酸溶液（取195mL 150g/L NaHCO_3溶液，加入0.5g重结晶的氨基萘酚磺酸及5mL 200g/L Na_2SO_4溶液，热水浴搅拌使固体溶解，如不溶，可再滴加200g/L Na_2SO_4溶液，但不能超过1mL，此为10倍保存液，可冰箱存放2～3周，用时稀释10倍）。

（2）戊糖检测试剂：苔黑酚-FeCl_3试剂（将100mg苔黑酚溶于100mL浓盐酸中，再加入100mg FeCl_3·6H_2O）；二苯胺试剂（称取1.0g重结晶二苯胺，溶于100mL冰醋酸中，再加入10mL过氯酸，混匀。临用前加入1.0mL 1.6%乙醛溶液，配制合格的试剂应为无色溶液）。

（3）嘌呤碱检测试剂：浓氨水；50g/L硝酸银溶液（储于棕色瓶中）。

4. 定量测定试剂

（1）标准磷溶液（储备液）：准确称取经105℃烘至恒重的磷酸二氢钾（KH_2PO_4）（AR）0.2195g（含磷50mg），溶于少量超纯水中，转移至50mL容量瓶中定容至刻度（含磷量 1mg/mL），作为原液 4℃储存备用。测定时取原液 1mL 稀释，定容至 100mL（含磷量为 10μg/mL）。

（2）定磷试剂：17%硫酸：超纯水：2.5%钼酸铵（AR）：10%维生素 C＝1：2：1：1，配制时按上述顺序加入，当天配制当天使用。

（3）RNA 溶液：称取 0.2g 提取的 RNA 样品用少量超纯水溶解（如不溶，可滴加 5%氨水调至 pH7.0），转移至 100mL 容量瓶中，超纯水定容至刻度（此溶液含样品 2mg/mL）。

（4）沉淀剂：称取 1g 钼酸铵溶于 14mL 高氯酸中，加入 386mL 超纯水。

（5）10mol/L 硫酸。

（6）30%过氧化氢。

五、技术路线

六、操作步骤

（一）RNA 的提取

称取 6g 干酵母粉于 100mL 烧杯中，加入 2g/L NaOH 溶液 40mL，沸水浴搅拌提取 30min，注意观察水分的蒸发量，及时补水到原刻度。

冷却后逐滴加 36%乙酸，调节提取液 pH 至 6.0，4000r/min 离心 10min，弃沉淀（杂蛋白和酵母细胞残渣）。将上清液倒入 200mL 烧杯中，以 36%乙酸和 1mol/L HCl 调 pH 至 2.5～3.5（RNA 的等电点），缓慢加入 95%乙醇 30mL，边加边搅拌，静置 10min，使 RNA 沉淀完全。

将布氏漏斗连接在循环水真空泵上，铺双层滤纸抽滤 RNA 沉淀。

沉淀用 95%乙醇抽滤洗涤 2 次（每次约 10mL），以除去溶于有机溶剂的杂质。

以无水乙醚抽滤洗涤 2 次（每次约 10mL），洗涤时可用细玻璃棒小心搅动沉淀，以使 RNA 快速脱水。干燥，质量记为 X。取 0.5g 用于定性鉴定，剩余的溶于 100mL 去离子水。

（二）RNA 的组成鉴定

0.5g RNA 粗品加 5mL 10%硫酸，酒精灯加热至沸腾 1～2min，将 RNA 水解。

1. 磷酸基团的鉴定　　取 2 支洁净干燥试管，按表 10-19 加样，其中，1 为样品管，2 为对照管。观察并记录实验现象。

表 10-19　鉴定磷酸基团加样表

管号	试剂			
	RNA 水解液/滴	10%硫酸/滴	钼酸铵试剂/滴	氨基萘酚磺酸/滴
1	10	—	5	20
2	—	10	5	20

2. 核糖及脱氧核糖的鉴定　　取 4 支洁净干燥试管，按表 10-20 加样，其中，1 和 2 为样品管，1′和 2′为对照管。观察并记录实验现象。

表 10-20　鉴定核糖及脱氧核糖加样表

管号	试剂			
	RNA 水解液/滴	10%硫酸/滴	苔黑酚/滴	二苯胺试剂/滴
1	4	—	6	—
1′	—	4	6	—
2	20	—	—	30
2′	—	20	—	30

3. 嘌呤碱的鉴定　　取 2 支洁净干燥试管，按表 10-21 加样，其中，1 为样品管，2 为对照管。观察并记录实验现象。

表 10-21　鉴定嘌呤碱基加样表

管号	试剂			
	RNA 水解液/滴	10%硫酸/滴	浓氨水/滴	50g/L 硝酸银/滴
1	20	—	5	10
2	—	20	5	10

（三）RNA 的定量测定

1. 定磷标准曲线的制备　　取 12 支洗净干燥的试管，按表 10-22 平行操作，每管以 1min 的时间间隔加入定磷试剂，保温结束后，以 1 号管为对照，测得其余各管的 A_{660}。

表 10-22　定磷标准曲线的加样表

试剂	管号					
	1	2	3	4	5	6
标准磷溶液/mL	0	0.2	0.4	0.6	0.8	1.0
超纯水/mL	3	2.8	2.6	2.4	2.2	2.0
磷含量/μg	0	2	4	6	8	10
定磷试剂/mL	3	3	3	3	3	3
45℃恒温水浴保温 25min						
$\overline{A}_{660}$	0					

2. 样品的消化　　取 5 支凯氏烧瓶，标记为 0、1、1′、2 和 2′，分别加 1mL 去离子水、RNA 溶液和标准磷溶液，按表 10-23 顺序操作，消化后定容至 50mL。0 号瓶为去离子水；1 和 1′号瓶为 RNA 溶液；2 和 2′号瓶为标准磷溶液。

表 10-23 样品的消化

试剂	瓶号				
	0	1	1′	2	2′
RNA 溶液/mL	0	1	1	0	0
标准磷溶液/mL	0	0	0	1	1
去离子水/mL	1	0	0	0	0
10mol/L 硫酸/mL	2	2	2	2	2
168~209℃消化 60min，溶液呈褐色，冷却					
30%过氧化氢/滴	2	2	2	2	2
继续消化至溶液透明，冷却					
去离子水/mL	1	1	1	1	1
沸水浴加热 10min，以分解焦磷酸					
去离子水定容至/mL	50	50	50	50	50

3．总磷量和回收率的测定 取 5 支试管，分别加入表 10-23 各消化定容溶液，再按表 10-24 加入各种试剂，测定总磷和标准磷的 A_{660} 平均值。

表 10-24 总磷及标准磷回收率测定加样表

试剂	管号				
	0	1	1′	2	2′
消化定容液/mL	3.0	3.0	3.0	0.3	0.3
去离子水/mL	0	0	0	2.7	2.7
定磷试剂/mL	3.0	3.0	3.0	3.0	3.0
45℃水浴保温 25min，冷却至室温					
A_{660}	0				

注：0 号管为去离子水消化后定容液；1 和 1′号管为 RNA 溶液消化后定容液；2 和 2′号管为标准磷溶液消化后定容液

4．无机磷的测定 取 3 支离心管，按表 10-25 加入各种试剂，测定无机磷，求出 A_{660} 平均值。

表 10-25 无机磷测定加样表

试剂	管号		
	0	1	1′
去离子水/mL	1	0	0
RNA 溶液/mL	0	1	1
沉淀剂/mL	4	4	4
摇匀，3500r/min 离心 15min			
各管上清液/mL	3	3	3
定磷试剂/mL	3	3	3
45℃水浴保温 25min，冷却至室温			
A_{660}	0		

七、结果与分析

（一）定性鉴定结果

根据观察到的实验现象，分析提取的 RNA 粗品中是否含有磷酸、核糖、脱氧核糖和嘌呤碱基。

（二）定量测定结果

1. 定磷标准曲线绘制　　以表 10-22 中各管 $\overline{A}_{660}$ 的值为纵坐标、对应的含磷量（μg）为横坐标，Excel 绘制定磷标准曲线，得标准曲线方程。

2. 磷回收率计算　　按表 10-24 测得标准磷 $\overline{A}_{660}$，代入标准曲线方程，求出对应的标准磷质量，记为 $M_标$（μg）。

$$磷回收率 = \frac{M_标}{0.3} \times \frac{50}{M_{理论值}} \times 100\%$$

式中，$M_标$ 为 0.3mL 标准磷消化液 $\overline{A}_{660}$ 对应的磷质量（μg）；0.3 为测定时所用标准磷消化液体积（mL）；50 为 1mL 标准磷原液消化后定容体积（mL）；$M_{理论值}$ 为 1mL 标准磷原液的含磷量（10μg）。

3. 总磷计算　　按表 10-24 测得 RNA 样品总磷 $\overline{A}_{660}$，代入标准曲线方程，求出对应的 RNA 粗品总磷质量，记为 $M_总$（μg）。

$$RNA粗品总磷含量（μg/g）= \frac{M_总}{3} \times \frac{50}{1} \times 100 \div (X-0.5) \div 回收率$$

式中，$M_总$ 为 3mL RNA 粗品消化后定容液的含磷量（μg）；3 为测定时所取 RNA 粗品消化后定容液的体积（mL）；50 为 RNA 粗品消化后定容体积（mL）；1 为消化时所取 RNA 溶液的体积（mL）；100 为 RNA 粗品溶液的体积（mL）；（$X-0.5$）为 RNA 粗品的质量（g）；回收率为计算得出值。

4. 无机磷计算　　按表 10-25 测定的 A_{660} 平均值，带入标准曲线，求出样品的无机磷量，记为 $M_{无机磷}$（μg）。无机磷含量按下式计算。

$$RNA粗品无机磷含量（μg/g）= \frac{M_{无机磷}}{3} \times 5 \div 1 \times 100 \div (X-0.5)$$

式中，$M_{无机磷}$ 为 3mL 测定液中无机磷含量（μg）；3 为测定无机磷时所用 RNA 原液沉淀处理后体积（mL）；5 为 1mL RNA 原液沉淀处理后总体积（mL）；1 为无机磷测定时所取 RNA 原液的体积（mL）；100 为 RNA 粗品溶液体积（mL）；（$X-0.5$）为 RNA 粗品质量（g）。

5. 粗品中 RNA 含量计算　　RNA 粗品的总磷量减去无机磷量即核酸磷量，1μg RNA 磷相当于 10.5μg RNA。

$$RNA（μg/g）=（总磷量-无机磷量）\times 10.5$$

八、注意事项

（1）苔黑酚-$FeCl_3$ 试剂须临用前配制。

（2）在乙醇沉淀 RNA 之前，需将离心后的上清液 pH 调至 2.5～3.5，此为 RNA 的等电点，RNA 易于沉淀。

（3）氨基萘酚磺酸如为暗红色，需重结晶，操作过程如下：100mL 热水（90℃）中加入 15g $NaHSO_4$ 及 1g Na_2SO_3，加 1g 氨基萘酚磺酸，搅拌溶解，趁热过滤掉不溶杂质，滤液迅速冷却，再加 1mL 浓盐酸（12mol/L），有白色氨基萘酚磺酸针状结晶析出，过滤，依次用水、乙醇、乙醚洗涤，乙醚挥发后，将氨基萘酚磺酸保存于棕色瓶中。

（4）定磷试剂必须用超纯水配制，且维生素 C 只能在冰箱中放置 1 个月。还原型维生素 C 应无色，或呈浅黄色。

（5）钼蓝反应极为灵敏，所用器皿、试剂中微量杂质的磷、硅酸盐、铁离子等都会影响实验结果，因此实验所用器皿需特别清洁。

（6）室温下，钼蓝颜色至少稳定 30min，须在 30min 内完成测定。

（7）RNA 的用量应严格控制，使 A_{660} 值在 0.1～0.7 范围内。

（8）控制适当酸度（0.4～1.0mol/L）。钼酸铵和磷酸在酸性条件下才能产生磷钼酸，但过酸的环境，钼蓝反应难以进行，影响显色效果。

（9）消化时注意调节温度，维持消化液微微沸腾，防止爆沸和溅出内容物，消化管口加小漏斗，可减少消化液的蒸发。

九、思考题

（1）在本实验中，如何制备较高纯度的 RNA？
（2）在本实验中，如何提高 RNA 的回收率？
（3）为什么配制定磷试剂时对水的纯度有严格要求？
（4）维生素 C 的作用是什么？如果维生素 C 已被氧化，还能不能用于配制定磷试剂？

综合性实验九　兔肝组织总 RNA 的提取及 RT-PCR

一、实验目的

（1）掌握家兔肝组织总 RNA 的提取、浓度测定及完整性检测的原理与方法。
（2）掌握 RT-PCR 的原理与方法。

二、实验原理

一个典型的哺乳动物细胞中含有 5～10μg RNA，其中 80%～85% 是核糖体 RNA（ribosomal RNA，rRNA）（主要有 28S、18S、5.8S 和 5S 四种），其余的 15%～20% 由转运 RNA（transfer RNA，tRNA）和核小 RNA（small nuclear RNA，snRNA）等不同的低分子量 RNA 组成。信使 RNA（messenger RNA，mRNA）只占细胞总 RNA 的 1%～5%。细胞质中的 mRNA 序列长度从几十到几千碱基不等，但是大多数真核 mRNA 3′端带有足够长的多聚腺苷酸（polyA）尾巴，使其可以通过寡脱氧胸腺苷酸［oligo（dT）］进行纯化或反转录。

　　为了快速从细胞中分离得到完整的 RNA，一般首先用强变性剂如盐酸胍或异硫氰酸胍等裂解细胞，同时使内源性 RNase 变性；然后利用水饱和酚（酸性酚）和氯仿对裂解液进行抽提，以去除蛋白质；最后用异丙醇或无水乙醇沉淀 RNA。

　　商品化的 RNA 提取试剂因操作简便，提取效果较好，常用于实验室提取总 RNA。本实验以 TRIzol 试剂法为例，学习利用商品化 RNA 提取试剂从家兔肝组织中提取总 RNA 的原理及方法。TRIzol 试剂的主要成分为异硫氰酸胍和苯酚，其中异硫氰酸胍可裂解细胞，促使核蛋白体的解离，使 RNA 与蛋白质分离，并将 RNA 释放到溶液中。当向细胞裂解液中加入氯仿时，氯仿可抽提酸性的苯酚，而酸性苯酚可促使 RNA 进入水相。细胞抽提物离心后可形成水相层和有机相层，这样 RNA 就与留在有机相中的蛋白质和 DNA 分离开。水相层（无色）主要为 RNA，有机相层（黄色）主要为 DNA 和蛋白质。

　　反转录聚合酶链反应（reverse transcription polymerase chain reaction，RT-PCR）是将 RNA 的反转录（RT）和 cDNA 的聚合酶链扩增（PCR）相结合的技术。首先在反转录酶的作用下以 mRNA 为模板合成互补 DNA（complementary DNA，cDNA），再以 cDNA 为模板，通过 PCR 扩增目的片段。与 Northern 印迹、RNase 保护分析、原位杂交及 S1 核酸酶分析等技术相比，RT-PCR 更灵敏、更易于操作。RT-PCR 应用广泛，可用于真核生物的基因克隆及表达水平分析等。

　　RT-PCR 可通过一步法或两步法形式进行。一步法即反转录和 PCR 扩增在同一离心管内完成，cDNA 合成和随后的 PCR 扩增之间不需要打开管盖，有助于减少污染。一步法 RT-PCR 所用引物一般为基因特异性引物（gene special primer，GSP）。该法得到的所有 cDNA 样品都用来扩增，灵敏度更高，最低可以检到 0.01pg 总 RNA。两步法 RT-PCR 即反转录和 PCR 扩增分两步进行。首先从 RNA 模板反转录得到 cDNA，再以 cDNA 为模板进行 PCR 扩增。该方法可以使用随机引物、oligo（dT）和 GSP 引导 cDNA 合成，因此，可以从一个特定的样品中反转录出所有 mRNA 或特定目的 mRNA 的序列。总之，一步法操作方便，适用于大量样品分析或定量 PCR，两步法在选择聚合酶和引物时具有更大的灵活性。

　　反转录酶也称逆转录酶，是存在于 RNA 病毒的依赖 RNA 的 DNA 聚合酶，至少具有以下 3 种活性。①依赖 RNA 的 DNA 聚合酶活性，能够以 RNA 为模板合成 cDNA。②RNase H 活性，可水解 RNA/DNA 杂合双链中的 RNA。③依赖 DNA 的 DNA 聚合酶活性，可以单链 DNA 为模板合成互补的 DNA。

　　常用的反转录酶有以下几种。

　　（1）Moloney 鼠白血病病毒（Moloney murine leukemia virus，M-MLV）反转录酶：有强聚合酶活性，RNase H 活性相对较弱，最适温度为 37℃。

　　（2）禽成髓细胞瘤病毒（avian myeloblastosis virus，AMV）反转录酶：有强聚合酶活性和 RNase H 活性，最适温度为 42℃。

　　（3）嗜热栖热菌（*Thermus thermophilus*）、黄栖热菌（*Thermus flavus*）等嗜热微生物的热稳定性反转录酶：在 Mn^{2+} 存在下，可在高温条件下实现 RNA 反转录，并消除 RNA 模板的二级结构。

（4）M-MLV 反转录酶的 RNase H-突变体：商品名为 SuperScript 和 SuperScript Ⅱ，此酶能从含二级结构、低温反转录困难的 mRNA 模板合成较长 cDNA，反转录效率较高，最适温度为 42℃。

本实验选用 M-MLV 反转录酶进行实验。

三、器材

（1）仪器：微量移液器，高速冷冻离心机，紫外分光光度计，PCR 仪，电泳仪，水平电泳槽，凝胶成像分析仪，手术剪，玻璃匀浆器（1mL），离心管，石英比色皿等。

（2）材料：新鲜家兔肝组织。

四、试剂

1．RNA 提取与鉴定试剂　　TRIzol 试剂；氯仿；异丙醇；焦碳酸二乙酯（diethyl pyrocarbonate，DEPC）；75%乙醇（DEPC 处理水配制）；2mol/L 乙酸钠缓冲液（pH4.0，DEPC 处理水配制）；50×TAE 缓冲液（DEPC 处理水配制）；6×上样缓冲液（DEPC 处理水配制）。

2．反转录试剂　　5×M-MLV 缓冲液；dNTP（10mmol/L）；oligo（dT）（10mmol/L）；RNase 抑制剂（40U/μL）；M-MLV 反转录酶。

3．PCR 试剂　　10×PCR 缓冲液；dNTP（10mmol/L）；*Taq* DNA 聚合酶（5U/μL）；引物；MgCl$_2$（25mmol/L）。

4．电泳相关试剂

（1）50×TAE 缓冲液：2mol/L Tris-HAc、0.1mol/L EDTA，pH 8.3，使用时稀释 50 倍，即 1×TAE 缓冲液。

（2）1%琼脂糖凝胶液：以 1×TAE 缓冲液配制。

（3）6×上样缓冲液、0.15%溴酚蓝、0.15%二甲苯青、5mmol/L EDTA（pH 8.0）、40%蔗糖。

（4）溴化乙锭（ethidium bromide，EB）染液：0.5μg/mL。

五、技术路线

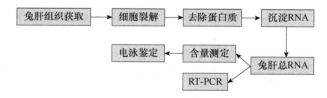

六、操作步骤

1．总 RNA 提取与鉴定

（1）取新鲜家兔肝组织约 50mg 放入玻璃匀浆器，加入 TRIzol 1mL，于冰浴条件下匀浆至体系无明显可见的组织碎块为止。

（2）样品于 4℃、12 000×*g* 离心 10min，用移液器取上清液转移到新的离心管中。

（3）向上清液中加入 200μL 氯仿，振荡混匀 30s，置冰上冰浴 3min。

（4）4℃、12 000×g 离心 15min，此时样品分为两层：下层为黄色有机相，上层是水相，两相界面处会看到白色的变性蛋白质。因 RNA 存在于上层水相中，用移液器小心吸取 400～500μL 上层水溶液转移到一新离心管中。

（5）向所得的水相溶液中加入等体积的异丙醇，混匀，4℃静置 40min 以上。

（6）4℃、12 000×g 离心 10min，弃上清液，所得沉淀即为总 RNA 粗品。

（7）向沉淀中加入 1mL 75%乙醇清洗沉淀，轻弹离心管，使沉淀悬起。

（8）4℃、7500×g 离心 5min，小心倒出上清液，保留沉淀。

（9）将装有沉淀的离心管倒置于台面，室温干燥。

（10）沉淀干燥后，加入 100μL DEPC 水，轻弹管壁，充分溶解 RNA。

（11）使用紫外分光光度计测定 RNA 溶液的 A_{260} 及 A_{260}/A_{280}，计算 RNA 溶液浓度并判断 RNA 纯度。

（12）琼脂糖凝胶液的制备：称取 0.5g 琼脂糖，置于 200mL 三角瓶中，加入 50mL 1×TAE 缓冲液，放入微波炉（或水浴）加热至琼脂糖全部熔化，即 1%琼脂糖凝胶液。

（13）凝胶板的制备：将冷却至 50～60℃的琼脂糖凝胶液小心地倒入胶槽内，待凝胶形成均匀的胶层，迅速在凝胶槽一端轻轻插上样品梳。室温冷却，待凝胶完全凝固后，将胶板放入电泳槽内。向电泳槽内加入 1×TAE 电泳缓冲液至液面没过凝胶表面，轻轻拔出样品梳。

（14）制备琼脂糖凝胶电泳样品：取 RNA 溶液 10μL（约 200ng RNA）加入 6×上样缓冲液 2μL，混匀备用。

（15）加样：用微量移液器吸取 RNA 电泳样品，小心加入样品孔中。

（16）电泳：加样完毕后盖上电泳槽盖，立即接通电源。电压保持在 60～80V，电流在 40mA 以上。当溴酚蓝条带移动到距凝胶前沿约 1cm 时，停止电泳。

（17）染色：将凝胶移入 0.5μg/mL 的 EB 染液中，室温下染色 10min。

（18）观察和拍照：将琼脂糖凝胶转移到凝胶成像分析仪中，在波长 254nm 的紫外灯下观察凝胶，琼脂糖凝胶存在 RNA 处可见橘红色荧光条带。使用凝胶成像分析仪采集图像。

2. 反转录（RT）　　反转录反应体系 25μL，按表 10-26 顺序加入。

表 10-26　反转录体系加样量

溶液	加量/μL	溶液	加量/μL
DEPC 水溶解的总 RNA（1μg/μL）	1	RNase 抑制剂（40U/μL）	0.5
5×M-MLV 缓冲液	5	M-MLV 反转录酶	1
dNTP（10mmol/L）	1.25	DEPC 水	15.25
oligo（dT）（10mmol/L）	1		

轻轻混匀反应体系，100r/min 离心使液体集中于离心管底，42℃温育 2h，95℃变性 2min，即可得 cDNA 产物用于下一步 PCR 实验。如 cDNA 产物暂时不进行下一步实验，可－20℃保存备用。

3. 聚合酶链反应（PCR）　　PCR 反应体系 25μL，按表 10-27 顺序加入。

表 10-27　PCR 反应体系加样量

溶液	加量/μL	溶液	加量/μL
超纯水	17.25	dNTP（10mmol/L）	0.5
cDNA	1	上游引物（10mmol/L）	1
10×PCR 缓冲液	2.5	下游引物（10mmol/L）	1
MgCl$_2$（25mmol/L）	1.5	*Taq* DNA 聚合酶（5U/μL）	0.25

PCR 引物可用兔 *GAPDH* 或 *β-actin* 基因的引物。

GAPDH 基因引物如下。

上游引物：5′-ACCACAGTCCATGCCATCAC-3′

下游引物：5′-TCCACCACCCTGTTGCTGAT-3′

β-actin 基因引物如下。

上游引物：5′-CACGATGGAGGGGCCGGACTCATC-3′

下游引物：5′-TAAAGACCTCTATGCCAACACAGT-3′

PCR 反应条件：94℃预变性 4min；94℃变性 40s，58℃退火 1min，72℃延伸 1min，30 个循环；72℃延伸 10min；4℃保温。

4. PCR 产物检测　　PCR 反应结束后，取 5μL PCR 产物与 1μL 6×上样缓冲液混合，进行 1%琼脂糖凝胶电泳（操作同 RNA 鉴定），EB 染色后凝胶成像分析仪观察并记录。

七、结果与分析

1. RNA 电泳图谱　　凝胶成像分析仪采集 RNA 琼脂糖凝胶电泳图谱。理想的动物 RNA 电泳图上至少可看到 28S RNA 和 18S RNA 两条带，前者的亮度大约是后者的 2 倍（无脊椎动物往往不符合此规律），电泳前端无明显弥散的降解 RNA。分析条带情况及实验成败的原因。

2. RNA 纯度检测　　使用紫外分光光度计检测溶液吸光度值，A_{260}/A_{280} 约为 2.0，表明 RNA 纯度较高。计算实际的实验结果，并对结果加以分析。

3. PCR 产物鉴定　　凝胶成像分析仪采集 PCR 产物的琼脂糖凝胶电泳图谱。以 *GAPDH* 基因引物进行 PCR 扩增得到的片段长度大约为 450bp，以 *β-actin* 基因引物进行 PCR 扩增得到的片段长度约为 240bp。

八、注意事项

（1）总 RNA 的提取应在无菌操作台内进行，并需要提前对无菌操作台进行清洁、杀菌和去 RNase 处理。

（2）本实验中，配制溶液均需使用无 RNase 的水，即 DEPC 水。

（3）实验过程中所有器材如匀浆器、离心管等均应经去 RNase 处理，如高温烘烤等，处理过的器材应仅用于 RNA 提取，不可与其他实验混用。

（4）为防止 RNase 污染样品造成 RNA 降解，提取 RNA 时，如所佩戴的手套接触了无菌操作台以外的物体和台面，须及时更换手套。

（5）因 mRNA 长短不一，为保证后期能够经反转录获得目的基因，RNA 提取过程中操作应尽量轻柔，以避免分子断裂。

（6）RNA 沉淀不宜干燥过长时间，以沉淀上无液体、离心管壁无液滴为宜。

（7）RNA 溶液、反转录产物如暂时不用应在−20℃或−80℃的冰箱中保存。

九、思考题

（1）RNA 提取过程的关键是什么？

（2）RT-PCR 技术主要有哪些应用？

综合性实验十　兔肝组织 DNA 的提取及定量测定

一、实验目的

（1）掌握兔肝组织 DNA 提取、浓度测定及完整性检测的原理和方法。

（2）熟悉动物组织 DNA 提取和鉴定的操作。

二、实验原理

1. 基因组 DNA 的提取　真核生物中，基因组 DNA 与组蛋白构成核小体，核小体缠绕成螺线管结构，螺线管结构继续缠绕最终形成染色质丝，染色质丝再与诸多非组蛋白形成染色体。为了获得高分子量、高纯度的 DNA 以进行后续的基因文库构建等操作，基因组 DNA 制备时须先进行组织匀浆和细胞破碎，使核蛋白释放，之后利用蛋白质变性剂（如苯酚、氯仿等）、去垢剂（如十二烷基硫酸钠、4-氨基水杨酸）或蛋白酶处理以去除蛋白质。去除蛋白质后的核酸溶液，利用其不溶于有机溶剂的性质，选用适当浓度的有机溶剂（如两倍体积的无水乙醇或 1/2 体积的异丙醇）使 DNA 沉淀析出，进而获得纯度较高的基因组 DNA。此方法制得的 DNA 分子长度可达 100～150kb，适用于构建基因组文库和 Southern blotting 分析。

DNA 主要集中在细胞核内，常选用细胞核含量较多的生物组织作为提取制备 DNA 的材料。动物的肝较易获得，细胞核比例较大，是制备 DNA 的常用材料。本实验选用兔肝为材料制备 DNA。

2. DNA 含量测定　嘌呤环和嘧啶环的共轭双键系统具有吸收紫外光的性质，所以嘌呤、嘧啶以及一切含有它们的物质均具有紫外吸收的特性。核酸因其最主要的组成成分是嘌呤碱和嘧啶碱而具有吸收紫外光的性质。核酸的最大吸收峰在 260nm 波长处。A_{260} 为 1 时，相当于双链 DNA 含量为 50μg/mL。

蛋白质由于含有芳香族氨基酸，也具有紫外吸收性质。通常蛋白质的吸收峰在 280nm 波长处，在 260nm 处的吸收值仅为核酸的十分之一或更低，故核酸样品中蛋白质含量较低时对核酸的紫外吸收值影响不大。

实验中，可以通过测定 A_{260}/A_{280} 值估计核酸的纯度。较纯的 DNA 溶液 A_{260}/A_{280} 值为 1.8，较纯的 RNA 该值为 2.0。如果 DNA 溶液的值高于 1.8，说明样品中含有 RNA，而样品中如果含有蛋白质，将会导致该值降低。

3. DNA 完整性鉴定　基因组 DNA 会在核酸抽提过程中发生断裂，形成几十至几百 kb 的大片段。常规的琼脂糖凝胶无法区分这种长短不等的大片段 DNA。理论上讲，基因组 DNA 经琼脂糖凝胶电泳后的条带看起来是一条条带。但是，如果 DNA 样品的上样量较大，或提取过程中 DNA 分子发生了断裂导致 DNA 片段过于碎小，那么电泳结果会在大片段 DNA 主带的下面呈现出弥散的拖尾现象。实验过程中，琼脂糖凝胶电泳常用于检测基因组 DNA 的完整性。

三、器材

（1）仪器：恒温水浴锅，高速冷冻离心机，紫外分光光度计，电泳仪，水平电泳槽，微波炉，凝胶成像分析仪，微量移液器，手术剪，解剖刀，粗滤纸，离心管，研钵，液氮，石英比色皿，量筒（25mL、50mL），烧杯（1000mL），三角瓶（200mL）等。

（2）材料：新鲜的兔肝组织，需在动物死亡 2h 以内采集。如果组织样品不能马上进行 DNA 提取，短期内可以冷冻于 −20℃，如需较长时间保存可以采用无水乙醇进行固定。

四、试剂

（1）裂解缓冲液：10mmol/L Tris-Cl（pH8.0）、100mmol/L NaCl、25mmol/L EDTA（pH8.0）、0.5%（m/V）SDS、0.1mg/mL 蛋白酶 K。

（2）酚/氯仿/异戊醇按体积比 25：24：1 配制。

（3）3mol/L 乙酸钠溶液（pH5.2）。

（4）无水乙醇和 70%乙醇。

（5）TE 缓冲液：10mmol/L Tris-HCl、1mmol/L EDTA，pH8.0。

（6）50×TAE 缓冲液：2mol/L Tris-HAc、0.1mol/L EDTA，pH8.3，使用时稀释 50 倍，即 1×TAE 缓冲液。

（7）0.8%琼脂糖凝胶（用 1×TAE 缓冲液配制）。

（8）6×上样缓冲液：0.15%溴酚蓝、0.15%二甲苯青、5mmol/L EDTA（pH8.0）、40% 蔗糖。

（9）溴化乙锭（EB）染液：0.5μg/mL。

五、技术路线

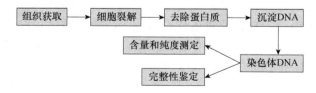

六、操作步骤

1. DNA 提取

（1）切取兔肝组织约 200mg，剔除结缔组织及胆囊，用吸水纸吸干血液，剪碎，放入离心管中。将离心管迅速置于液氮中冷冻。如无液氮操作条件，可将兔肝组织置于 2.0mL 细胞裂解液中，在冰浴条件下用玻璃匀浆器匀浆样品至无明显组织块存在。向匀浆液中加入 0.4mL 细胞裂解液，继续匀浆 5min。之后按照步骤（3）进行操作。

（2）取出经液氮冷冻的肝组织碎块，将其置于预冷的研钵中。向研钵中倒入液氮，将组织碎块在液氮中研磨成粉末，按 1.2mL/100mg 组织的比例加入裂解缓冲液悬浮组织。

（3）将组织悬液转移到离心管中，盖紧离心管盖，于 65℃恒温水浴锅中保温 30min 以裂解细胞。

（4）细胞裂解物用离心机以 4℃、8000×g 离心 5min，取上清液转移至另一离心管中。离心所得的沉淀为细胞碎片。

（5）向上清液中加入等体积的酚/氯仿/异戊醇，轻轻混匀以去除样品中的蛋白质，4℃、12 000×g 离心 10min。注意操作过程中不能剧烈振荡，以保证 DNA 片段的完整性。

（6）用切去尖端的枪尖将上层水溶液转移至一新离心管中。注意尽量轻轻吸取上层水相，不要吸到水相与有机相交界处的白色物质（主要是蛋白质成分）。

（7）向装有上层水相的离心管中加 1/10 体积的 3mol/L 乙酸钠溶液和 2 倍体积预冷的无水乙醇，颠倒混匀。4℃沉淀 DNA 30min 以上，4℃、12 000×g 离心 20min，取 DNA 沉淀，弃上清液。

（8）向 DNA 沉淀中加入 1mL 70%乙醇对 DNA 进行漂洗，4℃、12 000×g 离心 10min，弃上清液。为去除多余的盐离子，本操作至少重复两次。

（9）离心管中的 DNA 沉淀自然干燥。

（10）向 DNA 沉淀中加 40μL TE 缓冲液，轻弹离心管壁或轻柔振荡离心管使 DNA 溶解。如果所得 DNA 不立即进行后续操作可在−20℃条件下保存。

（11）如要除去样品中的 RNA，可向样品中加入 5μL RNaseA（10μg/μL），37℃保温 30min，用酚抽提后，按步骤（6）～（10）重新沉淀 DNA。

2．紫外分光光度法测定 DNA 含量及纯度

（1）吸取 5μL DNA 样品，加去离子水至 1mL，混匀后转入石英比色皿中，放入紫外分光光度计光路中。

（2）在波长 260nm 处用 1mL 去离子水调零，读出样品的 A_{260}。

（3）在波长 280nm 处用 1mL 去离子水调零，读出样品的 A_{280}。

3．琼脂糖凝胶电泳

（1）取 50×TAE 缓冲液 20mL 加水至 1000mL，配制成 1×TAE 缓冲液。

（2）琼脂糖凝胶液的制备：称取 0.4g 琼脂糖，置于 200mL 三角瓶中，加入 50mL 1×TAE 缓冲液，放入微波炉里（或水浴）加热至琼脂糖全部熔化，摇匀，即为 0.8%琼脂糖凝胶液。

（3）凝胶板的制备：将冷却至 50～60℃的琼脂糖凝胶液小心地倒入凝胶槽内，使凝胶形成均匀的胶层，在凝胶槽一端轻轻插上样品梳。待凝胶完全凝固后，将凝胶槽放入电泳槽内。向电泳槽内加入 1×TAE 电泳缓冲液至液面没过凝胶表面，轻轻拔出样品梳。

（4）加样：取 10μL DNA 溶液与 2μL 6×上样缓冲液，混匀，获得 DNA 电泳样品。用微量移液器吸取 DNA 电泳样品，小心加入样品孔中。

（5）电泳：加样完毕后盖上电泳槽盖，立即接通电源。电压保持在 60～80V，电流在 40mA 以上。当溴酚蓝条带移动到距凝胶前沿约 1cm 时，停止电泳。

（6）染色：将凝胶移入 0.5μg/mL 的 EB 染液中，室温下染色 10min。

（7）观察和拍照：将琼脂糖凝胶转移到凝胶成像分析仪中，在波长 254nm 的紫外灯下观察凝胶。存在 DNA 处出现肉眼可辨的橘红色荧光条带。使用凝胶成像分析仪采集图像。

七、结果与分析

1. 兔肝组织 DNA 的提取量　　记录 200mg 兔肝提取基因组所得的 DNA 体积 $V_{样}$（μL），计算 200mg 兔肝提取到 DNA 的质量（μg）。

$$DNA 样品的质量（μg）＝A_{260}×50÷5×V_{样}$$

式中，A_{260} 为 DNA 样品在 260nm 处的吸光度值；5 为测定时取样体积（μL）；50 表示 A_{260} 为 1 时相当于双链 DNA 浓度为 50μg/mL；$V_{样}$ 为 DNA 样品体积（40μL）。

2. 兔肝组织 DNA 的纯度　　计算 A_{260}/A_{280} 值，对该值进行分析，并找出影响该值的因素。

3. DNA 完整性检测　　对基因组 DNA 琼脂糖凝胶电泳图谱拍照、准确标注电泳图谱中各个泳道，并对各个泳道条带进行分析。

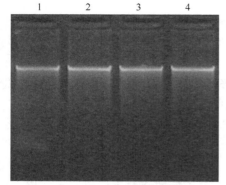

实验中提取的基因组 DNA 片段大小应在 20～30kb 之间；DNA 纯度检测，A_{260}/A_{280} 约为 1.8；高质量的基因组 DNA 带型单一无拖尾现象，如图 10-12 所示。

4. 分析　　DNA 的提取量与兔肝的重量和新鲜程度有关。兔肝的组织量较少、组织匀浆不彻底或兔肝未经妥善保存等均会导致所获得的 DNA 的量少。

图 10-12　兔肝脏 DNA 琼脂糖凝胶电泳图谱

在 DNA 提取过程中，染色体容易发生机械断裂产生大小不同的片段。DNA 提取过程中操作过于剧烈或者组织样品中 DNA 降解均会导致电泳条带拖尾。

八、注意事项

（1）为保证 DNA 片段的完整性，分离基因组 DNA 时应尽量在温和条件下操作，混匀过程要轻缓。

（2）为了提高 DNA 样品纯度，可以使用吸附柱去除蛋白质、多糖及多酚类杂质，再使用乙醇沉淀 DNA，也可以增加 70%乙醇洗涤次数，或加入 RNase 降解 RNA。

（3）蛋白酶 K 不稳定，应在每次临用前加入。

（4）琼脂糖凝胶液加热过程中要不时摇动，使附于瓶壁上的琼脂糖颗粒进入溶液，并且琼脂糖凝胶液加热时应盖上封口膜，以减少水分蒸发。

（5）琼脂糖凝胶电泳时，每加完一个样品要更换枪头，以防样品互相污染。

（6）溴化乙锭有一定的毒性，实验操作时应避免直接用手接触。实验中亦可使用 GoldView 替代溴化乙锭进行核酸的染色。如使用 GoldView 进行核酸染色，琼脂糖凝胶的厚度不宜超过 0.5cm，胶太厚会影响检测的灵敏度。此外，加入 GoldView 的琼脂糖凝胶反复熔化可能会对核酸检测的灵敏度产生一定影响。

九、思考题

（1）使用溴化乙锭染色法对核酸进行染色有哪些优点？溴化乙锭染色法染色操作过程中应注意哪些问题？

（2）实验过程中，向细胞裂解液上清中加入酚/氯仿/异戊醇抽提液的目的是什么？

（3）为获得完整的染色体 DNA，提取基因组 DNA 的过程需要注意哪些操作问题？

综合性实验十一　质粒载体构建与蓝白斑筛选

一、实验目的

（1）掌握质粒载体构建的原理与方法。

（2）掌握蓝白斑筛选的原理与方法。

二、实验原理

质粒是细菌、酵母菌、放线菌等微生物中独立于染色体以外的闭合环状双链 DNA 分子，具有自主复制能力，可在子代细胞中保持恒定的拷贝数，并表达所携带的遗传信息。质粒经过人工改造，已经成为基因工程中一种常用的载体。根据不同的实验目的，人们设计了各种不同类型的质粒载体。外源 DNA 经 PCR 等方法获得后，用特异的限制性内切酶分别切割质粒载体和外源 DNA 片段，再用 DNA 连接酶将二者进行连接，然后转入宿主菌，通过筛选鉴定获得重组克隆。

很多 DNA 聚合酶在进行 PCR 扩增时会在 PCR 产物双链 DNA 每条链的 3′端加上一个突出的碱基 A。T 载体是一种高效克隆 PCR 产物的质粒载体，是一种线性化载体，载体每条链的 3′端带有一个突出的 T。这样，无须酶切，T 载体的两端就可以和 PCR 产物的两端进行正确的 A-T 配对，在连接酶的催化下，可以把 PCR 产物连接到 T 载体中，形成含有目的 DNA 片段的重组载体。

蓝白斑筛选是常用的筛选方法之一。*LacZ* 基因是大肠杆菌乳糖操纵子中的一个基因，编码 β-半乳糖苷酶。β-半乳糖苷酶是由 4 个亚基组成的四聚体，可以将无色底物 X-gal，即 5-溴-4-氯-3-吲哚-β-D-半乳糖苷，切割成半乳糖和深蓝色的 5-溴-4-靛蓝，此时菌落呈蓝色。在插入外源 DNA 后，β-半乳糖苷酶基因被插入的外源基因切断，无法形成完整的 β-半乳糖苷酶，不能对 X-gal 进行切割，菌落呈白色。

三、器材

（1）仪器：电泳仪，水平电泳槽，电泳切胶仪，水浴锅，摇床，高速冷冻离心机，紫外分光光度计，恒温培养箱，细菌培养皿，吸附柱 CA2 等。

（2）材料：感受态大肠杆菌，T 载体。

四、试剂

（1）50×TAE 缓冲液：称取 242g Tris、37.2g $Na_2EDTA \cdot 2H_2O$，加入约 600mL 的蒸

馏水，充分搅拌溶解。加入 57.1mL 乙酸，充分搅拌后，加入蒸馏水定容至 1L，室温保存。

（2）1×TAE 缓冲液：由 50×TAE 缓冲液稀释而来。

（3）溴化乙锭（EB）染液：0.5μg/mL。

（4）1%低熔点琼脂糖凝胶液：称取 0.3g 的低熔点琼脂糖放入 30mL 的 1×TAE 缓冲液中，轻晃混匀，在微波炉中加热至完全熔化。室温放置冷却至不烫手为宜，加入 3μL 的溴化乙锭染液，轻晃混匀。

（5）PN 溶液：溶胶液 PN，用于凝胶回收。

（6）PW 溶液：漂洗液，洗掉脂类、蛋白质及盐类等杂质，主要成分为 75%乙醇。

（7）洗脱缓冲液：从吸附柱上洗脱 DNA，主要成分是 pH8.0 Tris 溶液。

（8）连接酶溶液：含有 DNA 连接酶的溶液。

（9）LB 液体培养基：10g 胰蛋白胨、5g 酵母提取物、10g NaCl，用 1mol/L 的 NaOH 调节 pH 至 7.4，加水定容至 1L，高压灭菌保存。

（10）LB 固体培养基：10g 胰蛋白胨、5g 酵母提取物、10g NaCl，用 1mol/L 的 NaOH 调节 pH 至 7.4，加水定容至 1L，然后加入 15g 琼脂粉，高压灭菌，冷却至 50~60℃，加入氨苄青霉素（ampicillin，Amp），倒入平板凝固。

（11）β-半乳糖苷酶的底物 X-gal 储存液、活性诱导物异丙基硫代-β-D-半乳糖苷（isopropylthio-β-D-galactoside，IPTG）溶液、上样缓冲液。

五、技术路线

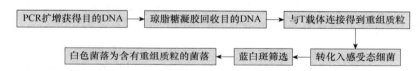

六、操作步骤

1. PCR 获得目的 DNA 片段　　具体参见第十章实验九。

2. 低熔点琼脂糖凝胶电泳回收基因片段

（1）制胶槽放入胶板，插入齿梳，把 1%低熔点琼脂糖凝胶液倒入制胶槽。待凝胶完全凝固后，拔去齿梳，将上一步所得目的 DNA 与上样缓冲液按比例混合后，点样入上样孔，恒压 120V 进行电泳，约 30min。

（2）在电泳切胶仪下将目的 DNA 条带从琼脂糖凝胶中切下，放入干净的离心管中，称取重量。

（3）向胶块中加入等倍体积 PN 溶液（如凝胶重为 0.1g，其体积可视为 100μL，则加入 100μL PN 溶液），50℃水浴放置，其间不断温和地上下翻转离心管，以确保胶块充分溶解。如果还有未溶的胶块，可继续放置几分钟或再补加一些溶胶液，直至胶块完全溶解。

（4）将上一步所得溶液加入吸附柱 CA2 中，吸附柱放入收集管中，室温放置 2min，12 000r/min 离心 1min，倒掉收集管中的废液，将吸附柱放回收集管中。

（5）向吸附柱中加入 600μL 漂洗液 PW（使用前请先检查是否已加入无水乙醇），12 000r/min 离心 1min，倒掉收集管中的废液，将吸附柱放回收集管中。

（6）重复操作步骤（5）。

（7）将吸附柱放回收集管中，12 000r/min 空转 2min，尽量除去漂洗液。

（8）将吸附柱置于室温放置数分钟，彻底晾干，以防止残留的漂洗液影响下一步实验。

（9）将吸附柱放到一个干净离心管中，向吸附膜中间位置悬空滴加适量洗脱缓冲液，室温放置 2min。12 000r/min 离心 2min 收集 DNA 溶液。

（10）紫外分光光度计测定 DNA 溶液吸光度值，以计算其浓度。

3. 载体与目的 DNA 片段的连接 连接反应体系为 10μL，按表 10-28 顺序加入。T 载体图谱见图 10-13。

表 10-28 连接反应体系加样量

溶液	加量/μL
连接酶溶液	5
目的 DNA 片段	4
T 载体	1

混匀后，瞬时离心，4℃连接过夜。

4. 转化和筛选

（1）将上一步的连接产物 10μL 加入到感受态细菌中，温和混匀，冰浴中放置 30min，迅速转入 42℃水浴 90s（不要晃动），再迅速放回冰中，将细胞冷却 2min，加入 150μL LB 液体培养基，37℃、70～80r/min 摇荡培养细菌 60min。

（2）LB 固体培养板中加入 100μL 转化菌液，40μL X-gal 储存液和 4μL IPTG 溶液，用无菌玻璃涂布器把溶液均匀涂布于整个平板表面，室温下放置 20～30min，待溶液被琼脂吸收后，倒置平皿，37℃培养，12～24h 后观察蓝白斑菌落。

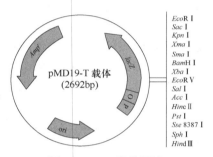

图 10-13 T 载体图谱

七、结果与分析

（1）LB 平皿上出现蓝白色菌落，证明实验成功；如没有出现任何菌落，分析其原因。

（2）白色菌落为含有重组质粒载体的菌落，挑取后可用于摇菌扩增；如没有出现白色菌落，分析其原因。

八、注意事项

（1）若切出胶块的体积过大，可事先将胶块切成碎块。

（2）对于回收小于 300bp 的小片段可在加入 PN 溶液完全溶胶后，再加入 1/2 胶块体积的异丙醇以提高回收率。

（3）胶块完全溶解后将溶液温度降至室温再上柱，因为吸附柱在室温时结合 DNA 的能力较强。

（4）吸附柱容积为 800μL，若样品体积大于 800μL 可分批加入。

九、思考题

（1）T 载体无须酶切，如选用的是需要酶切的载体，该如何选择核酸内切酶？

（2）除了蓝白斑筛选，还有哪些方法可用于重组质粒载体的筛选？

综合性实验十二　大豆多糖的提取、单糖组成及抗氧化活性测定

一、实验目的

（1）学习多糖的性质及提取纯化方法。
（2）掌握多糖的水解及单糖测定方法。
（3）掌握多糖抗氧化活性测定的原理和方法。

二、实验原理

多糖又称多聚糖，是由 10 个以上单糖分子通过 α-糖苷键或者 β-糖苷键结合而成的高分子碳水化合物，是生命有机体的重要组成成分和功能性物质。例如，纤维素是构成植物骨架结构的组成成分，糖原和淀粉分别是动植物储藏的养分，透明质酸具有润滑关节、促进创伤愈合和保水作用，肝素具有抗凝血作用。根据组成可将多糖分为同多糖和杂多糖。由相同单糖结合而成的称为同多糖，由不同单糖结合而成的称为杂多糖。根据多糖的来源不同，可将多糖分为植物多糖、动物多糖和微生物多糖。多糖具有多种多样的生物学功能，如抗氧化、抗病毒、增强免疫力、延缓衰老、降血脂、降血糖、解毒、抗辐射等，其作用日益受到人们的重视。

常用的多糖提取方法有水提法、酸碱提取法、酶提法、微波/超声波辅助提取法等。水提法是提取多糖应用最广泛的一种方法，利用多糖极易溶于水而难溶于乙醇、丙酮等有机溶剂的性质，提取水溶性多糖，操作简单，适用性强；酸碱提取法是根据目标多糖的酸碱性质进行提取，具有良好的提取效果，其中稀酸提取法适用于提取酸溶性多糖，时间宜短，温度不宜超过 50℃，以防止糖苷键断裂，稀碱法适用于提取碱溶性多糖；酶提取法是在多糖提取时，加入适当的酶对细胞壁进行水解，破坏细胞壁从而释放出多糖，提高多糖的提取率；微波/超声波辅助提取法是在其他提取法的基础上，辅以微波或超声波处理以提高水溶性多糖的溶出率，并可降低试剂使用量和缩短提取时间。

多糖的粗提液中往往含有蛋白质、色素、脂质等杂质，为了使多糖能更好地发挥功效，需要对粗多糖进行分离纯化。多糖纯化方法很多，主要有如下几种。①分步沉淀法：根据不同多糖在不同浓度的低级醇或酮中具有不同溶解度的性质，逐次按比例由小而大加入醇或酮进行分步沉淀。此法适用于分离各种溶解度相差较大的多糖。②盐析法：根据不同多糖在不同浓度的盐溶液中溶解度不同而分离多糖。③离子交换柱层析法及分子筛层析法：依据不同多糖的荷电性质或分子质量差异而分离多糖。

多糖的抗氧化性主要表现在其对 DPPH 自由基、羟基自由基、超氧阴离子的清除作用及其还原力。因此可以通过测定多糖对自由基的清除能力判定其抗氧化活性。

大豆中含有大量的水溶性大豆多糖（soluble soybean polysaccharide，SSPS）。水溶性大豆多糖主要由半乳糖（Gal）、半乳糖醛酸（GalA）、鼠李糖（Rha）、阿拉伯糖（Ara）、葡萄糖（Glc）、岩藻糖（Fuc）和木糖（Xyl）等单糖组成，具有多种生物活性，是一种

天然的功能性化合物。它可以改善食品的食用品质、加工特性和外观特性，能够用于抑制脂类氧化和稳定酸性饮料中的蛋白质，还可以作为食品中的乳化成分。本实验以鲜豆渣为材料采用超声波辅助的水提法提取大豆多糖，分析其单糖组成并以对 DPPH 自由基的清除率测定其抗氧化活性。

DPPH 化学名为 1,1-二苯基-2-三硝基苯肼，具有单电子，在有机溶剂中是一种稳定的自由基。其醇溶液呈紫色，且在 517nm 有最大光吸收，该溶液需要避光保存。当有抗氧化剂存在时，能使 DPPH 单电子配对，吸光度值下降，且下降程度与接受电子数量呈线性关系，因此可用分光光度法定量测定某物质对 DPPH 自由基的清除率，表示其抗氧化能力。吸光度值下降越多表明清除率越高、物质的抗氧化能力越强。

三、器材

（1）仪器：普通天平，超声波清洗机，电陶炉，冷冻高速离心机，振荡器，可见分光光度计、电热鼓风干燥箱，真空冷冻干燥机，恒温水浴锅，酒精喷灯，毛细管，研钵，量筒（50mL、100mL），烧杯（500mL、250mL、50mL），吸量管（0.5mL、1mL、2mL、5mL），离心管（50mL、7mL），广泛 pH 试纸，玻璃板（10cm×10cm），试管（18mm×180mm），试管架，比色皿，擦镜纸，培养皿（Φ12cm），层析缸，铅笔，玻璃棒等。

（2）材料：新鲜湿豆渣。

四、试剂

1．多糖提取及去除蛋白质试剂
（1）20%六偏磷酸钠溶液。
（2）2mol/L HCl 溶液。
（3）95%乙醇溶液。
（4）Sevage 试剂：三氯甲烷：正丁醇（V/V）=5：1。

2．多糖含量测定试剂
（1）标准葡萄糖溶液：将葡萄糖 105℃烘干至恒重（2h），准确称取 50mg，去离子水定容至 500mL，终浓度为 0.1mg/mL。
（2）蒽酮-浓硫酸试剂：称取 0.1997g 蒽酮，溶于 100mL 浓硫酸，现用现配。

3．单糖组分测定试剂
（1）1mol/L 硫酸。
（2）饱和 Na_2CO_3 溶液。
（3）2mg/mL 的阿拉伯糖、葡萄糖、鼠李糖、半乳糖标准单糖溶液。
（4）硅胶。
（5）0.5%羧甲基纤维素钠。
（6）展层剂：乙酸乙酯：甲醇：乙酸：水（$V/V/V/V$）=12：3：3：2。
（7）苯胺-二苯胺-磷酸糖显色剂：4g 二苯胺、4mL 苯胺、20mL 85%磷酸溶液，溶于 200mL 丙酮。

4．DPPH 自由基清除实验试剂
（1）0.1mmol/L DPPH 溶液：准确称取 3.94mg DPPH 溶于 100mL 95%乙醇溶液，避

光保存。

（2）2mg/mL 维生素 C 溶液：准确称取 100mg 维生素 C，去离子水溶解并定容至 50mL。

五、技术路线

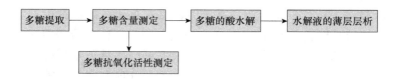

六、操作步骤

（一）粗多糖的提取

称取新鲜湿豆渣 10g，加入 30mL 20%六偏磷酸钠溶液，加入 270mL 水，以 2mol/L 盐酸调节溶液 pH 至 4～5，150W 功率下超声波清洗机处理 20min 后，80℃恒温水浴 40min，使可溶性大豆多糖充分溶解于提取液中。然后在电陶炉上加热煮沸，使体积浓缩至 30mL 左右，7000r/min 离心 15min，收集上清液并测量上清液体积，然后加入 3 倍体积的 95%乙醇溶液，放置过夜以沉淀多糖。10 000r/min 离心 10min，弃上清液，得豆渣粗多糖，用少量去离子水溶解，测量体积。

（二）Sevage 法去除蛋白质

在粗多糖溶液中，加入 2/3 体积的 Sevage 试剂，使用振荡器剧烈振荡 20～30min，10 000r/min 离心 10min，离心后溶液分为 3 层，从上到下为水相层、变性蛋白质层和有机溶剂层。小心取出上层水相，此部分为去除蛋白质后的大豆多糖提取液，测量体积，记为 $V_{大豆多糖}$。

（三）多糖含量测定

1. 制作标准曲线　　取干燥洁净试管按表 10-29 顺序加样，每个样品浓度做 2 个平行，以 0 号试管反应液调零，测定各管 A_{620}，平行样品间取平均值。

表 10-29　多糖含量标准曲线加样表

试剂	管号						
	0	1	2	3	4	5	6
标准葡萄糖溶液/mL	0	0.1	0.2	0.3	0.4	0.5	0.6
葡萄糖含量/μg	0	10	20	30	40	50	60
去离子水/mL	1	0.9	0.8	0.7	0.6	0.5	0.4
	混匀，冰浴，冷却条件下加入蒽酮-浓硫酸溶液						
蒽酮-浓硫酸溶液/mL	4	4	4	4	4	4	4
	混匀，沸水浴 10min，流动自来水冷却至室温						
$\overline{A}_{620}$	0						

2. 样品多糖含量的测定　　取 3 支洁净干燥试管按表 10-30 顺序加样测定，其中 0

号试管为空白对照管，1 和 1′号试管为样品管。以 0 号试管反应液调零，测定 1 和 1′号试管 A_{620}，然后取平均值。如果样品管的 A_{620} 值超出标准曲线范围，需将样品适当稀释，再取 1mL 重新测定。

表 10-30 大豆多糖蒽酮反应加样表

试剂	管号		
	0	1	1′
大豆多糖提取液/mL	0	1	1
去离子水/mL	1	0	0
	冰浴，冷却条件下加入蒽酮-浓硫酸溶液		
蒽酮-浓硫酸溶液/mL	4	4	4
	混匀，沸水浴 10min，流动自来水冷却至室温		
A_{620}	0		

（四）单糖组成鉴定

1. 多糖的酸水解 试管中加入 0.5mL 大豆多糖提取液，再加入 2mL 1mol/L 硫酸溶液，酒精喷灯封口，放于电热鼓风干燥箱内 100℃水解 6h。冷却至室温，开口，将水解液移入试管，加几滴饱和 Na_2CO_3 溶液中和，离心，弃沉淀，取上清液，移入离心管中保存。

2. 水解液的薄层层析 取几种单糖（阿拉伯糖、葡萄糖、鼠李糖、半乳糖），配制成浓度为 2mg/mL 的标准单糖溶液。

1）制备硅胶板 称取 1g 硅胶，放在研钵中，加 3.4mL 0.5%羧甲基纤维素钠，加入 5 滴 95%乙醇用以消泡，研磨几分钟，倒在预先洗净晾干的玻璃板上，用玻璃棒将悬液铺开，再将玻璃板拿起，稍加颤动，使硅胶液分布均匀，放在水平台面上，待水分蒸发后，置 105℃电热鼓风干燥箱中烘干，活化 30min。

2）点样 在距硅胶板一端 2cm 处用铅笔轻轻画一条直线，平均画几个十字，准备点样。以毛细管将标准单糖溶液、样品水解液分别点在薄层板上，点样量 20～30μL，第一滴晾干后再点第二滴，点样点扩散后的直径不超过 5mm。

3）展层 在展层剂中加入显色剂（按体积比 10∶1 加入，混匀）。将盛有展层剂的小烧杯放入薄层层析缸中，大约 1h，层析缸内空气被展层剂饱和后，才能进行层析。将培养皿放入薄层层析缸中，再向培养皿内倒入高度 1～1.5cm 的展层剂，将点好样品的薄层板下端浸入展层剂中，采用倾斜上行法层析，至展层剂前沿距薄层板上端约 1cm 时，取出薄层板，用铅笔轻轻画出层析前沿，放置通风处自然干燥。

4）显色 将薄层板置于电热鼓风干燥箱内，105℃显色 20min。

（五）DPPH 自由基清除实验

将剩余大豆多糖提取液冷冻干燥获得干粉状大豆多糖，并配制成 2mg/mL 大豆多糖溶液，按照表 10-31 分别加入大豆多糖溶液、去离子水、0.1mmol/L DPPH 溶液和 95%乙醇，充分混合后室温避光反应 30min，测量各管 A_{517}。同时按照表 10-32 以与大豆多糖相同浓度的维生素 C 为阳性对照进行实验。

表 10-31　大豆多糖清除 DPPH 自由基反应加样表

试剂	管号					
	1	2	3	4	5	6
大豆多糖溶液/mL	0.5	1.0	1.5	2.0	2.0	0
去离子水/mL	1.5	1.0	0.5	0	0	2.0
大豆多糖浓度/（mg/mL）	0.5	1.0	1.5	2.0	2.0	0
0.1mmol/L DPPH/mL	2.0	2.0	2.0	2.0	0	2.0
95%乙醇/mL	0	0	0	0	2.0	0
	混匀，暗反应 30min					
A_{517}	A_i	A_i	A_i	A_i	A_j	A_o

表 10-32　维生素 C 清除 DPPH 自由基反应加样表

试剂	管号					
	1	2	3	4	5	6
维生素 C/mL	0.5	1.0	1.5	2.0	2.0	0
去离子水/mL	1.5	1.0	0.5	0	0	2.0
维生素 C 浓度/（mg/mL）	0.5	1.0	1.5	2.0	2.0	0
0.1mmol/L DPPH/mL	2.0	2.0	2.0	2.0	0	2.0
95%乙醇/mL	0	0	0	0	2.0	0
	混匀，暗反应 30min					
A_{517}	A_i	A_i	A_i	A_i	A_j	A_o

七、结果与分析

（一）大豆多糖含量

以标准葡萄糖含量为横坐标、对应的 $\overline{A}_{620}$ 为纵坐标，Excel 绘制标准曲线，得标准曲线方程。

按所测大豆粗多糖 $\overline{A}_{620}$，根据标准曲线，求得 1mL 样品测定液中大豆多糖含量（μg），记为 $C_{大豆多糖}$。

$$大豆多糖含量（μg/g）=（C_{大豆多糖}×V_{大豆多糖}×n）÷10$$

式中，$C_{大豆多糖}$ 为 1mL 样品测定液的大豆多糖含量（μg）；$V_{大豆多糖}$ 为大豆多糖提取液的体积（mL）；n 为测定液的稀释倍数；10 为豆渣的质量（g）。

（二）大豆多糖单糖组成分析

拍照硅胶薄层层析图谱，标出各层析斑点。

列出各标准单糖及多糖水解液各个斑点的迁移距离及 R_f 值。初步分析样品中含有哪几种单糖。

（三）DPPH 自由基清除实验

根据下面公式计算出不同浓度大豆多糖及阳性对照维生素 C 对 DPPH 自由基的清除

率。绘制曲线，分析大豆粗多糖的抗氧化活性。

$$DPPH\ 自由基清除率＝［1－（A_i－A_j）/A_o］×100\%$$

式中，A_i 为大豆多糖或维生素 C 与 DPPH 反应后的吸光度值；A_j 为大豆多糖或维生素 C 与无水乙醇混合液的吸光度值；A_o 为 DPPH 与去离子水混合液的吸光度值。

A_o 应为 0.90～0.95，若不在此范围，应调整 DPPH 的浓度。

以大豆多糖或维生素 C 浓度为横坐标、对应的 DPPH 自由基的清除率绘制曲线，与维生素 C 对比，分析大豆粗多糖的抗氧化活性。

八、注意事项

（1）蒽酮-浓硫酸溶液须保存于棕色试剂瓶中，暂时不用时应放置在冰浴中。

（2）蒽酮与可溶性糖反应的呈色强度随时间变化，故必须在反应后立即在同一时间内比色。

九、思考题

（1）查阅资料，采取哪些措施可以提高大豆多糖的提取率？

（2）蒽酮法测定糖含量的原理是什么？能否测定样品中某一种单糖的含量？

（3）还可以通过哪些实验测定大豆多糖的抗氧化活性？

综合性实验十三　辅酶 Q_{10} 的超临界流体萃取与 HPLC 分离

一、实验目的

（1）学习超临界萃取生物活性物质与高效液相色谱分离的原理。

（2）掌握超临界萃取系统、高效液相色谱仪的基本操作。

二、实验原理

辅酶 Q_{10} 是真核细胞线粒体中电子传递链和有氧呼吸的参与物质之一，属于醌类化合物，含有 10 个异戊二烯单位的碳氢长链，也称为泛醌。分子中的醌式结构使其具有氧化型和还原型两种形式。在还原剂存在下，其为无色的还原型辅酶 Q_{10}，还原型很容易被氧化成氧化型，氧化型辅酶 Q_{10} 的乙醇溶液在 275nm 处有最大光吸收。辅酶 Q_{10} 纯品为黄色至橙黄色结晶性粉末，无臭无味，极性较小，在三氯甲烷或丙酮中溶解，在乙醇中微溶解，在水中不溶。辅酶 Q_{10} 稳定性较差，遇光易分解。本实验采用超临界萃取法对生物原料中的辅酶 Q_{10} 进行提取，然后利用反相液相色谱对其进行分离鉴定。

1. 辅酶 Q_{10} 的超临界流体萃取　　超临界流体萃取（supercritical fluid extraction, SFE）技术是利用超过临界温度和临界压力的流体对混合物中的目标产物进行抽提。超临界流体的性质介于液体与气体之间，其黏度与气体接近、密度与液体接近；扩散性弱于气体，但远大于液体；具有较大的选择性系数和强大的溶解能力。对于生物活性物质的萃取通常以超临界 CO_2 为溶剂。CO_2 安全无毒、价格较低、提取率高、反应惰性、提取物不易氧化，尤其适用于脂溶性、高沸点、热敏性物质的提取。辅酶 Q_{10} 是对高温比较敏感的脂溶性化合物，适合采用超临界流体萃取技术，且溶剂和萃取得到的辅酶 Q_{10} 非常容易分离。

辅酶 Q_{10} 在提取条件下表现为在 275nm 波长处有最大光吸收，但通常提取材料成分复杂，其他未知成分也可能在 275nm 有光吸收；而至今暂时没有辅酶 Q_{10} 的特异性快速定性检测手段。故可以测定萃取过程中不同萃取时间样品液的 OD_{275} 值，若在相同稀释度下，不同时间萃取液的 OD_{275} 值逐渐升高，则基本可以确定辅酶 Q_{10} 萃取成功，可进入下面的 HPLC 检测环节。

2. 辅酶 Q_{10} 的高效液相色谱分离　　辅酶 Q_{10} 属于弱极性化合物，适于采用反相液相色谱系统进行分离，即采用非极性色谱柱、极性流动相组成的色谱系统，最常用的是 ODS C_{18} 反相柱（柱填料为十八烷基硅烷键合硅胶），其通用性广，性价比高，分离效果好；极性流动相为甲醇和无水乙醇的等体积比混合溶液，可以实现辅酶 Q_{10} 在流动相与固定相间的分配分离。

定性检测时，以辅酶 Q_{10} 标准品为对照，根据标准品的色谱峰出峰时间（保留时间）和待测样品的色谱峰情况，来判断待测样品中是否含有辅酶 Q_{10} 成分。定量检测时，需以梯度浓度的标准辅酶 Q_{10} 溶液依次进样，构建标准品溶液浓度与色谱峰面积之间的线性关系方程，即辅酶 Q_{10} 的标准曲线，据此再推算待测样品中相应色谱峰对应的浓度值。

三、器材

（1）仪器：超临界 CO_2 流体萃取系统（以下简称"超临界萃取仪"），高效液相色谱系统（含紫外吸收检测器），高效液相色谱流动相过滤及脱气装置，紫外分光光度计，离心机，粉碎机（家用料理机），电子天平（100g/0.01g），筛网（20 目），烧杯（500mL、250mL、100mL），量筒（500mL、100mL、10mL），离心管（50mL、1.5mL），注射器（1mL），一次性有机系针式过滤器滤头（0.22μm、13mm），石英比色皿，棕色容量瓶（50mL、10mL），移液管（1mL），移液器（1mL、200μL）及吸头，高效液相色谱流动相专用试剂瓶（500mL）等。

（2）材料：红皮花生。

四、试剂

1. 萃取所需试剂
（1）甲醇（分析纯）。
（2）无水乙醇（分析纯），CO_2。
（3）甲醇（色谱纯）-无水乙醇（色谱纯）（1:1，V/V）。

2. 检测所需试剂
（1）辅酶 Q_{10} 标准品，正己烷（分析纯），无水乙醇（色谱醇）。
（2）正己烷-无水乙醇（1:9，V/V）。
（3）流动相：甲醇（色谱纯）：无水乙醇（色谱纯）（V/V）=1:1。

五、技术路线

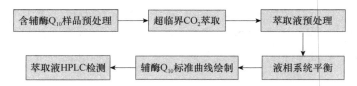

六、操作步骤

（一）辅酶 Q_{10} 的萃取

1. 原料预处理　将充分干燥过后的花生去红皮用粉碎机粉碎，过筛（20目）。称取100g过筛产物置于500mL烧杯中，加入300mL甲醇，浸提5min，3000r/min离心10min，弃上清液，浸提后的粉碎物准备进行萃取。

2. 辅酶 Q_{10} 的提取

1）超临界萃取仪开机

（1）萃取携带剂为乙醇。打开总电源，打开排空阀，打开乙醇泵（泵2）电源，看到不锈钢细管中有乙醇流出时关上排空阀，待乙醇充满携带剂罐，关闭乙醇泵即可。

（2）打开 CO_2 钢瓶开关（气温低于30℃时需再打开加热开关）。

（3）依次打开萃取Ⅱ电源、分离Ⅰ和分离Ⅱ的电源，设定萃取温度40℃、萃取压力25MPa，分离Ⅰ温度50℃、分离压力8.0MPa。

（4）打开制冷箱电源。

（5）打开仪器面板上阀门1（ CO_2 回路）与阀门2（钢瓶），调节流量显示至FL出现。

2）萃取

（1）待萃取温度与分离温度达到设定温度，制冷箱停止工作或制冷温度在5℃以下时，关阀门4、8，慢慢打开阀门7，以排空 CO_2 ，使萃取Ⅱ的压力为0。

（2）打开萃取Ⅱ的堵头，开始装料，装料完毕用小刷子把口部物料刷干净。将物料装进料筒，放滤纸片、烧结板，将料筒放进萃取罐中，依次放置细的"O"形胶圈、不锈钢密封圈，将粗的"O"形胶圈套在堵头上，将堵头放回萃取罐拧紧。

（3）关闭阀门7，缓缓打开阀门4，使萃取Ⅱ的压力与储罐压力相等，一般需要2~3min。

（4）缓慢打开阀门7，排出装料时带入萃取Ⅱ的空气，5~10s后关闭。

（5）全开阀门4、阀门8，关闭阀门9。

（6）打开 CO_2 泵（泵1）电源，按"RUN"使泵启动，调节频率至18。待萃取Ⅱ的压力达到设定的压力，调节阀门10使其压力稳定。关闭阀门11，升高分离釜Ⅰ的压力，使其压力达到设定的压力，调节阀门11，使其稳定，在半小时内压力数值不升不降。如果变化较大，就继续调节阀门11至压力稳定为止。

（7）进入循环萃取，记录时间，于0.5h、1h各收集一次萃取液。打开分离釜Ⅰ的出液口开关，收集萃取液（油相），待没有萃取液流出时，结束萃取，记录萃取液的体积。分离Ⅱ萃取液是水相，与油相分开收集。

3）超临界萃取仪关机

（1）关闭 CO_2 泵（泵 1）电源，慢慢打开阀门 11，降低分离釜 I 的压力，然后慢慢打开阀门 9，降低萃取 II 的压力。使分离 I 和萃取 II 的压力与储罐压力相等，此过程大约需要 20min；再把阀门 11 和阀门 9 全部打开，至没有流量，此时 FL 上方显示 0。

（2）关闭阀门 4 和阀门 8，慢慢打开阀门 7，排空萃取 II，需要 3～5min，使萃取 II 的压力为 0。

（3）打开堵头，提出料筒。此时可再次装料，开始另一批样品萃取。若再无样品萃取，则依次关闭萃取 II、分离 I 和分离 II 的电源；关闭制冷箱水泵开关、制冷开关、总开关；关闭面板上的制冷电源、仪器总电源；关闭阀门 1、阀门 2，以及制冷箱后边的球阀。

（4）清洗管道，在萃取 II 罐内加 95%乙醇，不加料筒，不加细胶圈，不升分离 I 压力。加不锈钢密封圈和粗胶圈，其他操作同萃取。每 5～10min 收集萃取液，直至乙醇全部流出，清洗干净为止。

（5）关闭 CO_2 钢瓶开关。

4）数据记录　　测量收集到的油相萃取液体积，精确至 1mL。分别取 0.5h、1h 萃取液 1mL，置于比色皿中，用紫外分光光度计测定 OD_{275} 值并记录读数，对比其数值变化。

3. 超临界萃取液预处理　　选择合适的烧杯，用 HPLC 流动相（甲醇：无水乙醇＝1:1）将萃取液稀释 N 倍，至一定浓度，测量稀释液的体积。取稀释液 1mL 用一次性有机系针式过滤器滤头过滤去除杂质（以防堵塞色谱柱），置于 1.5mL 离心管中，作为 HPLC 检测用的样品。

（二）辅酶 Q_{10} 的检测

1. 辅酶 Q_{10} 标准品溶液配制　　准确称取辅酶 Q_{10} 标准品 0.1g，置于 50mL 棕色容量瓶中，加正己烷溶解定容至刻度并混匀，浓度为 2mg/mL（此储备液在避光条件下于 4℃ 冰箱中，可保存 3d）；

使用时取 1mL 上述标准品溶液于 10mL 棕色容量瓶中，用无水乙醇定容至刻度，浓度为 200μg/mL。

2. 梯度标准溶液的制备　　分别吸取不同体积标准品溶液，用正己烷-无水乙醇（1:9）混合溶剂稀释，并在棕色容量瓶中定容，使终浓度为 4.0μg/mL、10μg/mL、20μg/mL、40μg/mL、50μg/mL。

3. 色谱条件与系统平衡

色谱柱：ODS C_{18} 柱，250mm×4.6mm，5μm。

柱温：室温。

检测波长：275nm。

流动相：甲醇：无水乙醇（1:1，V/V）。

流速：1.0mL/min。

进样体积：10μL。

洗脱时间：20min。

1）流动相准备　　取色谱纯甲醇、色谱纯无水乙醇各 250mL，置于流动相专用试剂瓶中，盖好盖子，颠倒混匀。用流动相过滤脱气装置过滤脱气，之后倒回专用试剂瓶中。将流动相瓶放置在液相系统的瓶架上，将管路 B 的滤头置于瓶中。

2）液相开机　　打开色谱仪上的检测器、泵 A、泵 B 的电源开关，打开两泵面板上的排气阀，按"PURGE"键，开始进行管路气泡排出，此时指示灯由绿色变为橙色；系统默认排气时间为 3～5min，届时指示灯由橙色变为绿色，即表示排气完成，可将排气阀关闭。

3）检测程序准备及色谱柱平衡　　双击打开电脑中的液相色谱工作站，双击仪器图标进入操作界面，点击"文件"选择"新建方法"，进入"高级"菜单进行参数的设置：泵选择"二元高压梯度"，设置流速为 1.0mL/min；时间程序选项直接输入洗脱时间 20min，单元模块选择"控制器"，处理命令选择"Stop"；检测器 A 设置检测波长为 275nm。再次点击"文件"，选择"方法文件另存为"，命名文件为"辅酶 Q_{10} 检测"。下次再次使用时，点击"文件"，打开已保存的"辅酶 Q_{10} 检测"，点击"下载"，再点击"仪器启动激活"，仪器即启动。

待工作站界面上显示的基线平稳，即说明液相系统和色谱柱已平衡，可准备进样。

4. 标准曲线的绘制

1）手动进样操作　　在主项目的"数据采集"菜单下选择"单次分析"，即可准备手动进样。用进样针吸取标准品或样品溶液 10μL，反复抽吸至针内无气泡，将进样阀快速旋至"Load"位置，将装有样品溶液的进样针平稳插入进样孔，将样品推入孔内，之后迅速将阀旋回"Inject"位置。此时工作站界面自动开始记录数据。洗脱时间结束后，数据自动保存在电脑文件夹中。

分析第二个样品时，重复以上步骤即可。

2）标准品分析　　取 5 个浓度的辅酶 Q_{10} 标准品溶液，按照浓度由低到高的顺序分别注入色谱系统中进行分析，每个浓度的标准品溶液为一个样品，进样量 10μL。如此分别生成不同浓度下辅酶 Q_{10} 标准品的色谱图，即得到不同浓度的辅酶 Q_{10} 标准品相应的色谱峰面积，同时也指示了辅酶 Q_{10} 的出峰时间。

5. 萃取液中辅酶 Q_{10} 检测　　取过滤后的萃取样品溶液 10μL 注入色谱系统，将保留时间与标准品对比，判断辅酶 Q_{10} 是否提取成功；同时根据得到的色谱峰的峰面积，对萃取结果定量分析。

6. 液相系统关机　　所有样品检测完成之后，进入液相色谱工作站的操作界面，将泵的流速设置为 0，或者直接点击关闭泵，用色谱纯甲醇溶液替换流动相瓶，再次开启泵，用纯甲醇冲洗管路及色谱柱 30min 以上。关闭程序，退出工作站，关闭检测器和泵的电源。

七、结果与分析

（一）辅酶 Q_{10} 萃取结果

比较萃取过程中 0.5h 和 1.0h 两个不同萃取时间萃取液样品的 OD_{275} 值，初步判断是否萃取到了辅酶 Q_{10}。

（二）辅酶 Q_{10} 检测结果

（1）根据辅酶 Q_{10} 标准品不同浓度的色谱图，以各峰面积为纵坐标（y）、标准溶液浓度（μg/mL）为横坐标（x），用 Excel 绘制辅酶 Q_{10} 标准曲线，并生成标准曲线方程 $y = ax + b$ 及 R^2 值；其中 a 和 b 为系数，R^2 值越接近 1 说明标准曲线的线性关系越好。

（2）对比提取液色谱图与标准品色谱图，提取液组分中色谱峰的保留时间与标准品色谱峰的保留时间相同或接近（相差在 0.2min 以内），可以初步判定为同一物质。

（3）将检测样品的色谱峰峰面积（y）代入上述标准曲线方程，计算样品液中的辅酶 Q_{10} 浓度（x）：$x = (y - b)/a$。

（4）按照以下公式计算萃取产量，即花生中辅酶 Q_{10} 的含量：

产量（μg/g）＝辅酶 Q_{10} 浓度（μg/mL）×萃取物稀释液总体积（mL）×N/花生粉末质量（100g）

式中，N 为超临界萃取液预处理时的稀释倍数。

（三）数据分析

（1）超临界流体萃取的不同阶段，样品溶液的 OD_{275} 值有怎样的变化？为什么？

（2）与其他组同学的结果相比，本组辅酶 Q_{10} 的萃取产量如何？可能与操作的哪些环节有关？

（3）标准曲线方程的 R^2 值精确度如何？是什么原因导致精确度较高（不高）？

八、注意事项

（1）超临界萃取仪为高压流动装置，使用过程中不可离开，如发生异常情况要立即停机并关闭总电源检查。

（2）萃取仪分离Ⅱ的压力和温度为默认值，压力与储罐相等。

（3）如果 CO_2 钢瓶储罐压力在 4MPa 左右，冬天即使加热时储罐压力还是在 4MPa 左右，说明储气不足，必须更换钢瓶。换钢瓶时，先关闭阀门 2，再关闭钢瓶阀门。拧开黑色防护帽，撤开钢瓶，换上新钢瓶，再拧上黑色防护帽，打开钢瓶阀，打开阀门 2，即可使用。

（4）萃取仪后面的净化器需每天排空一次。

（5）辅酶 Q_{10} 溶液见光易分解，标准溶液最好临用前配制，冰箱中保存时间不宜超过 3d；且提取过程中注意避免阳光直射，尽量避光操作。

（6）任何液体注入色谱系统之前均需过滤，不同液体采用不同过滤头，含有机溶剂的必须使用有机过滤头。

（7）流动相要做好过滤及脱气，避免造成色谱系统的损坏。

（8）色谱柱必须在被流动相平衡后（即基线平稳）才能进样，前一个样品的所有峰都显示完毕方能开始下一个样品的注入，因此每个样品的分析时间要按设置好的完成，不能提前终止，以防不同样品的峰发生重叠，无法分析。

（9）色谱仪配套的进样针使用后要做好清洗，以免污染下一个样品，导致检测不准。

九、思考题

（1）液相色谱检测仪的选择与哪些因素有关？

（2）如果样品注入色谱柱后，在检测器上未见到色谱峰，可能会有哪些原因？

参 考 文 献

冯建跃，赵建新，史天贵，等．2020．高校实验室安全工作参考手册．北京：中国轻工业出版社．

国家市场监督管理总局，中国国家标准化管理委员会．2008．保健食品中辅酶 Q10 的测定．GB/T 22252—2008．北京：中国标准出版社．

国家市场监督管理总局，中国国家标准化管理委员会．2010a．食品安全国家标准　巴氏杀菌乳．GB 19645—2010．北京：中国标准出版社．

国家市场监督管理总局，中国国家标准化管理委员会．2010b．食品安全国家标准　灭菌乳．GB 25190—2010．北京：中国标准出版社．

国家市场监督管理总局，中国国家标准化管理委员会．2016．食品安全国家标准　食品中蛋白质的测定．GB 5009.5—2016．北京：中国标准出版社．

雷东锋．2006．现代生物化学与分子生物学仪器与设备．北京：科学出版社．

李建武．1994．生物化学实验原理和方法．北京：北京大学出版社．

李洁，何德．2006．生物大分子分离技术：过去、现状和未来．生物技术通报，(3)：49-53．

李俊．2020．生物化学实验．北京：科学出版社．

李万杰，胡康棣．2015．实验室常用离心技术与应用．生物学通报，50（4）：10-12．

历朝龙．2000．生物化学与分子生物学实验技术．杭州：浙江大学出版社．

孟庆繁．2018．高校生命科学教学实验室安全技术手册．长春：吉林大学出版社．

邱玉华．2017．生物分离与纯化技术．2 版．北京：化学工业出版社．

宋乐，王红，李振凯，等．2022．银柴胡超临界 CO_2 萃取工艺优化及其萃取物成分分析．中国现代应用药学，39（19）：2498-2504．

孙彦．2013．生物分离工程．北京：化学工业出版社．

滕利荣．2008．生命科学仪器使用技术教程．北京：科学出版社．

滕利荣．2010．生物学基础实验教程．北京：科学出版社．

王改玲，宋瑞雯，陶志杰，等．2012．花生中辅酶 Q_{10} 的提取工艺及含量测定．食品与发酵工业，38（5）：236-239．

王金秋，陈加传，李柯萌，等．2018．生物活性蛋白质分离纯化技术研究进展．食品工业，39（5）：259-263．

王镜岩，朱圣庚，徐长法，等．2002．生物化学．4 版．北京：高等教育出版社．

郇智高，陈淑芳，黎庆涛，等．2023．植物多糖的提取分离及其生物活性研究进展．轻工科技，39（4）：42-44．

吴乃虎．2021．基因工程原理．2 版．北京：科学出版社．

吴梧桐．2015．生物制药工艺学．4 版．北京：中国医药科技出版社．

武金霞．2012．生物化学实验教程．北京：科学出版社．

萧能庚，余瑞元，袁明秀，等．2005．生物化学实验原理和方法．4 版．北京：北京大学出版社．

杨文盛，张军东，刘璐，等．2020．不同来源蛋白质提取分离技术的研究进展．中国药学杂志，55（11）：861-866．

杨月欣．2018．中国食物成分表标准版．6 版．北京：北京大学医学出版社．

Berg J M, Tymoczko J L, Gatto G J, et al. 2019. Biochemistry. 9th. New York: W. H. Freeman and Company.

David L N, Michael M C. 2021. Lehninger Principles of Biochemistry. 8th. New York: W. H. Freeman and Company.

附录一　常用标准溶液的配制和标定

1. 标准氢氧化钠溶液的配制和标定　氢氧化钠容易吸湿，不能直接配成标准浓度的溶液，必须先配成一个近似浓度的溶液，再用标准的酸溶液或酸性盐溶液（如苯甲酸、酸性邻苯二甲酸氢钾盐和草酸等）标定。例如，配制 0.1mol/L 氢氧化钠溶液，可先称取分析纯的固体氢氧化钠 4.1g，用水溶解后转移到 1L 的容量瓶中，冷却后稀释至刻度。溶液保存在胶皮塞的试剂瓶中，待标定。

用酸性邻苯二甲酸氢钾（$KHC_8H_4O_4$，分子量 204.22）作为基准物质，可先准确称取分析纯的邻苯二甲酸氢钾 0.41～0.43g 3 份，分别置于 150mL 三角瓶中，各加入 20mL 去离子水，使全部溶解，加酚酞指示剂 3～4 滴，用待测的氢氧化钠溶液滴定至淡红色出现为止，记录所用的氢氧化钠体积，求平均值，按下式计算得氢氧化钠溶液的标准浓度：

$$C_{NaOH} = \frac{m \times 1000}{M_r V}$$

式中，m 为 $KHC_8H_4O_4$ 的质量（g）；M_r 为 $KHC_8H_4O_4$ 分子量；V 为 NaOH 滴定体积。

2. 标准盐酸溶液的配制和标定　标定盐酸通常用硼砂（$Na_2B_4O_7 \cdot 10H_2O$，分子量 381.43）为基准物质，因硼砂易提纯，不吸水，分子量大，标定时准确度高。

硼砂提纯：称取约 30g 分析纯硼砂，溶解在 100mL 热水中，这时溶液温度为 55℃以上，待溶液冷却后析出硼砂结晶，经烧结玻璃漏斗将结晶滤出，再分别用少量水、95%乙醇、无水乙醇和无水乙醚依次洗涤，所用乙醇和乙醚的量大约是每 10g 结晶用 5mL 溶剂。将结晶平铺成薄层，室温下使乙醚挥发。把纯化的硼砂放在密闭的玻璃瓶中，再贮放在盛有饱和蔗糖和氯化钠溶液的干燥器内，硼砂中结晶水可保持不变。

若要配制 0.1mol/L 盐酸标准液，可吸取分析纯盐酸（密度 1.19g/cm²，约 12mol/L）8.5mL，用去离子水稀释至 1L，贮于清洁的试剂瓶中待标定。

准确称取干燥的提纯的硼砂 0.381～0.383g 3 份，分别置于 150mL 三角瓶中，用 20mL 去离子水溶解，加入 3 滴甲基红指示剂，用待测的盐酸溶液滴定至橙红色为止，记录盐酸的滴定体积，求平均值，按下式计算得盐酸溶液的准确浓度：

$$C_{HCl} = \frac{m \times 1000}{(M_r / 2) \times V}$$

式中，m 为硼砂质量（g）；V 为 HCl 滴定体积；M_r 为硼砂分子量。

3. 标准硫代硫酸钠溶液的配制和标定　硫代硫酸钠易失去结晶水，其溶液易被硫化菌分解，因此，标准硫代硫酸钠溶液需标定。硫代硫酸钠（$Na_2S_2O_3 \cdot 5H_2O$，分子量 248.19）溶液可用重铬酸钾、碘酸钾、硫酸钾等氧化剂来标定。最常用的为碘酸钾（KIO_3，分子量 214.01），因其不吸水，较稳定，在酸性条件下具有较强的氧化能力。

如果要配制 0.1mol/L 硫代硫酸钠标准液，可称取 25g 分析纯的硫代硫酸钠，溶解在煮沸过的去离子水中，并稀释至 1L，储存在橡皮塞的试剂瓶中，待标定。

其准确浓度采用 KIO_3 来标定，准确称取 0.1420～0.1500g 纯的碘酸钾 3 份，分别置于

150mL 三角瓶中，加入 20mL 去离子水溶解，再各加入 10%碘化钾溶液 10mL 和 0.5mol/L 硫酸溶液 20mL，混合后用待标定的硫代硫酸钠溶液滴定，当溶液由棕红色变为黄色时，加入 3 滴 1%淀粉指示剂，继续滴定至蓝色消失为止。记下硫代硫酸钠溶液的滴定体积，并按下式计算其准确浓度：

$$5KI + KIO_3 + 3H_2SO_4 \longrightarrow 3K_2SO_4 + 3H_2O + 3I_2$$

$$2Na_2S_2O_3 + I_2 \longrightarrow Na_2S_4O_6 + 2NaI$$

$$NaS_2O_3溶液浓度 = \frac{KIO_3的质量 \times 1000}{Na_2S_2O_3滴定体积 \times 214.01/6}$$

4. 溶液浓度的表示及配制　　物质的浓度指某物质在总量中的分量。生物化学工作中常用浓度有以下几种。

1）质量百分浓度（质量分数，*m/m*）　　溶液的浓度用溶质的质量占全部溶液质量的百分率表示的叫质量百分浓度，用符号%表示。例如，25%的葡萄糖注射液就是指 100g 注射液中含葡萄糖 25g。

质量百分浓度＝［溶质质量（g）/溶液质量（g）］×100%

＝溶质质量（g）/［溶质质量（g）＋溶剂质量（g）］×100%

2）体积百分浓度（体积分数，*V/V*）　　每 100mL 溶液中含溶质的毫升数，一般用于配制溶质为液体的溶液，如各种浓度的乙醇溶液。

体积百分浓度＝［溶质体积（mL）/溶液体积（mL）］×100%

＝溶质体积（mL）/［溶质体积（mL）＋溶剂体积（mL）］×100%

3）百万分浓度（ppm）　　指每千克溶液所含的溶质质量（以毫克计）。

百万分浓度＝溶质的质量（mg）/溶液的质量（kg）

4）体积摩尔浓度（摩尔浓度）　　每升溶液中，溶质的物质的量（以摩尔计）。

体积摩尔浓度＝溶质的物质的量（mol）/溶液体积（L）。

实验室中常用酸碱的比重和浓度的关系：

名称	化学式	M_r	比重	质量分数/%（*m/m*）	摩尔浓度/（mol/L）	配 1mol/L 溶液所需体积/mL
盐酸	HCl	36.47	1.19	37.20	12.0	84.0
硫酸	H₂SO₄	98.09	1.84	95.60	18.3	55.0
硝酸	HNO₃	63.02	1.42	70.98	16.0	62.5
冰醋酸	CH₃COOH	60.05	1.05	99.50	17.4	57.5
磷酸	H₃PO₄	98.06	1.71	85.0	14.8	67.8
氨水	NH₄OH	35.05	0.90	28.0	14.8	67.6
氢氧化钠溶液	NaOH	40.00	1.50	50.0	19.0	53.0

5. 溶液浓度的调整

1）浓溶液稀释法　　从浓溶液稀释成稀溶液，可根据浓度与体积成反比的原理进行计算：

$$C_1 \times V_1 = C_2 \times V_2$$

式中，V_1 为浓溶液体积；C_1 为浓溶液浓度；V_2 为稀溶液体积；C_2 为稀溶液浓度。

例 1　将 6mol/L 硫酸 450mL 稀释成 2.5mol/L 可得多少毫升？

$$6 \times 450 = 2.5 \times V_2$$

$$V_2 = \frac{6 \times 450}{2.5} = 1080$$

另外，还可以采用交叉法进行稀释，方法如下：

设浓溶液的浓度为 a，稀溶液的浓度为 b，要求配制的溶液浓度为 c。

$$c - b = x \qquad\qquad 为\ a\ 所需要的体积$$
$$a - c = y \qquad\qquad 为\ b\ 所需要的体积$$

例 2　要配制 75% 乙醇，需要用 95% 乙醇和水各多少份？

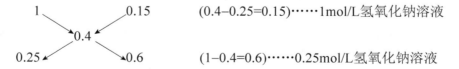

即需取 95% 乙醇 75 份，加水 20 份，混合则成。

2）稀溶液浓度的调整　　同样按照溶液的浓度与体积成反比的原理，或利用交叉法进行计算。

$$C \times (V_1 + V_2) = C_2 \times V_2 + C_1 \times V_1$$

式中，C 为所需溶液浓度；C_1 为浓溶液的浓度；V_1 为浓溶液体积；C_2 为稀溶液的浓度；V_2 为稀溶液的体积。

例 3　现有 0.25mol/L 氢氧化钠溶液 800mL，需要加多少毫升 1mol/L 氢氧化钠溶液，才能成为 0.4mol/L 氢氧化钠溶液？

设所需 1mol/L 氢氧化钠溶液的毫升数为 x，代入公式：

$$0.4 \times (x + 800) = 0.25 \times 800 + 1 \times x$$

$$x = 200 \ (\text{mL})$$

利用交叉法进行纠正也可，方法如下：

```
    1              0.15        （0.4−0.25=0.15）……1mol/L氢氧化钠溶液
        ＼    ／
          0.4
        ／    ＼
   0.25            0.6         （1−0.4=0.6）……0.25mol/L氢氧化钠溶液
```

取 1mol/L 氢氧化钠溶液 0.15mL，0.25mol/L 氢氧化钠溶液 0.6mL 混合，即成 0.4mol/L 氢氧化钠溶液。

设 x 为所需 1mol/L 氢氧化钠溶液的毫升数，则

$$0.15 : 0.6 = x : 800$$

$$x = 200 \ (\text{mL})$$

3）溶液浓度互换公式

$$质量分数（\%）=\frac{溶质的量浓度×分子量}{溶液体积×比重}$$

$$溶质的摩尔浓度（mol/L）=\frac{质量分数×溶液体积×比重}{分子量}$$

6. 常用清洗液的配制及用途

（1）铬酸洗液配制：量取 100mL 工业硫酸置于 250mL 烧杯中，小心加热，慢慢加 5g 重铬酸钾粉末，边加边搅拌，待全部溶解后，冷却并贮于具玻璃塞的试剂瓶中备用。

（2）浓 HCl（工业用）：常用于洗去水垢或某些无机盐沉淀。

（3）浓 HNO_3：常用于洗涤除去金属离子。

（4）8mol/L 尿素洗涤液（pH1.0）：适用于洗涤盛蛋白质溶液及血样的器皿。

（5）0.001mol/L EDTA 溶液：用于除去塑料容器内壁污染的金属离子。

（6）5%～10%磷酸三钠溶液：用于洗涤油污物。

（7）氢氧化钾的乙醇溶液和含有高锰酸钾的氢氧化钠溶液：适用于清除容器内壁污垢，但这两种强碱性洗涤液对玻璃仪器的侵蚀性很强，故洗涤时间不宜过长。

附录二 常用缓冲液的配制方法

1. 甘氨酸-盐酸缓冲液（0.05mol/L） XmL 0.2mol/L 甘氨酸＋YmL 0.2mol/L HCl，再加水稀释至 200mL。

pH	X/mL	Y/mL	pH	X/mL	Y/mL
2.2	50	44.0	3.0	50	11.4
2.4	50	32.4	3.2	50	8.2
2.6	50	24.2	3.4	50	6.4
2.8	50	16.8	3.6	50	5.0

注：甘氨酸 M_r=75.07，0.2mol/L 甘氨酸溶液质量浓度为 15.01g/L

2. 硼砂-氢氧化钠缓冲液（0.05mol/L 硼酸根） XmL 0.05mol/L 硼砂＋YmL 0.2mol/L NaOH，再加水稀释至 200mL。

pH	X/mL	Y/mL	pH	X/mL	Y/mL
9.3	50	6.0	9.8	50	34.0
9.4	50	11.0	10.0	50	43.0
9.6	50	23.0	10.1	50	46.0

注：硼砂（$Na_2B_4O_7 \cdot 10H_2O$）M_r=381.43，0.05mol/L 溶液质量浓度为 19.07g/L

3. 碳酸钠-碳酸氢钠缓冲液（0.1mol/L） Ca^{2+}、Mg^{2+} 存在时不得使用。

pH		0.1mol/L Na_2CO_3/mL	0.1mol/L $NaHCO_3$/mL
20℃	37℃		
9.16	8.77	1	9
9.40	9.12	2	8
9.51	9.40	3	7
9.78	9.50	4	6
9.90	9.72	5	5
10.14	9.90	6	4
10.28	10.08	7	3
10.53	10.28	8	2
10.83	10.57	9	1

注：$Na_2CO_3 \cdot 10H_2O$ M_r=286.2，0.1mol/L 溶液质量浓度为 28.62g/L；$NaHCO_3$ M_r=84.0，0.1mol/L 溶液质量浓度为 8.40g/L

4. Tris-盐酸缓冲液（0.05mol/L，25℃） 50mL 0.1mol/L Tris 溶液与 XmL 0.1mol/L 盐酸混匀后，加水稀释至 100mL。

pH	X/mL	pH	X/mL
7.10	45.7	8.10	26.2
7.20	44.7	8.20	22.9
7.30	43.4	8.30	19.9
7.40	42.0	8.40	17.2
7.50	40.3	8.50	14.7
7.60	38.5	8.60	12.4
7.70	36.6	8.70	10.3
7.80	34.5	8.80	8.5
7.90	32.0	8.90	7.0
8.00	29.2		

注：Tris［三羟甲基氨基甲烷，$(CH_2OH)_3CNH_2$］M_r＝121.14，0.1mol/L 溶液质量浓度为 12.114g/L。Tris 溶液可以从空气中吸收二氧化碳，使用完毕请注意将瓶盖严

5. 硼酸-硼砂缓冲液（0.2mol/L 硼酸根）

pH	0.05mol/L 硼砂/mL	0.2mol/L 硼酸/mL	pH	0.05mol/L 硼砂/mL	0.2mol/L 硼酸/mL
7.4	1.0	9.0	8.2	3.5	6.5
7.6	1.5	8.5	8.4	4.5	5.5
7.8	2.0	8.0	8.7	6.0	4.0
8.0	3.0	7.0	9.0	8.0	2.0

注：硼砂（$Na_2B_4O_7 \cdot 10H_2O$）M_r＝381.43，0.05mol/L 溶液（＝0.2mol/L 硼酸根）质量浓度为 19.07g/L；硼酸（H_3BO_3）M_r＝61.84，0.2mol/L 溶液质量浓度为 12.37g/L。硼砂易失去结晶水，必须在带塞的瓶中保存

6. 甘氨酸-氢氧化钠缓冲液（0.05mol/L）　　XmL 0.2mol/L 甘氨酸＋YmL 0.2mol/L NaOH，再加水稀释至 200mL。

pH	X/mL	Y/mL	pH	X/mL	Y/mL
8.6	50	4.0	9.6	50	22.4
8.8	50	6.0	9.8	50	27.2
9.0	50	8.8	10.0	50	32.0
9.2	50	12.0	10.4	50	38.6
9.4	50	16.8	10.6	50	45.5

注：甘氨酸 M_r＝75.07，0.2mol/L 溶液质量浓度为 15.01g/L

7. 邻苯二甲酸-盐酸缓冲液（0.05mol/L）　　XmL 0.2mol/L 邻苯二甲酸氢钾＋YmL 0.2mol/L HCl，再加水稀释至 20mL。

pH（20℃）	X/mL	Y/mL	pH（20℃）	X/mL	Y/mL
2.2	5	4.670	3.2	5	1.470
2.4	5	3.960	3.4	5	0.990
2.6	5	3.295	3.6	5	0.597
2.8	5	2.642	3.8	5	0.263
3.0	5	2.032			

注：邻苯二甲酸氢钾 M_r＝204.23，0.2mol/L 邻苯二甲酸氢钾溶液含 40.85g/L

8. 磷酸氢二钠-柠檬酸缓冲液

pH	0.2mol/L Na₂HPO₄/mL	0.1mol/L 柠檬酸/mL	pH	0.2mol/L Na₂HPO₄/mL	0.1mol/L 柠檬酸/mL
2.2	0.40	19.60	5.2	10.72	9.28
2.4	1.24	18.76	5.4	11.15	8.85
2.6	2.18	17.82	5.6	11.60	8.40
2.8	3.17	16.83	5.8	12.09	7.91
3.0	4.11	15.89	6.0	12.63	7.37
3.2	4.94	15.06	6.2	13.22	6.78
3.4	5.70	14.30	6.4	13.85	6.15
3.6	6.44	13.56	6.6	14.55	5.45
3.8	7.10	12.90	6.8	15.45	4.55
4.0	7.71	12.29	7.0	16.47	3.53
4.2	8.28	11.72	7.2	17.39	2.61
4.4	8.82	11.18	7.4	18.17	1.83
4.6	9.35	10.65	7.6	18.73	1.27
4.8	9.86	10.14	7.8	19.15	0.85
5.0	10.30	9.70	8.0	19.45	0.55

注：Na_2HPO_4 $M_r=141.98$，0.2mol/L 溶液质量浓度为 28.40g/L；$Na_2HPO_4 \cdot 2H_2O$ $M_r=178.05$，0.2mol/L 溶液质量浓度为 35.61g/L；$C_6H_8O_7 \cdot H_2O$ $M_r=210.14$，0.1mol/L 溶液质量浓度为 21.01g/L

9. 柠檬酸-氢氧化钠-盐酸缓冲液

pH	钠离子浓度/(mol/L)	柠檬酸(C₆H₈O₇·H₂O)/g	氢氧化钠(97%NaOH)/g	盐酸（浓）/mL	最终体积[1]/L
2.2	0.20	210	84	160	10
3.1	0.20	210	83	116	10
3.3	0.20	210	83	106	10
4.3	0.20	210	83	45	10
5.3	0.35	245	144	68	10
5.8	0.45	285	186	105	10
6.5	0.38	266	156	126	10

注：[1]使用时可以每升中加入 1g 酚，若最后 pH 有变化，再用少量 50%氢氧化钠溶液或浓盐酸调节，冰箱保存

10. 柠檬酸-柠檬酸钠缓冲液 (0.1mol/L)

pH	0.1mol/L 柠檬酸/mL	0.1mol/L 柠檬酸钠/mL	pH	0.1mol/L 柠檬酸/mL	0.1mol/L 柠檬酸钠/mL
3.0	18.6	1.4	4.2	12.3	7.7
3.2	17.2	2.8	4.4	11.4	8.6
3.4	16.0	4.0	4.6	10.3	9.7
3.6	14.9	5.1	4.8	9.2	10.8
3.8	14.0	6.0	5.0	8.2	11.8
4.0	13.1	6.9	5.2	7.3	12.7

续表

pH	0.1mol/L 柠檬酸/mL	0.1mol/L 柠檬酸钠/mL	pH	0.1mol/L 柠檬酸/mL	0.1mol/L 柠檬酸钠/mL
5.4	6.4	13.6	6.2	2.8	17.2
5.6	5.5	14.5	6.4	2.0	18.0
5.8	4.7	15.3	6.6	1.4	18.6
6.0	3.8	16.2			

注：柠檬酸（$C_6H_8O_7 \cdot H_2O$）M_r=210.14，0.1mol/L 溶液质量浓度为21.01g/L；柠檬酸钠（$Na_3C_6H_5O_7 \cdot 2H_2O$）$M_r$=294.12，0.1mol/L 溶液质量浓度为29.41g/L

11．乙酸-乙酸钠缓冲液（0.2mol/L）

pH（18℃）	0.2mol/L CH_3COONa/mL	0.2mol/L CH_3COOH/mL	pH（18℃）	0.2mol/L CH_3COONa/mL	0.2mol/L CH_3COOH/mL
3.6	0.75	9.25	4.8	5.90	4.10
3.8	1.20	8.80	5.0	7.00	3.00
4.0	1.80	8.20	5.2	7.90	2.10
4.2	2.65	7.35	5.4	8.60	1.40
4.4	3.70	6.30	5.6	9.10	0.90
4.6	4.90	5.10	5.8	9.40	0.60

注：$CH_3COONa \cdot 3H_2O$ M_r=136.09，0.2mol/L 溶液质量浓度为27.22g/L；0.2mol/L CH_3COOH 为11.55mL/L 冰醋酸

12．磷酸盐缓冲液

1）磷酸氢二钠-磷酸二氢钠缓冲液（0.2mol/L）

pH	0.2mol/L Na_2HPO_4/mL	0.2mol/L NaH_2PO_4/mL	pH	0.2mol/L Na_2HPO_4/mL	0.2mol/L NaH_2PO_4/mL
5.8	8.0	92.0	7.0	61.0	39.0
5.9	10.0	90.0	7.1	67.0	33.0
6.0	12.3	87.7	7.2	72.0	28.0
6.1	15.0	85.0	7.3	77.0	23.0
6.2	18.5	81.5	7.4	81.0	19.0
6.3	22.5	77.5	7.5	84.0	16.0
6.4	26.5	73.5	7.6	87.0	13.0
6.5	31.5	68.5	7.7	89.5	10.5
6.6	37.5	62.5	7.8	91.5	8.5
6.7	43.5	56.5	7.9	93.0	7.0
6.8	49.0	51.0	8.0	94.7	5.3
6.9	55.0	45.0			

注：$Na_2HPO_4 \cdot 2H_2O$ M_r=178.05，0.2mol/L 溶液质量浓度为35.61g/L；$Na_2HPO_4 \cdot 12H_2O$ M_r=358.22，0.2mol/L 溶液质量浓度为71.64g/L；$NaH_2PO_4 \cdot H_2O$ M_r=138.01，0.2mol/L 溶液质量浓度为27.6g/L；$NaH_2PO_4 \cdot 2H_2O$ M_r=156.03，0.2mol/L 溶液质量浓度为31.21g/L

2）磷酸氢二钠-磷酸二氢钾缓冲液（1/15mol/L）

pH	1/15mol/L Na$_2$HPO$_4$/mL	1/15mol/L KH$_2$PO$_4$/mL	pH	1/15mol/L Na$_2$HPO$_4$/mL	1/15mol/L KH$_2$PO$_4$/mL
4.92	0.10	9.90	7.17	7.00	3.00
5.29	0.50	9.50	7.38	8.00	2.00
5.91	1.00	9.00	7.73	9.00	1.00
6.24	2.00	8.00	8.04	9.50	0.50
6.47	3.00	7.00	8.34	9.75	0.25
6.64	4.00	6.00	8.67	9.90	0.10
6.81	5.00	5.00	8.78	10.0	0
6.98	6.00	4.00			

注：Na$_2$HPO$_4$·2H$_2$O M_r=178.05，1/15mol/L 溶液质量浓度为 11.876g/L；KH$_2$PO$_4$ M_r=136.09，1/15mol/L 溶液质量浓度为 9.078g/L

13. 磷酸二氢钾-氢氧化钠缓冲液（0.05mol/L） XmL 0.2mol/L KH$_2$PO$_4$＋YmL 0.2mol/L NaOH，再加水稀释至 20mL。

pH（20℃）	X/mL	Y/mL	pH（20℃）	X/mL	Y/mL
5.8	5	0.372	7.0	5	2.963
6.0	5	0.570	7.2	5	3.500
6.2	5	0.860	7.4	5	3.950
6.4	5	1.260	7.6	5	4.280
6.6	5	1.780	7.8	5	4.520
6.8	5	2.365	8.0	5	4.680

14. 巴比妥钠-盐酸缓冲液（18℃）

pH	0.04mol/L 巴比妥钠/mL	0.2mol/L 盐酸/mL	pH	0.04mol/L 巴比妥钠/mL	0.2mol/L 盐酸/mL
6.8	100	18.40	8.4	100	5.21
7.0	100	17.80	8.6	100	3.82
7.2	100	16.70	8.8	100	2.52
7.4	100	15.30	9.0	100	1.65
7.6	100	13.40	9.2	100	1.13
7.8	100	11.47	9.4	100	0.70
8.0	100	9.39	9.6	100	0.35
8.2	100	7.21			

注：巴比妥钠盐 M_r=206.18，0.04mol/L 溶液质量浓度为 8.25g/L

附录三　硫酸铵饱和度的调整用表

1．调整硫酸铵溶液饱和度计算表（25℃）

硫酸铵初浓度（饱和度）/%	硫酸铵终浓度（饱和度）/%																
	10	20	25	30	33	35	40	45	50	55	60	65	70	75	80	90	100
	每升溶液加固体硫酸铵的克数①																
0	56	114	144	176	196	209	243	277	313	351	390	430	472	516	561	662	707
10		57	86	118	137	150	183	216	251	288	326	365	406	449	494	592	694
20			29	59	78	91	123	155	189	225	262	300	340	382	424	520	619
25				30	49	61	93	125	158	193	230	267	307	348	390	485	583
30					19	30	62	94	127	162	198	235	273	314	356	449	546
33						12	43	74	107	142	177	214	252	292	333	426	522
35							31	63	94	129	164	200	238	278	319	411	506
40								31	63	97	132	168	205	245	285	375	469
45									32	65	99	134	171	210	250	339	431
50										33	66	101	137	176	214	302	392
55											33	67	103	141	179	264	353
60												34	69	105	143	227	314
65													34	70	107	190	275
70														35	72	153	237
75															36	115	198
80																77	157
90																	79

注：①在 25℃下，硫酸铵溶液由初浓度调到终浓度时，每升溶液所加固体硫酸铵的克数

2．调整硫酸铵溶液饱和度计算表（0℃）

		硫酸铵终浓度（饱和度）/%															
		20	25	30	35	40	45	50	55	60	65	70	75	80	85	90	95	100
		每 100mL 溶液加固体硫酸铵的克数[①]																
	0	10.6	13.4	16.4	19.4	22.6	25.8	29.1	32.6	36.1	39.8	43.6	47.6	51.6	55.9	60.3	65.0	69.7
	5	7.9	10.8	13.7	16.6	19.7	22.9	26.2	29.6	33.1	36.8	40.5	44.4	48.4	52.6	57.0	61.5	66.2
	10	5.3	8.1	10.9	13.9	16.9	20.0	23.3	26.6	30.1	33.7	37.4	41.2	45.2	49.3	53.6	58.1	62.7
	15	2.6	5.4	8.2	11.1	14.1	17.2	20.4	23.7	27.1	30.6	34.3	38.1	42.0	46.0	50.3	54.7	59.2
	20	0	2.7	5.5	8.3	11.3	14.3	17.5	20.7	24.1	27.6	31.2	34.9	38.7	42.7	46.9	51.2	55.7
	25		0	2.7	5.6	8.4	11.5	14.6	17.9	21.1	24.5	28.0	31.7	35.5	39.5	43.6	47.8	52.2
	30			0	2.8	5.6	8.6	11.7	14.8	18.1	21.4	24.9	28.5	32.3	36.2	40.2	44.5	48.8
	35				0	2.8	5.7	8.7	11.8	15.1	18.4	21.8	25.4	29.1	32.9	36.9	41.0	45.3
	40					0	2.9	5.8	8.9	12.0	15.3	18.7	22.2	25.8	29.6	33.5	37.6	41.8
硫酸铵初浓度（饱和度）/%	45						0	2.9	5.9	9.0	12.3	15.6	19.0	22.6	26.3	30.2	34.2	38.3
	50							0	3.0	6.0	9.2	12.5	15.9	19.4	23.0	26.8	30.8	34.8
	55								0	3.0	6.1	9.3	12.7	16.1	19.7	23.5	27.3	31.3
	60									0	3.1	6.2	9.5	12.9	16.4	20.1	23.1	27.9
	65										0	3.1	6.3	9.7	13.2	16.8	20.5	24.4
	70											0	3.2	6.5	9.9	13.4	17.1	20.9
	75												0	3.2	6.6	10.1	13.7	17.4
	80													0	3.3	6.7	10.3	13.9
	85														0	3.4	6.8	10.5
	90															0	3.4	7.0
	95																0	3.5
	100																	0

注：①在 0℃下，硫酸铵溶液由初浓度调到终浓度时，每 100mL 溶液所加固体硫酸铵的克数

附录四　柱层析材料

1．常用离子交换树脂及物理性质

分类	产品牌号	功能基团	粒度/目	含水量/%	全交换量/（mmol/g）	最高操作温度/℃	允许pH范围	湿视密度/（g/mL）	树脂母体或原料	相应的国际产品
阳离子交换树脂	强酸型 强酸 1×7（732）	$-SO_3^-$	16～50	45～50	≥4.5	Na^+ 与 H^+ 100～120	1～14	0.75～0.87	交联聚苯乙烯	Amberlite IR-120、Zerolit 225、Dowex 50
	弱酸型 弱酸 101× 1～8（724）	$-COO^-$（甲基丙烯酸）	16～50	45～50	≥9.0	Na^+ 与 H^+ 120	5～14	0.70～0.78	聚丙烯酸	Amberlite IRC-50、Zerolit 226
阴离子交换树脂	强碱型 201×7（717）	$-N^+$ $(CH_3)_3$	16～50	40～50	≥3.0	Cl^-80 OH^-60	1～14	0.65～0.75	交联聚苯乙烯	Amberlite IRA-400、Zerolit FF
	弱碱型 大孔弱碱 301	$-N^+$ $(CH_3)_2$	16～50	50～60	≥4.8	Cl^-100	1～9	0.65～0.72	交联聚苯乙烯	Amberlite IRA-93

注：国产树脂编号：1～100 为强酸型树脂，101～200 为弱酸型树脂，201～300 为强碱型树脂，301～400 为弱碱型树脂

交联度的表示：如 201×7，201 为强碱型树脂编号，7 为交联度；又如 1×7，1 为强酸型树脂编号，7 为交联度；再如 101×1～20，101 为弱酸型树脂编号，1～20 为交联度

2．常用离子交换纤维素

类型		名称	功能基团
阳离子交换纤维素	强酸型	磷酸纤维素（P）	磷酸基$-O-PO_3^-$
		磺甲基纤维素（SM）	磺甲基$-O-CH_2-SO_3^-$
		磺乙基纤维素（SE）	磺乙基$-O-CH_2-CH_2-SO_3^-$
	弱酸型	羧甲基纤维素（CM）	羧甲基$-O-CH_2-COO^-$
阴离子交换纤维素	强碱型	三乙氨乙基纤维素（TEAE）	三乙氨乙基$-O-CH_2-CH_2-N^+-(CH_2CH_3)_3$
	弱碱型	二乙氨乙基纤维素（DEAE）	二乙氨乙基$-O-CH_2-CH_2-N^+H-(CH_2CH_3)_2$
		氨基乙基纤维素（AE）	氨基乙基$-O-CH_2-CH_2-N^+H_3$
		三羟乙基氨基纤维素（ECTEOLA）	三羟乙基氨基$-N^+-(CH_2CH_2OH)_3$

3. 常用离子交换葡聚糖凝胶

类型		名称	功能基团
阳离子交换葡聚糖凝胶	强酸型	SE-葡聚糖凝胶 G25	磺乙基—O—CH$_2$—CH$_2$SO$_3^-$
		SE-葡聚糖凝胶 G50	磺乙基—O—CH$_2$—CH$_2$SO$_3^-$
		SP-葡聚糖凝胶 G25	磺乙基—O—CH$_2$—CH$_2$SO$_3^-$
		SP-葡聚糖凝胶 G50	磺丙基—CH$_2$SO$_3^-$
	弱酸型	CM-葡聚糖凝胶 G25	羧甲基—O—CH$_2$—COO$^-$
		CM-葡聚糖凝胶 G50	羧甲基—O—CH$_2$—COO$^-$
阴离子交换葡聚糖凝胶	强碱型	QAE-葡聚糖凝胶 A25	二乙基（α-羟丙基）氨基乙基
		QAE-葡聚糖凝胶 A50	—O—CH$_2$—CH$_2$N$^+$—（CH$_2$CH$_3$；CH$_2$CH$_2$CH$_2$—OH；CH$_2$CH$_3$）
	弱碱型	DEAE-葡聚糖凝胶 A25	二乙氨乙基
		DEAE-葡聚糖凝胶 A50	—O—CH$_2$—CH$_2$N$^+$H—（CH$_2$CH$_3$）$_2$

4. 常用葡聚糖凝胶的技术数据

分子筛类型	分子量分级的范围		床体积/	得水值	溶胀最少平衡时间/h		柱头压力/
	肽及球型蛋白质	葡聚糖（线性分子）	（mL/g 干胶）	（mL/g 干凝胶）	室温	沸水浴	mmH$_2$O[①]
SephadexG-10	<700	<700	2～3	1.0±0.1	3	1	
SephadexG-15	<1 500	<1 500	2.5～3.5	1.5±0.2	3	1	
SephadexG-25	1 000～5 000	100～5 000	4～6	2.5±0.2	6	2	
SephadexG-50	1 500～3 000	500～10 000	9～11	5.0±0.3	6	2	
SephadexG-75	3 000～70 000	1 000～50 000	12～15	7.5±0.5	24	3	40～160
SephadexG-100	4 000～150 000	1 000～100 000	15～20	10.0±1.0	48	5	24～96
SephadexG-150	5 000～400 000	1 000～150 000	18～30	15.0±1.5	72	5	9～36
SephadexG-200	5 000～800 000	1 000～200 000	20～40	20.0±2.0	72	5	4～16

注：干颗粒直径 100～300μm 为粗级，相当于 50～100 目；50～100μm 为中级，相当于 100～200 目；20～80μm 为细级，相当于 200～400 目；10～40μm 为超细级，相当于 400～1250 目。

①1mmH$_2$O＝9.806 375Pa（2.5cm 直径柱）

5. 常用琼脂糖凝胶的技术参数

名称与型号	分离范围（M_r）	颗粒大小/μm	特性/应用	pH 稳定性工作（清洗）	耐压/MPa	最快流速/（cm/h）
Sepharose 2B	70 000～4×10^7	60～200	蛋白质、大分子复合物、病毒、不对称分子如核酸和多糖（蛋白多糖）	4～9（4～9）	0.004	10
Sepharose 4B	60 000～2×10^7	45～165	蛋白质、多糖	4～9（4～9）	0.008	11.5
Sepharose 6B	10 000～4×10^6	45～165	蛋白质、多糖	4～9（4～9）	0.020	14

6. 聚丙烯酰胺凝胶的技术参数

型号	排阻下限（M_r）	分级分离的范围（M_r）	溶胀所需时间/h		膨胀后的床体积/（mL/g 干凝胶）
			22℃	100℃	
Bio-Gel P-2	1 600	200～2 000	4	2	3.8
Bio-Gel P-4	3 600	500～4 000	4	2	5.8
Bio-Gel P-6	4 600	1 000～5 000	4	2	8.8
Bio-Gel P-10	10 000	5 000～17 000	4	2	12.4
Bio-Gel P-30	30 000	20 000～50 000	12	3	14.9
Bio-Gel P-60	60 000	30 000～70 000	12	3	19.0
Bio-Gel P-100	100 000	40 000～100 000	24	5	19.0
Bio-Gel P-150	150 000	50 000～150 000	24	5	24.0
Bio-Gel P-200	200 000	80 000～300 000	48	5	34.0
Bio-Gel P-300	300 000	100 000～400 000	48	5	40.0

注：上述各种型号的凝胶都是亲水性的，在水和缓冲液中很容易膨胀